Schutzmaßnahmen gegen gefährliche Körperströme nach DIN 57 100/VDE 0100 Teil 410 und Teil 540

VDE-Schriftenreihe 9

Schutzmaßnahmen gegen gefährliche Körperströme nach DIN 57 100 / VDE 0100 Teil 410 und Teil 540

Rolf Hotopp
Klaus-Joachim Oehms

1983

VDE-VERLAG GmbH

Berlin · Offenbach

VDE-Schriftenreihe Band 9

Schutzmaßnahemen gegen gefährliche Körpers·röme
nach DIN 57 100/VDE 0100 Teil 410 und Teil 540
Rolf Hotopp und Klaus-Joachim Oehms

Redaktion: Erhard Sonnenfeld

CIP-Kurztitelaufnahme der Deutschen Bibliothek

Hotopp, Rolf:

Schutzmaßnahmen gegen gefährliche Körperströme nach DIN 57 100/
VDE 0100 Teil 410 und Teil 540
Rolf Hotopp; Klaus-Joachim Oehms. – Berlin; Offenbach: VDE-Verlag, 1983.
(VDE-Schriftenreihe; 9)
IBSN 3-8007-1335-7

NE: Oehms, Klaus-Joachim:; Verband Deutscher Elektrotechniker: VDE-Schriftenreihe

ISSN 0506-6719
ISBN 3-8007-1335-7

© 1983 VDE-VERLAG GmbH, Berlin und Offenbach
Bismarckstraße 33, D-1000 Berlin 12

Gesamtherstellung Verlagsdruckerei VDE-VERLAG GmbH, Berlin   8311

Vorwort

Im Rahmen der Bemühung um eine weltweite Harmonisierung der Sicherheitsbestimmungen sind nun auch die Maßnahmen zum Berührungsschutz in elektrischen Anlagen und bei elektrischen Betriebsmitteln mit Nennspannungen bis 1000 V völlig neu gestaltet und teilweise auch sachlich geändert worden. Gleichzeitig wurden sie im Zusammenhang mit der Neuordnung von VDE 0100/5.73 in den eigenständigen Teilen DIN 57 100 Teil 410/ VDE 0100 Teil 410 „Schutzmaßnahmen; Schutz gegen gefährliche Körperströme" und DIN 57 100 Teil 540/VDE 0100 Teil 540 „Auswahl und Errichtung elektrischer Betriebsmittel; Erdung, Schutzleiter, Potentialausgleichsleiter" veröffentlicht.
Somit wurde mit der 10. Ausgabe eine vollständige Neufassung des von mir erstmals 1959 verfaßten Bandes 9 der VDE-Schriftenreihe erforderlich. Diese Aufgabe haben auf meine Anregung hin die Herren Rolf Hotopp und Klaus-Joachim Oehms übernommen.
Ich wünsche dem Band 9 der VDE-Schriftenreihe, daß er auch in den kommenden Jahren dem Anwender von DIN 57 100/VDE 0100 eine wertvolle Hilfe bei der Interpretation und der Umsetzung dieser grundlegenden Sicherheitsbestimmungen in die Praxis sein kann.

Rudolf Meckel

Einleitung

Mit der Veröffentlichung von DIN 57 100 Teil 410/VDE 0100 Teil 410 „Schutzmaßnahmen; Schutz gegen gefährliche Körperströme" und DIN 57 100 Teil 540/VDE 0100 Teil 540 „Auswahl und Errichtung elektrischer Betriebsmittel; Erdung, Schutzleiter, Potentialausgleichsleiter" wurde nun auch die Harmonisierung der Maßnahmen zum Berührungsschutz vollzogen. Damit wurden die bisherigen §§ 4 bis 15, 20 und 21 von VDE 0100/5.73 ersetzt und inhaltlich auf die international vereinbarten Normen abgestimmt. Dieser Annäherungsprozeß ist besonders stark auf die Länder der Europäischen Gemeinschaft ausgerichtet.

Viele Sachgebiete aus DIN-Normen bzw. VDE-Bestimmungen – kurz DIN/VDE-Normen genannt – finden in der Praxis nur hin und wieder Anwendung. Im Unterschied dazu ist der Berührungsschutz bei fast jeder Tätigkeit im Rahmen der Elektro-Installation mit zu berücksichtigen. Deshalb ist diesem Thema eine zentrale Bedeutung zugewachsen. Daraus ergibt sich für den Fachmann der Elektro-Installation zwangsläufig die Verpflichtung, das Gebiet Berührungsschutz detaillierter als seltene Spezialgebiete zu beherrschen. Diese Aufgabe möchte das vorliegende Buch durch entsprechende Hintergrundinformation und Erläuterungen erleichtern; denn erst dadurch wird eine Norm verständlich.

Schwierigkeiten bei Anwendung einer Norm ergeben sich immer wieder durch ihren notwendigerweise hohen Abstraktionsgrad. Als weitere Hindernisse für das Verständnis kommen hinzu:
– Normen stellen Anforderungen, ohne Begründungen zu geben.
– Normen entstehen als Kompromiß zwischen unterschiedlichen Zielen: Sicherheitsaspekten einerseits und technisch-wirtschaftlich „Machbarem" andererseits. Darum fällt es oft schwer, den logischen Zusammenhang zwischen mehreren Anforderungen zu erkennen. Kompromisse prägen in weiten Bereichen die Struktur von Normen, und deshalb kann ein geschlossen logischer Aufbau wie in der Mathematik nur in Teilbereichen von Normen zustande kommen. Das macht sich ebenfalls an einer Vielzahl von unbestimmten Wertbegriffen bemerkbar.
– Durch die Harmonisierung des Berührungsschutzes werden eine Vielzahl wichtiger Begriffe von neuen abgelöst. So werden unter anderem die Namen der Schutzmaßnahmen Nullung, Fehlerstrom (FI)-Schutzschaltung, Schutzerdung, Fehlerspannungs(FU)-Schutzschaltung und Schutzleitungssystem ersetzt durch Angabe der Niederspannungsnetzform und der Abschalteinrichtung. Zum Beispiel kann „Nullung" mit den neuen Begriffen etwa als „Schutz bei indirektem Berühren durch Abschaltung mit einer Überstromschutzeinrichtung im TN-Netz" beschrieben werden.

All diese Aspekte erschweren die Anwendung der Normen bei den konkreten Problemen des Berufsalltags. Dieses Buch will eine Brücke zum besseren Verständnis schaffen. Es ist wie folgt aufgebaut:

– Grundlageninformationen zum Bereich Berührungsschutz wie z. B. Gefahren der Elektrizität,
– Erläuterungen der einzelnen Anforderungen der Norm durch
  ● Darstellung des physikalisch-technischen Hintergrunds,
  ● subjektive Interpretation der unbestimmten Wertbegriffe durch die Verfasser.

Zwei Mißverständnissen muß noch vorgebeugt werden: Die Erläuterungen sind keinesfalls Ersatz für die DIN/VDE-Normen im Originaltext; und sie verstehen sich nur als **eine** Art der Interpretation dieser Normen.

Den Verfassern liegt es fern, ihre Lesart als die einzig richtige darzustellen; dies wäre im Hinblick auf die zahlreichen Kompromisse, die beim Entstehen dieser Norm eingegangen werden mußten, und im Hinblick auf die mannigfaltigen Problemstellungen in der Praxis völlig hoffnungslos. Vielmehr wollen die Verfasser Wege zu einer weitgehend objektivierbaren Interpretation von DIN/VDE-Normen aufzeigen. Außerdem wollen sie den Leser anregen, sich anhand der physikalisch-technischen Hintergrundinformationen und der dargestellten Beispiele selbständig mit den DIN/VDE-Normen auseinanderzusetzen und so – auf sein spezielles praktisches Problem zugeschnitten – die optimale Lösung zu finden. Diese Aufgabe stellt sich immer wieder neu. Ihre Lösung zu erleichtern ist Hauptanliegen dieses Buches.

Essen, April 1983

Inhalt

1 Verbindlichkeit von DIN/VDE-Normen

Der vorliegende Band der VDE-Schriftenreihe behandelt die Schutzmaßnahmen gegen gefährliche Körperströme und spricht damit einen zentralen Aspekt der elektrischen Sicherheitstechnik an. Was in einzelnen technischen Fragen als sicher anzusehen ist, geht aus DIN/VDE-Normen hervor. Die Bedeutung von Sicherheit ist jedoch an einer ganz anderen Stelle festgelegt: In Gesetzen. Deshalb ist es notwendig, zunächst einmal die gesetzlichen Grundlagen für die rechtliche Verbindlichkeit von DIN/VDE-Normen zu skizzieren.

Natürlich kann es nicht Aufgabe dieses technisch orientierten Buches sein, juristische Fragen bis in alle Feinheiten zu erörtern. Es ist aber für jeden Elektro-Fachmann erforderlich, seine grundlegenden, gesetzlich verankerten Pflichten zu sicherheitsgerechter Arbeit zu kennen. Das gilt auch für eventuelle Konsequenzen, die bei Mißachtung dieser Pflichten entstehen können.

1.1 Unterschiede zwischen DIN-Normen, VDE-Bestimmungen und DIN/VDE-Normen

In der Vergangenheit vollzog sich die Arbeit an elektrotechnischen Normen in zwei voneinander unabhängigen Institutionen – dem DIN Deutschen Institut für Normung e. V. und dem Verband Deutscher Elektrotechniker e. V. (VDE). Diese Trennung hatte sich schon am Anfang der elektrotechnischen Entwicklung ergeben. Dabei war weitgehend das Kriterium Sicherheit für die Aufgabenteilung zwischen beiden Normen-Institutionen maßgebend: Das VDE-Vorschriftenwerk behandelte sicherheitstechnische Normen und das DIN-Normenwerk die restlichen elektrotechnischen Aufgabengebiete. Außerdem umfaßt das DIN-Normenwerk auch die nicht-elektrotechnischen Fachbereiche.

Am 13. Oktober 1970 wurde zwischen beiden Normenorganisationen vertraglich vereinbart, die elektrotechnischen Normungsaktivitäten in einer Organisation zusammenzufassen: Es wurde die Deutsche Elektrotechnische Kommission im DIN und VDE (DKE) gegründet (**Bild 1-1**).

Mit der Gründung der DKE wurde auch eine formale Änderung im äußeren Erscheinungsbild des VDE-Vorschriftenwerks eingeleitet. Bisherige VDE-Bestimmungen (VDE-Vorschriften, VDE-Regeln, VDE-Leitsätze) und VDE-Richtlinien werden nach Neubearbeitung in der Form von „als VDE-Bestimmungen gekennzeichneten DIN-Normen" bzw. von „als VDE-Richtlinien gekennzeichneten DIN-Normen" herausgegeben. Der Einfachheit halber werden sie in diesem Buch als DIN/VDE-Normen bezeichnet (**Bild 1-2**). Die neue Kennzeichnung wurde auch bei den hier erläuterten Teilen 410 und 540 der Normenreihe DIN 57 100/VDE 0100 verwendet. Nach wie vor darf man weitgehend das Kriterium Sicherheit als Unterscheidungsmerkmal zwischen DIN- und DIN/VDE-Normen ansehen; letztere konzentrieren sich darauf, ein einheitliches Niveau für die notwendige Sicherheit festzulegen. Darüber hinaus gelten für

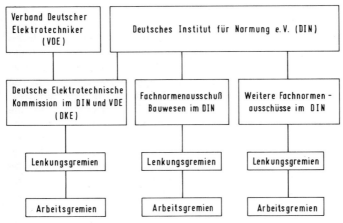

Bild 1-1. Organisatorische Einbindung der DKE in das DIN und den VDE

DIN- und DIN/VDE-Normen die allgemeinen Grundsätze nach DIN 820 Blatt 1 (1974):

„Normung ist die planmäßige, durch die interessierten Kreise gemeinschaftlich durchgeführte Vereinheitlichung von materiellen und immateriellen Gegenständen zum Nutzen der Allgemeinheit. Sie darf nicht zu einem wirtschaftlichen Sondervorteil einzelner führen. Sie fördert die Rationalisierung und Qualitätssicherung in Wirtschaft, Technik, Wissenschaft und Verwaltung. Sie dient der Sicherheit von Menschen und Sachen sowie der Qualitätsverbesserung in allen Lebensbereichen. Sie dient außerdem einer sinnvollen Ordnung und der Information auf dem jeweiligen Normungsgebiet."

Die Doppelkennzeichnung der bisherigen VDE-Bestimmungen und VDE-Richtlinien als DIN/VDE-Normen ist noch nicht im gesamten VDE-Vorschriftenwerk vollzogen. Dies geschieht schrittweise in dem Maß, wie bisherige VDE-Bestimmungen durch Neufassungen ersetzt werden. Daher wird es sicher noch eine Reihe von Jahren innerhalb des DIN-Normenwerks neben DIN/VDE-Normen auch VDE-Bestimmungen geben. Die Überführung von VDE 0100/5.73 in DIN/VDE-Normen dürfte jedoch voraussichtlich bis 1984 abgeschlossen werden können.

1.2 Gesetzliche Forderungen

Sowohl das DIN als auch der VDE sind eingetragene Vereine und somit privatrechtlich organisierte Institutionen. Trotzdem haben DIN/VDE-Normen für den Praktiker einen „Quasi-Gesetzescharakter". Diese Bedeutung erlangen a)

DK 696.6.001.1 : 621.31 : 621.39 : 001.4   DEUTSCHE NORMEN   April 1980

Elektrische Anlagen in Wohngebäuden Planungsgrundlagen	DIN 18 015 Teil 1

Electric installations in residential buildings; principles for planning
Installations electriques dans des immeubles; bases de planification

DIN 18 015 „Elektrische Anlagen in Wohngebäuden" besteht z. Z. aus
- Teil 1 Planungsgrundlagen,
- Teil 2 Art und Umfang der Ausstattung *).
Ein weiterer Teil über die Anordnung von Leitungen, Steckdosen, Schaltern und Auslässen ist in Vorbereitung.

Normenausschuß Bauwesen (NABau) im DIN Deutsches Institut für Normung e.V.
Deutsche Elektrotechnische Kommission im DIN und VDE (DKE)

Alleinverkauf der Normen durch Beuth Verlag GmbH, Berlin 30 und Köln 1   *DIN 18 015 Teil 1 Apr 1980 Preisgr. 5*
06.80   *Vertr.-Nr. 0005*

b)

DK 621.316.17.002 2
  : 621.3.027.26   DEUTSCHE NORM   Mai 1982

Errichten von Starkstromanlagen mit Nennspannungen bis 1000 V Anwendungsbereich Allgemeine Anforderungen [VDE-Bestimmung]	DIN 57 100 Teil 100

Erection of power installations with rated voltages up to 1000 V;
Scope – General requirements
[VDE Specification]

Diese Norm ist zugleich eine VDE-Bestimmung im Sinne von VDE 0022 und in das VDE-Vorschriftenwerk unter nebenstehender Nummer aufgenommen.	VDE 0100 Teil 100/05.82

Vervielfältigung – auch für innerbetriebliche Zwecke – nicht gestattet.

Zusammenhang mit Unterlagen der International Electrotechnical Commission (IEC) und dem Europäischen Komitee für Elektrotechnische Normung (CENELEC) siehe Erläuterungen.

DE, Frankfurt am Main, gestattet.

Deutsche Elektrotechnische Kommission im DIN und VDE (DKE)

Alleinverkauf der Normen im Format A 4 durch Beuth Verlag GmbH, Berlin 30   *DIN 57 100 Teil 100 Mai 1982 Preisgr. 4 K*
    Vertr.-Nr. 2404
Alleinverkauf der Normen im Format A 5 durch VDE-Verlag GmbH, Berlin 12   *VDE 0100 Teil 100/05.82 Preisgr. 1 K*
05.82   *Vertr.-Nr. 010012*

Bild 1-2.   Unterschiedliche Form von DIN-Normen
a) DIN 18 015 als Beispiel für eine DIN-Norm
b) DIN 57 100 Teil 100/VDE 0100 Teil 100 als Beispiel für eine DIN/VDE-Norm

DIN/VDE-Normen erst durch die Einbeziehung in Gesetze und in andere Rechtsvorschriften. Die Verknüpfung erfolgt dort üblicherweise über eine Generalklausel, z. B. über die Forderung, die allgemein anerkannten Regeln der Technik einzuhalten. In Rechtsvorschriften ist meist indirekt die Einschränkung auf technische Regeln im Sinne von Sicherheit gemacht. Dann sind aus dem DIN-Normenwerk die DIN/VDE-Normen und die DIN-Normen mit Sicherheitsaussagen gemeint.

Geschichtlich gewachsen ist eine Vielfalt von Rechtsvorschriften, die Anforderungen an die Sicherheit im Bereich der Elektrotechnik stellen. Als die wichtigsten sind davon zu nennen:

- **Energiewirtschaftsgesetz** mit Zweiter Durchführungsverordnung (2. DVO) und Verordnung über Allgemeine Bedingungen für die Elektrizitätsversorgung von Tarifkunden (AVBEltV)
- **Landesbauordnung** mit ergänzenden Verordnungen wie z. B.
  - Feuerstättenverordnung,
  - Garagenverordnung,
  - Versammlungsstättenverordnung,
  - Warenhausverordnung,
  - Bau von Betriebsräumen für elektrische Anlagen (EltBauV).
- **Gewerbeordnung** mit ergänzenden Verordnungen wie z. B.
  - Verordnung über elektrische Anlagen in explosionsgefährdeten Räumen (ElexV),
  - Arbeitsstättenverordnung mit Arbeitsstättenrichtlinien,
  - Aufzugsverordnung.
- **Unfallverhütungsvorschriften** der Berufsgenossenschaften, insbesondere
  - Allgemeine Vorschriften (VBG 1)[1]),
  - Elektrische Anlagen und Betriebsmittel (VBG 4)[1]).
- **Gerätesicherheitsgesetz**

Für die Errichtung elektrischer Anlagen sind in Ausschreibungsbedingungen und in Auflagen der Baugenehmigung üblicherweise auch Hinweise auf die jeweiligen Sicherheitsforderungen enthalten.

1.3 Rechtliche Konsequenzen

Das Einhalten der gesetzlichen Anforderungen nach Abschnitt 1.2 ist allgemein verbindlich. Damit sie größeren Nachdruck erhalten, drohen bei Übertretungen rechtliche Konsequenzen – spätestens, wenn Verstöße gegen die gesetzlichen Forderungen zu schweren Unfällen oder Sachschäden geführt haben. Rechtliche Konsequenzen können sein:
- **Bußgeld** im Rahmen der Festlegungen von Landesbauordnung, Gewerbeordnung oder Unfallverhütungsvorschriften.

---

[1]) „VBG" steht als Abkürzung für „Verordnung der Berufsgenossenschaft".

- **Strafrechtliches Verfahren** auf der Basis des Strafgesetzbuches (StGB).
- **Zivilrechtliches Verfahren** auf der Basis des Bürgerlichen Gesetzbuches (BGB).

1.3.1 Bußgeld

Bußgelder können für Ordnungswidrigkeiten verhängt werden. Fälle, die als Ordnungswidrigkeiten gelten, sind u. a. in den Landesbauordnungen dargestellt. Dafür kann z. B. nach § 101 der Landesbauordnung Nordrhein-Westfalen ein Bußgeld bis zu 50 000,– DM verhängt werden. Ähnliches gilt bei Verstößen gegen die Landesbauordnungen anderer Länder, die Gewerbeordnung und die Unfallverhütungsvorschriften.

1.3.2 Strafrechtliches Verfahren

Das strafrechtliche Verfahren kann verstanden werden als Auseinandersetzung um Interessen der Allgemeinheit. Was als Verstoß gegen diese Interessen verstanden wird, ist im Strafgesetzbuch niedergelegt. In dessen Sinn nimmt die Staatsanwaltschaft die Belange der Allgemeinheit wahr und geht gegen strafrechtliche Tatbestände vor. Davon können bei Ausübung eines elektrotechnischen Gewerbes z. B. zum Tragen kommen:

- § 222 StGB Fahrlässige Tötung
  „Wer durch Fahrlässigkeit den Tod eines Menschen verursacht, wird mit Freiheitsstrafe bis zu fünf Jahren oder mit Geldstrafe bestraft.''
- § 303 StGB Sachbeschädigung
  „Wer rechtswidrig eine fremde Sache beschädigt oder zerstört, wird mit Freiheitsstrafe bis zu zwei Jahren oder mit Geldstrafe bestraft.''
- § 309 StGB Fahrlässige Brandstiftung
  „Wer einen Brand der in den §§ 306 und 308 bezeichneten Art fahrlässig verursacht, wird mit Freiheitsstrafe bis zu drei Jahren oder mit Geldstrafe und, wenn durch den Brand der Tod eines Menschen verursacht wird, mit Freiheitsstrafe bis zu fünf Jahren oder mit Geldstrafe bestraft.''
- § 323 StGB Baugefährdung
  „(1) Wer bei der Planung, Leitung oder Ausführung eines Baues oder des Abbruchs eines Bauwerks gegen die allgemein anerkannten Regeln der Technik verstößt und dadurch Leib oder Leben eines anderen gefährdet, wird mit Freiheitsstrafe bis zu fünf Jahren oder mit Geldstrafe bestraft.
  (2) Ebenso wird bestraft, wer in Ausübung eines Berufes oder Gewerbes bei der Planung, Leitung oder Ausführung eines Vorhabens, technische Einrichtungen in ein Bauwerk einzubauen oder eingebaute Einrichtungen dieser Art zu ändern, gegen die allgemein anerkannten Regeln der Technik verstößt und dadurch Leib oder Leben eines anderen gefährdet.
  (3) Wer die Gefahr fahrlässig verursacht, wird mit Freiheitsstrafe bis zu drei Jahren oder mit Geldstrafe bestraft.''

Auch im Strafgesetzbuch findet sich der Begriff „allgemein anerkannte Regeln der Technik'' wieder; diesmal im Zusammenhang mit dem sehr weitgefaßten Tatbestand der Baugefährdung. Hier werden ebenfalls „allgemein anerkannte Regeln der Technik'' nur im Zusammenhang mit Sicherheit angesprochen.

1.3.3 Zivilrechtliches Verfahren

Im Unterschied zum strafrechtlichen Verfahren behandelt das zivilrechtliche Verfahren den Interessensausgleich zwischen Privatpersonen, ohne daß die Staatsanwaltschaft berührt ist. Grundlage für ein zivilrechtliches Verfahren ist das Bürgerliche Gesetzbuch. Daraus sind die wesentlichen Passagen, die auch die Arbeit eines Technikers betreffen, nachfolgend wiedergegeben:
- § 276 BGB Haftung für Vorsatz und Fahrlässigkeit
  „(1) Der Schuldner hat, sofern nicht ein anderes bestimmt ist, Vorsatz und Fahrlässigkeit zu vertreten. Fahrlässig handelt, wer die im Verkehr erforderliche Sorgfalt außer acht läßt. Die Vorschriften der §§ 827, 828 finden Anwendung.
  (2) Die Haftung wegen Vorsatzes kann dem Schuldner nicht im voraus erlassen werden.''
- § 459 BGB Haftung für Sachmängel und zugesicherte Eigenschaften
  „(1) Der Verkäufer einer Sache haftet dem Käufer dafür, daß sie zu der Zeit, zu welcher die Gefahr auf den Käufer übergeht, nicht mit Fehlern behaftet ist, die den Wert oder die Tauglichkeit zu dem gewöhnlichen oder dem nach dem Vertrage vorausgesetzten Gebrauch aufheben oder mindern. Eine unerhebliche Minderung des Wertes oder der Tauglichkeit kommt nicht in Betracht.
  (2) Der Verkäufer haftet auch dafür, daß die Sache zur Zeit des Überganges der Gefahr die zugesicherten Eigenschaften hat.''
- § 633 BGB Anspruch des Bestellers auf Mangelbeseitigung
  „(1) Der Unternehmer ist verpflichtet, das Werk so herzustellen, daß es die zugesicherten Eigenschaften hat und nicht mit Fehlern behaftet ist, die den Wert oder die Tauglichkeit zu dem gewöhnlichen oder dem nach dem Vertrage vorausgesetzten Gebrauch aufheben oder mindern.
  (2) Ist das Werk nicht von dieser Beschaffenheit, so kann der Besteller die Beseitigung des Mangels verlangen. § 476 a gilt entsprechend. Der Unternehmer ist berechtigt, die Beseitigung zu verweigern, wenn sie einen unverhältnismäßigen Aufwand erfordert.
  (3) Ist der Unternehmer mit der Beseitigung des Mangels im Verzuge, so kann der Besteller den Mangel selbst beseitigen und Ersatz der erforderlichen Aufwendungen verlangen.''
- § 823 BGB Verletzung von Lebensgütern und ausschließlichen Rechten
  „(1) Wer vorsätzlich oder fahrlässig das Leben, den Körper, die Gesundheit, die Freiheit, das Eigentum oder ein sonstiges Recht eines anderen widerrechtlich verletzt, ist dem anderen zum Ersatze des daraus entstehenden Schadens verpflichtet.

(2) Die gleiche Verpflichtung trifft denjenigen, welcher gegen ein den Schutz eines anderen bezweckendes Gesetz verstößt. Ist nach dem Inhalte des Gesetzes ein Verstoß gegen dieses auch ohne Verschulden möglich, so tritt die Ersatzpflicht nur im Falle des Verschuldens ein."

2 Nationaler Einfluß beim Entstehen harmonisierter Normen

Mit internationalen Normen harmonisierte DIN/VDE-Normen unterscheiden sich von ihren nationalen Vorläufern durch eine Vielzahl von formellen und auch inhaltlichen Änderungen. Diese stoßen in der Fachwelt häufig auf Unverständnis, da die Mehrzahl der Änderungen nicht durch eine entsprechende Entwicklung des Unfallgeschehens zu rechtfertigen ist. Deshalb sollen in diesem Buch die wichtigsten Stationen des Verfahrensweges dargestellt werden, auf dem DIN/VDE-Normen harmonisiert werden. So entwickelt sich vielleicht etwas Verständnis für die vielfältigen Kompromisse zwischen den verschiedenen Ländern, die zu Änderungen gegenüber den bewährten nationalen Normen geführt haben.

Zur Zeit bestehen bei den großen Industrienationen eigenständige Normenwerke, die in früheren Jahren kaum aufeinander abgestimmt waren. Daraus erwuchsen mannigfaltige Hindernisse für den internationalen Warenaustausch. Diese Hindernisse sollen die Harmonisierungsbemühungen auf allen technischen Sektoren abbauen helfen. Unter den westeuropäischen Ländern, vornehmlich den Mitgliedsländern der Europäischen Gemeinschaft, wird diese Aufgabe für die Elektrotechnik durch CENELEC[2] wahrgenommen; weltweit liegt die Aufgabe bei IEC[3]. Für alle anderen technischen Sektoren sind auf europäischer Ebene CEN[4] und auf weltweiter Ebene ISO[5] zuständig. CEN und ISO entsprechen auf deutscher Seite dem DIN.

Üblicherweise kommen international abgestimmte DIN/VDE-Normen in drei Schritten zustande:
- **IEC - Bereich** (weltweit/international): Erstellen einer IEC-Publikation, deren Übernahme ins nationale Normenwerk unverbindlich ist.
- **CENELEC - Bereich** (europäisch/regional): Erstellen eines Harmonisierungsdokumentes (HD)[6], dessen inhaltliche Übernahme ins nationale Normenwerk verbindlich ist.
- **Nationaler Bereich**: Übernahme des HD mit formaler Anpassung an das nationale Normenwerk.

---

[2] Comité Européen de Normalisation Electrotechnique (CENELEC), Europäisches Komitee für elektrotechnische Normung.
[3] Internationale Electrotechnical Commission (IEC), Internationale Elektrotechnische Kommission.
[4] Comité Européen de Normalisation (CEN), Europäisches Normungskomitee.
[5] International Organization for Standardization (ISO), Internationale Normungsorganisation.
[6] Statt eines HD kann auch eine Europäische Norm (EN) erarbeitet werden, deren Übernahme außer im Inhalt auch in der Form verbindlich ist. Die Erarbeitung von EN geschah bisher nur in Ausnahmefällen, soll aber auf dem Gebiet der Sicherheit demnächst der Regelfall werden.

18

Einen groben Überblick auf diese Zusammenhänge gibt **Bild 2-1**. Elektrotechnische Normen werden in der Bundesrepublik Deutschland von der Deutschen Elektrotechnischen Kommission im DIN und VDE (DKE) erarbeitet.
Auch der Inhalt von IEC-Publikationen sowie Harmonisierungsdokumenten und Europäischen Normen der CENELEC wird der nationalen Fachöffentlichkeit zum Einspruch vorgelegt. Dazu wird der Inhalt als Rosa-Druck in deutscher Sprache publiziert. Die Fachöffentlichkeit kann wie zu einem nationalen Norm-Entwurf (Gelb-Druck) Stellung nehmen. Der Unterschied von Rosa- und Gelb-Druck macht sich bei der Behandlung von Einsprüchen bemerkbar. Das Einspruchsverfahren findet zwar in beiden Fällen vor dem national zuständigen Komitee der DKE statt, doch hat das Ergebnis jeweils einen anderen Stellenwert. Während das Ergebnis der Einspruchsberatung zu einem Gelb-Druck in eine nationale Norm umgesetzt wird, unterliegt das Ergebnis der nationalen Einspruchsberatung zu einem Rosa-Druck der Verhandlung mit den übrigen IEC- bzw. CENELEC-Partnerländern. Dadurch sinken natürlich die Erfolgsaussichten eines Einspruchs zu einem Rosa-Druck.
Am deutlichsten kommt der begrenzte deutsche Einfluß auf eine IEC- bzw. CENELEC-Norm im abschließenden Abstimmungsverfahren über den gesamten Text der Norm zum Ausdruck.
Ein Schriftstück gilt bei der IEC als angenommen, wenn weniger als 9 der 40 Mitgliedsländer mit „Nein" gestimmt haben. Damit dürfte sichergestellt sein, daß eine IEC-Publikation eine sehr breite, weltweite Zustimmung findet.
Die IEC-Publikationen werden auf freiwilliger Basis ins nationale Normenwerk übernommen.

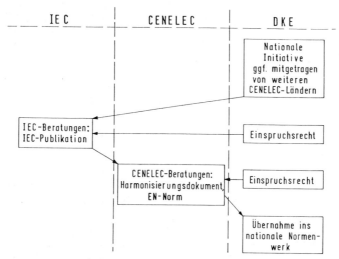

Bild 2-1. Übersicht auf das übliche Zusammenwirken der drei Normungsebenen: IEC, CENELEC und DKE

Erst durch die weitere Bearbeitung und Übernahme einer IEC-Publikation auf CENELEC-Ebene erhält diese Norm einen für die europäischen Länder verbindlichen Charakter. Die Veröffentlichung wird bei CENELEC als Harmonisierungsdokument oder als Europäische Norm (EN-Norm) vorgenommen. Abweichungen gegenüber IEC sind zu kennzeichnen und zu begründen. Während ein Harmonisierungsdokument nur dem Inhalt nach ins nationale Normenwerk übernommen werden muß, gilt dies bei einer Europäischen Norm für Inhalt und Form.

Bei CENELEC gilt ein anderes Abstimmungsverfahren als bei IEC. In Anlehnung an das Verfahren über bestimmte politische Entscheidungen in der EG sind die Stimmen der einzelnen Nationalen Komitees folgendermaßen festgelegt:

Bundesrepublik Deutschland, Frankreich, Großbritannien, Italien	je 10 Stimmen
Belgien, Griechenland, Niederlande, Spanien, Schweden, Schweiz	je 5 Stimmen
Dänemark, Finnland, Irland, Norwegen, Österreich, Portugal	je 3 Stimmen
Luxemburg	2 Stimmen

Eine zur Abstimmung anstehende Norm gilt als angenommen, wenn die Zahl der Nein-Stimmen 15 nicht übersteigt. In diesem Fall sind alle Nationalen Komitees von CENELEC zur Übernahme verpflichtet.

Ist die Zahl der Nein-Stimmen größer als 15, so werden die Stimmen der Nationalen Komitees der Mitgliedsländer der Europäischen Gemeinschaft (EG) gesondert gewertet. Falls mehr als zwei dieser Nationalen Komitees gegen die Norm stimmen oder die Anzahl der Nein-Stimmen der EG-Mitgliedsländer 15 übersteigt, ist sie abgelehnt. Bei Annahme sind alle EG-Mitgliedsländer und diejenigen anderen Länder, die der Norm zugestimmt haben, an den Beschluß gebunden.

Im Zuge der weiteren europäischen Integration wird die internationale Normung nationale Normvorhaben immer stärker in den Hintergrund drängen.

3 Gefahren der Elektrizität

Die Anwendung von Elektrizität kann mit Gefahren verbunden sein. Sachgerechte Errichtung elektrischer Anlagen trägt dazu bei, das Risiko auf ein Minimum zu reduzieren. Als wesentliche Gefahren lassen sich nennen:
- Elektrochemische Korrosion durch Gleichstrom;
- elektrodynamische Wirkung, insbesondere durch Kurzschlußströme;
- Explosionsgefahr in explosionsfähiger Atmosphäre, z. B. durch kleinste Schaltfunken;

- Brandgefahr, z. B. durch mangelhafte Isolation, durch Lichtbögen, durch unzureichende Abfuhr oder unzulässig hohe Entwicklung von Verlustwärme;
- Verbrennungen des menschlichen Körpers durch äußere Einwirkung von Lichtbögen;
- gefährlicher Stromfluß durch den menschlichen Körper, kurz gefährlicher Körperstrom genannt (Bild 3-1).

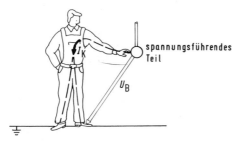

I_K Körperstrom
U_B Berührungsspannung als Spannungsfall des Körperstroms an der Körperimpedanz

Bild 3-1. Stromfluß durch den menschlichen Körper

Von dieser Vielzahl möglicher Gefahren wird in diesem Buch lediglich der gefährliche Stromfluß durch den menschlichen Körper betrachtet; denn allein dieser Gefahrenaspekt ist Grundlage der Teile 410 und 540 der Normenreihe DIN 57 100/VDE 0100.
Zunächst einmal muß klargestellt werden, worin die Gefahr besteht. Erst die genaue Kenntnis der Gefahr läßt die geforderten Schutzmaßnahmen verständlich werden. Für einen ersten Überblick sind die Wirkungen des elektrischen Stroms auf den menschlichen Körper in **Tabelle 3-1** zusammengestellt. Sie zeigt die Körperreaktionen, die sich mit wachsendem Körperstrom einstellen.
Die gefährlichste, meist tödliche Wirkung ist das Herzkammerflimmern. Es stellt sich schon bei verhältnismäßig niedriger Stromstärke ein. Im Unterschied dazu verläuft das Vorhofflimmern nicht tödlich.
Gemäß Koeppen folgt dem Herzkammerflimmern als nächstmögliche Todesfolge die lebensgefährliche Verbrennung: Sie ist in einem Strombereich zu erwarten, der mit 3 A um etwa 2 Größenordnungen über dem Eintreten von Herzkammerflimmern liegt. Unterstellt man einen Körperwiderstand in der Größenordnung von 1 kΩ, so sind lebensgefährliche Verbrennungen erst bei Berührungsspannungen um 3 000 V zu erwarten. Diese Spannungswerte sind schon dem Mittelspannungsbereich zuzurechnen und liegen weit außerhalb des Geltungsbereiches von DIN 57 100/VDE 0100; er reicht bei Wechselspannungen bis 1 000 V (Effektivwert) und bei Gleichspannungen bis 1 500 V. Daher brauchen die Bedingungen zum Vermeiden von lebensgefährlichen Verbrennungen hier nicht weiter verfolgt zu werden.

Tabelle 3-1. Überblick auf Wirkungen von 50-Hz-Körperströmen in Anlehnung an Koeppen und IEC-Publikation 479

Körperstromstärke 50 Hz in [mA]	≈0,5	≈10	0,5 bis 25	25 bis 80	80 bis 3000	>3000
Erforderliche Berührungsspannung ungefähr in [V]			bis 50	50 bis 100	100 bis 3000	3000
Wahrnehmbarkeitsschwelle	+					
Loslaßschwelle; Unfähigkeit, den spannungführenden Leiter loszulassen		+				
Muskelreizung			(+)	+	+	+
Schmerz			(+)	+	+	+
Vorhofflimmern, zusätzliche Herzschläge				(+)	+	+
Lebensgefährliches Herzkammerflimmern					+	+
Lebensgefährliche Verbrennungen						+

Alle Angaben sind Näherungswerte. Ein (+) besagt, daß die Erscheinung unter ungünstigen Umständen eintreten kann.

Im Niederspannungsbereich ist das Herzkammerflimmern also die wichtigste Orientierungsgröße für die Festlegungen zum Schutz gegen gefährliche Körperströme. Die Wirkung des Herzkammerflimmerns läßt sich anschaulich aus der Veränderung des Elektrokardiogramms **(Bild 3-2)** entnehmen: Die periodische Herztätigkeit geht in eine völlig regellose über. Damit verliert das Herz die Fähigkeit, Blut zu pumpen. Die Folge ist Sauerstoffmangel im Gehirn, und dies wiederum führt innerhalb weniger Minuten zum Tod. Während dieses kurzen Zeitraums kann das Herz mit dem Stromimpuls eines Defibrillators wieder zur normalen Tätigkeit angeregt werden. Mit einem Defibrillator können folgende Aufgaben ausgeführt werden:

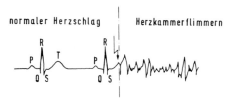

P,Q,R,S,T – Übliche Bezeichnungen für bestimmte Phasen eines Herzschlags

Bild 3-2. Elektrokardiogramm beim Übergang vom normalen Herzschlag zum Herzkammerflimmern

– Ein Kondensator wird auf mehrere Kilovolt (kV) aufgeladen und über zwei Tellerelektroden entladen. Die Tellerelektroden werden so auf die Brust eines Verunglückten gelegt, daß der Stromimpuls bei Kondensatorentladung über sein Herz fließt.
– Die Aufzeichnung eines Elektrokardiogramms ermöglicht die Kontrolle, ob der Stromimpuls einen regelmäßigen Herzschlag angeregt hat. Falls nicht, muß der Stromimpuls wiederholt werden.

Kann ein Defibrillator eingesetzt werden, bevor Sauerstoffmangel zu einer Schädigung des Gehirns geführt hat, bleibt eine dauernde Beeinträchtigung durch das Herzkammerflimmern so gut wie ausgeschlossen.
Bei Stromwerten unterhalb der Grenze für das Herzkammerflimmern treten lediglich vorübergehende Wirkungen auf. Im Wahrnehmbarkeitsbereich des Stroms sind jedoch schwerwiegende Verletzungen durch Sekundär-Wirkungen denkbar. Leicht kann man sich beispielsweise den Sturz von einer Leiter vorstellen, der durch eine Schreckreaktion bei der Berührung spannungsführender Teile ausgelöst wird. Derartige Sekundär-Unfälle lassen sich nicht vollständig in ein Schutzkonzept einbeziehen, da die auslösenden Ströme in ungünstigen Fällen schon im Bereich der zulässigen Ableitströme liegen können. Das macht es in solchen Fällen unmöglich, den fehlerhaften Zustand vom normalen Betriebszustand zu unterscheiden. Die Ableitströme unter normalen Betriebsbedingungen lassen sich mit vertretbarem Aufwand nicht weiter senken.
Sieht man von Sekundär-Unfällen ab, so folgt der Elektro-Unfall durch Körperströme im Niederspannungsbereich weitgehend dem Gesetz „alles oder nichts", d. h.: Entweder treten Herzkammerflimmern und damit kurz darauf der Hirntod ein, oder der Unfall hinterläßt keine Folgen. Daher bedeutet Schutz gegen gefährliche Körperströme in erster Linie Schutz vor dem Auftreten von Herzkammerflimmern. Dazu werden im nächsten Abschnitt die Bedingungen näher betrachtet, bei denen Herzkammerflimmern auftritt.

4 Körperstrom und Berührungsspannung

Zur Konzeption des Berührungsschutzes ist der direkte Bezug auf gefährliche Körperströme in vielen Fällen unzweckmäßig, häufig ist die Angabe entsprechender Spannungswerte erwünscht. Deshalb ist es wichtig, neben den gefährlichen Körperströmen auch die zugehörigen Spannungsfälle am menschlichen Körper (Berührungsspannung) zu kennen (Bild 3-1). Zur Angabe der höchstzulässigen Berührungsspannung ist die Kenntnis folgender Größen erforderlich:
– Höchstzulässiger Körperstrom,
– elektrische Impedanz des menschlichen Körpers.

4.1 Höchstzulässiger Körperstrom

In Abschnitt 3 ist schon gesagt worden, daß die Bedingungen für das Auftreten von Herzkammerflimmern die höchstzulässigen Körperströme bestimmen. Dabei sind folgende Aspekte zu berücksichtigen:
– Stromstärke,
– Einwirkdauer des Stroms,
– Stromweg durch den Körper (elektrische Stromdichte am Herzen),
– Stromform, die unterschieden wird nach Wechselstrom unterschiedlicher Frequenz, Gleichstrom und Stromimpulsen.
Neben diesen äußeren Bedingungen spielen auch die inneren Bedingungen des Menschen, d. h. seine physische und psychische Verfassung eine wichtige Rolle. Deshalb lassen sich die Grenzbedingungen für bestimmte Körperreaktionen nur mit deutlicher Streuung angeben. Dies ist ebenfalls eine wesentliche Ursache dafür, daß die Diskussion um gefährliche Körperströme noch nicht abgeschlossen ist. Hier kann darum auch kein endgültiges Ergebnis vermittelt werden, sondern lediglich der Erkenntnisstand, wie er sich in den aktuellen IEC-Arbeitspapieren darstellt.

4.1.1 Zeit-Strom-Gefährdungsbereiche von 50/60 Hz Wechselstrom

Für Wechselstrom mit einer Frequenz von 50 Hz bzw. 60 Hz ergeben sich verschiedene Körperreaktionen in Abhängigkeit von Effektivwert und Flußdauer des Körperstroms. Im Detail sind die Körperreaktionen in **Bild 4-1** beschrieben. Die Stromwerte beziehen sich auf den Referenzweg „linke Hand zu beiden Füßen" und werden deshalb als Körperstrom $I_{K\,Ref}$ bezeichnet. Dieser Referenzweg wurde gewählt, weil er unter den häufiger zu erwartenden Wegen der gefährlichste ist. Die Wege vom Brustkorb zur rechten oder linken Hand sind zwar noch gefährlicher, werden aber in der Praxis nur äußerst selten zu erwarten sein.

4.1.2 Herzstromfaktoren

Die Darstellung der Zeit-Strom-Gefährdungsbereiche in Bild 4-1 bezieht sich auf den Referenz-Stromweg „linke Hand zu beiden Füßen". Bei anderen Wegen gelten entsprechend korrigierte Stromwerte. Maßgebend ist die elektrische Stromdichte am Herzen; d. h. andere Stromwege lassen bei gleicher Stromdichte am Herzen ein Vielfaches oder einen Bruchteil des Körperstroms nach Bild 4-1 zu. Aus der Bedingung, daß die jeweils zulässige Stromdichte am Herzen unabhängig vom Stromweg ist, ergeben sich das Vielfache bzw. der Bruchteil; sie werden als Herzstromfaktor F_1 definiert. Er bezieht sich nur auf Stromstärken, die zu Herzkammerflimmern führen.

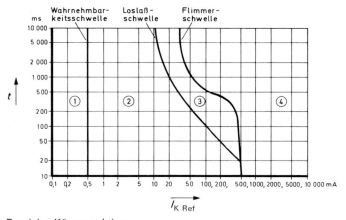

Bereich	Körperreaktion
1	Gewöhnlich keine Reaktion bis zur Wahrnehmbarkeitsschwelle.
2	Gewöhnlich keine schädliche Wirkung bis zur Loslaßschwelle.
3	Gewöhnlich kein organischer Schaden zu erwarten. Mit zunehmenden Strom- und Zeitwerten sind Störungen bei Bildung und Weiterleitung der Impulse im Herzen, Vorhofflimmern und Herzstillstand ohne Herzkammerflimmern möglich. Ebenso können für Zeiten $t > 10$ s oberhalb der Loslaßschwelle Muskelverkrampfungen und Atembeschwerden auftreten.
4	Herzkammerflimmern wahrscheinlich. Ferner können die Auswirkungen des Bereiches 3 und mit zunehmenden Strom- und Zeitwerten krankhafte Veränderungen des Körpers auftreten. Als Beispiele lassen sich Herzstillstand, Atemstillstand und schwere Verbrennungen nennen.

Bild 4-1. Zeit-Strom-Gefährdungsbereiche von Körperwechselströmen (50 bzw. 60 Hz) gemäß IEC 64(Secretariat)353; gültig für Erwachsene bei einem Stromweg „linke Hand zu beiden Füßen"

$$F_1 = \frac{I_{K\,Ref}}{I_K}$$

Darin bedeuten:

$I_{K\,Ref}$ Referenz-Körperstrom, bezogen auf den Stromweg „linke Hand zu beiden Füßen".

I_K Körperstrom für einen anderen Stromweg, der am Herzen die gleiche Stromdichte wie der Referenz-Körperstrom hervorruft.

Für verschiedene Stromwege sind die zugehörigen Herzstromfaktoren in **Tabelle 4-1** aufgeführt; sie dürfen nur als recht grobe Abschätzung angesehen werden.

Stromweg	Herzstrom-faktor F_1
linke Hand zu – beiden Füßen – linkem Fuß – oder rechtem Fuß beide Hände zu beiden Füßen	1,0
linke Hand zur rechten Hand	0,4
rechte Hand zu – beiden Füßen – linkem Fuß – oder rechtem Fuß	0,8
Rücken zur rechten Hand	0,3
Rücken zur linken Hand	0,7
Brustkorb zur rechten Hand	1,3
Brustkorb zur linken Hand	1,5
Gesäß zu – beiden Händen – zur linken Hand – oder zur rechten Hand	0,7

Tabelle 4-1. Herzstromfaktoren für verschiedene Wege von Körperströmen nach IEC 64(Sekretariat)353

Der Bezugs-Stromweg „linke Hand zu beiden Füßen" ist definitionsgemäß mit dem Herzstromfaktor 1 verknüpft. Im Vergleich dazu geben Herzstromfaktoren über 1 eine größere Gefährdung und solche unter 1 ein geringeres Risiko an. So bedeutet z. B. ein Strom von 67 mA auf dem Stromweg „Brustkorb zur linken Hand" dasselbe Risiko für das Auftreten von Herzkammerflimmern wie ein Strom von 250 mA auf dem Weg „linke Hand zur rechten Hand".

4.1.3 Zeit-Strom-Gefährdungsbereiche von Gleichstrom

In Anlehnung an die Darstellung in Bild 4-1 zeigt **Bild 4-2** die Strom-Zeit-Gefährdungsbereiche von Gleichstrom.

Bei den Körperreaktionen auf Gleichstrom ergeben sich folgende Besonderheiten:
– Schon unterhalb der Wahrnehmbarkeitsschwelle sind Körperströme im Augenblick des Ein- bzw. Ausschaltens zu spüren.
– Die Loslaßschwelle ist je nach Stromstärke unterschiedlich. Bei Werten bis herauf zu 300 mA tritt sie als Verkrampfungen der Muskulatur nur beim Ein- und Abschalten auf. Bei Stromwerten oberhalb von ungefähr 300 mA kann es unmöglich sein loszulassen, oder erst nach einer Stromflußdauer von Sekunden oder Minuten.

- Stromwerte, bei denen Herzkammerflimmern auftritt, hängen sehr deutlich von der Stromrichtung ab:
  ● Fließt ein Körperstrom in Querrichtung durch das Herz, wie bei dem Stromweg „von Hand zu Hand", so ist Herzkammerflimmern unwahrscheinlich; unabhängig von der Stromstärke.
  ● Fließt ein Strom in Längsrichtung durch das Herz wie bei dem Stromweg „linke Hand zu beiden Füßen", so unterscheiden sich die Stromwerte für die Flimmerschwelle je nach Polarität der Berührungsspannung. Liegt der Plus-Pol an einer Hand und der Minus-Pol an den Füßen, verschiebt sich die Flimmerschwelle auf doppelt so hohe Stromwerte wie bei umgekehrter Polarität.

Der Vergleich zwischen den Bildern 4-1 und 4-2 weist Gleichstrom als weniger gefährlich aus. Das zeigt sich auch durch Gegenüberstellen der Flimmerschwel-

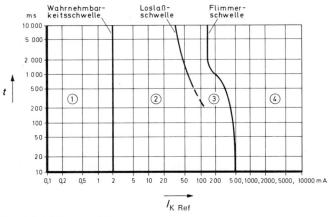

Bereich	Körperreaktion
1	Üblicherweise keine Wahrnehmung.
2	Üblicherweise keine schädliche Wirkung.
3	Üblicherweise kein organischer Schaden zu erwarten. Mit zunehmenden Strom- und Zeitwerten sind umkehrbare Störungen bei Bildung und Weiterbildung der Impulse im Herzen möglich.
4	Herzkammerflimmern wahrscheinlich. Mit zunehmenden Strom- und Zeitwerten sind andere krankhafte Körperwirkungen wie schwere Verbrennungen zusätzlich zu den Auswirkungen des Bereichs 3 wahrscheinlich.

Bild 4-2. Zeit-Strom-Gefährdungsbereiche von Körpergleichströmen gemäß IEC 64(Secretariat)354; gültig für Erwachsene bei einem Stromweg „linke Hand zu beiden Füßen" mit dem Plus-Pol an den Füßen.

len von beiden Stromarten. Bei sehr kurzen Zeiten bis etwa 200 ms Stromflußdauer sind kaum Unterschiede festzustellen. Mit weiter ansteigenden Zeiten laufen die beiden Flimmerschwellen immer deutlicher auseinander, bis sie ab etwa 5 s in einen parallelen Verlauf übergehen und sich etwa um 90 mA unterscheiden.

4.1.4 Gefährdung durch überlagerte Wechsel- und Gleichströme

Bei Gleichrichtung einer Wechselspannung entsteht oft eine Gleichspannung, die nur unvollständig geglättet und somit oberschwingungshaltig ist. Dann erhebt sich die Frage, welche Zeit-Strom-Gefährdungsbereiche maßgeblich sind: Die für Gleichströme, die für Wechselströme oder ein anderes Kriterium? Zur Zeit wird diese Frage bei IEC diskutiert. Aktuell ist der Vorschlag, die Wirkung derartiger Ströme nach ihrem Wert Spitze-Spitze und ihrer Wirkungsdauer zu beurteilen. Dabei wird die Gefahr für Herzkammerflimmern bei Stromflußdauern über einer Herzperiode als unabhängig von der Stromform angesetzt; Ströme beliebiger Form, aber mit gleichem Wert Spitze-Spitze und gleicher Stromflußdauer, stellen die gleiche Gefahr für das Auftreten von Herzkammerflimmern dar wie ein reiner Wechselstrom (50/60 Hz) mit gleichem Wert Spitze-Spitze (**Bild 4-3**). Danach sind ein reiner Wechselstrom und ein reiner Gleichstrom, der um das $2\sqrt{2}$fache größer als der Effektivwert des Wechselstroms ist, gleichermaßen gefahrenträchtig.

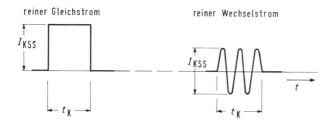

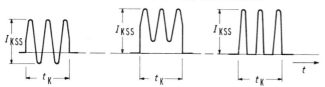

Bild 4-3. Ströme unterschiedlicher Form, aber gleicher Gefahr für Herzkammerflimmern nach IEC 64(Secretariat)308

4.1.5 Gefährdung durch Wechselströme anderer Frequenzen

Im Starkstrombereich haben Wechselspannungen in Europa üblicherweise eine Frequenz von 50 Hz, in den USA von 60 Hz. In Sonderfällen werden aber auch Wechselspannungen anderer Frequenzen angewandt. Dafür ist es notwendig, den Einfluß der Frequenz auf das Risiko für Herzkammerflimmern zu kennen. Das läßt sich anhand von **Bild 4-4** abschätzen, auch wenn die Flimmerschwelle bisher nicht gemessen worden ist. Wahrnehmbarkeits- und Loslaßschwelle sind dargestellt: Für andere Frequenzen als 50 bzw. 60 Hz liegen sie entweder bei den gleichen Stromwerten oder darüber. Deshalb darf man die Aussagen über die Flimmerschwelle von 50/60 Hz Körperströmen ebenfalls auf andere Frequenzen übertragen und weiß, daß man die Gefahren zur sicheren Seite hin abgeschätzt hat.

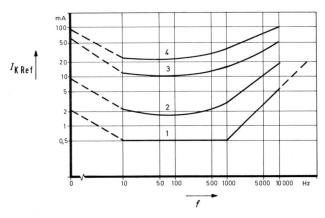

Kurve	Körperreaktion
1	Vereinbarte Stromgrenze, bis zu der normalerweise keine Reaktion erfolgt
2	Wahrnehmbarkeitsschwelle für 99,5 % der getesteten Personen; d. h. 0,5 % fühlten nichts
3	Loslaßschwelle für 0,5 % der getesteten Personen; d. h. 99,5 % konnten noch loslassen
4	Loslaßschwelle für 99,5 % der getesteten Personen; d. h. 0,5 % konnten noch loslassen

Bild 4-4. Körperreaktionen für Körperströme unterschiedlicher Frequenz nach IEC-Publication 479

4.1.6 Gefährdung durch Entladung von Kondensatoren (Begrenzung von Entladungsenergien)

Eine besondere Gefährdungsart entsteht an Kapazitäten, die über einen hochohmigen Widerstand auf Gleichspannungen von mehreren kV aufgeladen sind. Dies ist beispielsweise bei Elektro-Weidezäunen und Geräten zur Isolationsprüfung der Fall. Durch ihren Anwendungszweck ist ein Berühren der spannungsführenden Teile im normalen Betrieb möglich. Jedermann weiß zwar, daß eine Berührung dieser spannungsführenden Teile zu unterlassen ist, trotzdem – solche Berührungen lassen sich nicht völlig ausschließen. Deshalb muß auch in derartigen Fällen ein Schutz vor Herzkammerflimmern bestehen.

Die Besonderheit derartiger Gleichspannungen besteht darin, daß bei Berühren der spannungsführenden Teile ein impulsförmiger Körperstrom zustande kommt. Der hohe Innenwiderstand der Spannungsquelle läßt nur einen kleinen permanenten Körperstrom im Bereich der Wahrnehmbarkeitsschwelle zu. Darum kann eine Gefahr nur von dem Stromimpuls bei der Kondensatorentladung ausgehen. Beurteilungskriterium für die Gefahr ist die Energie, die im Kondensator vor der Entladung gespeichert wird. Die Energie W ergibt sich aus Kapazität C und Kondensatorspannung U zu:

$$W = \frac{1}{2} C U^2$$

Als zulässiger Höchstwert W_{max} darf gemäß IEC-Publikation 348 angesehen werden:

$$W_{max} = 350 \text{ mWs}$$

Die Größenordnung dieses Wertes ist wenig anschaulich und soll deshalb an einem Beispiel verdeutlicht werden. Dazu werden die Verhältnisse an einem Elektro-Weidezaun betrachtet (**Bild 4-5**). Das Weidezaungerät läßt sich im Ersatzschaltbild stark vereinfacht als eine Gleichspannungsquelle mit dem Innenwiderstand R_i beschreiben. Ein Pol wird geerdet, der andere an den Weidezaun angeschlossen. Elektrotechnisch gesehen stellt sich der Weidezaun als Kapazität C_z des Zaundrahtes gegen Erde mit dem Isolationswiderstand R_z dar. Die Kapazität läßt sich errechnen gemäß

$$C_z = \frac{2\pi \cdot \varepsilon_0 \cdot l}{\ln \frac{2h}{r}}$$

Darin bedeuten:

ε_0 Dielektrizitätskonstante
l Länge des Zaundrahtes
h Höhe des Zaundrahtes über dem Erdboden
r Radius des Zaundrahtes

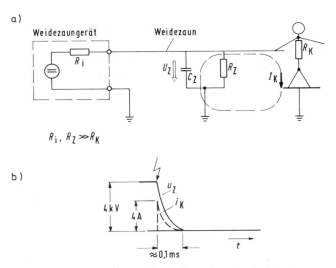

Bild 4-5. Zur Gefährdung durch Stromimpulse bei Berührung von sehr hochohmigen Gleichspannungen, dargestellt am Beispiel eines Elektro-Weidezauns
a) Ersatzschaltbild eines Elektro-Weidezauns
b) Spannungs- und Körperstromverlauf bei Berühren eines Elektro-Weidezauns

Als Zaunspannung U_z sind mindestens 2 kV erforderlich, bei niedrigeren Werten geht die „erzieherische Wirkung" auf Nutztiere verloren. Häufig liegen die Spannungen je nach Isolationswiderstand zwischen 3 und 4 kV. Für ein Rechenbeispiel sollen 4 kV angenommen werden, ferner l = 6093 m, h = 0,8 m und r = 0,69 mm ($\triangleq$ 1,5 mm^2 Querschnitt). Die geometrischen Daten sind so gewählt, daß die Kapazität des Weidezaunes bei 4 kV die elektrische Energie von 350 m Ws gespeichert hat. Bei Berühren des Weidezaunes wird die Kapazität entladen. Wegen des hohen Innenwiderstandes kann der gleichzeitig einsetzende Ladevorgang vernachlässigt werden. Der Entladestrom fließt über den menschlichen Körper, der mit einem Körperwiderstand von R_k = 1 kΩ angenommen wird, und über Erde. Die Erdungswiderstände sind vernachlässigt. Der Stromverlauf ist bereits nach etwa 0,1 ms abgeklungen. Diese extrem kurze Zeit liegt deutlich außerhalb der Zeit-Strom-Gefährdungsbereiche nach Bild 4-2. Damit wird auch plausibel, daß für derartige impulsförmige Ströme eigene Bewertungskriterien erarbeitet werden. Dies um so mehr, wenn man sich die Stromamplitude vergegenwärtigt, sie liegt in diesem Beispiel bei 4 A.

4.2 Impedanz (Widerstand) des menschlichen Körpers

Die Impedanz des menschlichen Körpers zwischen Ein- und Austrittsstelle des Körperstroms ist überwiegend ohmsch. Dazu ist bei genauer Betrachtung ein

kleiner kapazitiver Anteil zu rechnen. Er kommt in erster Linie durch den Einfluß der Haut an Ein- und Austrittsstelle des Körperstroms zustande. Ein konstanter Wert läßt sich für die Kapazität nicht angeben, denn sie ergibt sich aus Einflußgrößen wie Feuchtigkeit und Berührungsspannung. So läßt sich die Kapazität als Phasenverschiebung α des Körperstroms gegenüber der Berührungsspannung für folgende Beispiele angeben:
- Bei trockenen Händen
- $\alpha = 30°$ für $U_B = 25$ V,
- $\alpha = 10°$ für $U_B = 200$ V,
- bei feuchten Händen
- $\alpha = 10°$ für $U_B = 10$ V,
- $\alpha = 7°$ für $U_B = 50$ V.

Für Sicherheitsbelange ist der Bezug auf die ungünstigen Bedingungen bei feuchten Händen zweckmäßig. Dafür ergeben sich aber so geringe Phasenwinkel, daß es üblicherweise ausreicht, die Körperimpedanz als rein ohmsch anzusetzen.

Neben Einflußgrößen wie Berührungsfläche, Kontaktdruck, Feuchtigkeit, Stromflußdauer und Umgebungstemperatur bestimmen in erster Linie Berührungsspannung und Stromweg die Größe der Körperimpedanz. Wie sie von der Berührungsspannung abhängt, zeigt **Bild 4-6** für den Stromweg „linke Hand zu beiden Füßen". Die Streuung bringt die genannten anderen Einflußgrößen zum Ausdruck. So ist die Haut je nach Feuchtigkeitsgehalt mehr oder weniger als

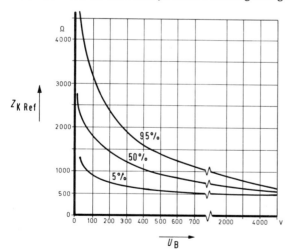

Bild 4-6. Körperimpedanz $Z_{K\ Ref}$ in Abhängigkeit der Berührungsspannungen U_B nach IEC 64(Secretariat)342 unter folgenden Bedingungen:
- Stromweg „linke (rechte) Hand zu beiden Füßen",
- Wechselstromfrequenzen bis 1 kHz,
- Angabe der Werte, die von 5, 50 bzw. 95 % der Gesamtheit nicht überschritten werden.

Stromweg	F_2	
linke bzw. rechte Hand zu beiden Füßen	1,0	(0,67)
linke bzw. rechte Hand zu linkem bzw. rechtem Fuß	1,33	(1,0)
linke bzw. rechte Hand zum Gesäß	0,73	(0,4)
linke bzw. rechte Hand zum Rücken	0,67	(0,33)
linke bzw. rechte Hand zum Brustkorb	0,60	(0,31)
linke Hand zur rechten Hand	1,33	

Tabelle 4-2.
Veränderung der Körperimpedanz bei verschiedenen Stromwegen nach IEC 64(Sekretariat)342; die Zahlenwerte in Klammern beziehen sich auf den Stromweg zwischen beiden Händen und dem jeweils betrachteten Körperteil

Isolator anzusehen. Die Spannungsabhängigkeit ist eine spezielle Eigenschaft der Haut. Bei einer gewissen Spannungshöhe schlägt sie durch; danach geht die Spannungsabhängigkeit weitgehend verloren.
Für andere Stromwege zeigt **Tabelle 4-2** die Veränderung der Körperimpedanz. Die Änderung beschreibt der Faktor F_2. Er ist folgendermaßen definiert:

$$F_2 = \frac{Z_K}{Z_{K\,Ref}}$$

Darin bedeuten:

$Z_{K\,Ref}$ Referenz-Körperimpedanz, bezogen auf den Stromweg „linke Hand zu beiden Füßen"

Z_K Körperimpedanz bei einem anderen Stromweg

4.3 Zulässige Berührungsspannung

Auf der Basis der vorausgegangenen Darstellungen läßt sich nun die zulässige Berührungsspannung berechnen; zulässig bedeutet, daß Herzkammerflimmern so gut wie ausgeschlossen ist. Allgemein läßt sich die zulässige Berührungsspannung angeben als:

$$U_B = Z_{K\,Ref} \cdot I_{K\,Ref} \cdot \frac{F_2}{F_1}$$

Auch wenn die Körperimpedanz $Z_{K\,Ref}$ sowie die Faktoren F_1 und F_2 streng genommen nur für Wechselspannung 50 bzw. 60 Hz ermittelt sind, so lassen sie sich doch auch für Gleichspannung als Anhaltswerte verwenden, die auf der sicheren Seite liegen.

Der zulässige Körperstrom $I_{K\,Ref}$ bezeichnet hier Werte aus der Zone 3 der Zeit-Strom-Gefährdungsbereiche in Bild 4-1 bzw. 4-2. Somit ist die zulässige Berührungsspannung auch zeitabhängig. Pragmatische Erwägungen hielten davon ab, die zulässige Berührungsspannung als Zeitfunktion festzulegen. Zweckmäßigerweise wurde folgender Weg eingeschlagen:

- Es wird zunächst die **dauernd zulässige Berührungsspannung U_L** festgelegt.
- Für Fälle, in denen höhere Berührungsspannungen als U_L zustande kommen können, werden **Abschaltzeiten** gefordert. Sie orientieren sich neben den Zeit-Strom-Gefährdungsbereichen an den möglichen Berührungsspannungen, die sich nach den Erdungsverhältnissen der elektrischen Anlage (Netzformen) richten. Diese jeweils erforderlichen Abschaltzeiten werden später im Zusammenhang mit den Schutzmaßnahmen bei verschiedenen Erdungsverhältnissen erläutert.

Dadurch reduziert sich das Problem, die zulässige Berührungsspannung zeitabhängig festzulegen, auf die Bestimmung der **dauernd** zulässigen Berührungsspannung. Die vorgenannte Gleichung ist hierzu in konkrete Zahlenwerte umzusetzen. Dabei erhebt sich die Frage, unter welchen Bedingungen die Berührungsspannung ermittelt werden soll. Bei Annahme der denkbar ungünstigsten Bedingungen würde sich ein sehr niedriger Wert ergeben. Seine Realisierung würde in vielen Fällen am technisch-wirtschaftlich Machbaren scheitern. Außerdem zeigt die Analyse des Unfallgeschehens, daß eine derartige Betrachtungsweise an der Realität vorbeigehen würde. So sind die Werte für die dauernd zulässige Berührungsspannung U_L auf der Basis der physiologischen Daten über Herzkammerflimmern und der Erfahrungen aus dem Unfallgeschehen festgelegt und im Rahmen des internationalen Harmonisierungsverfahrens vereinbart[7]) worden (siehe auch Abschnitt 7 <6.1.1.4>):

- Für Wechselspannung: $U_L = 50$ V.
- Für Gleichspannung: $U_L = 120$ V.

Diese Werte schließen die Vorstellung ein, daß ein Körperstrom üblicherweise von einer Hand zu beiden Füßen fließt und die Körperimpedanz an der unteren Grenze der dargestellten Bandbreite liegt. Für besondere Anwendungsfälle, in denen die Unfallbedingungen stark von den normalen abweichen, werden daher niedrigere Grenzwerte festgelegt. Drei Beispiele sollen diese Aussage veranschaulichen:

Der Charakter des Kompromisses bei Festlegung der dauernd zulässigen Berührungsspannung kommt in ihrer englischen Bezeichnung „conventional touch voltage" zum Ausdruck; sinngemäß übersetzt heißt das „vereinbarte Berührungsspannung".

- Nur 6 V sind als höchste Nennausgangsspannung für Sicherheitstransformatoren nach VDE 0551 festgelegt, wenn das versorgte medizinische Gerät in den Körper eines Patienten eingeführt wird.
- 12 V sind durch DIN IEC 64(CO)123/VDE 0100 Teil 701/...82 Entwurf 1 für Verbrauchsmittel vorgeschlagen, die in Badewannen bzw. Duschtassen eingesetzt werden.
- 24 V ist die höchstzulässige Nenn-Ausgangswechselspannung von Sicherheitstransformatoren zur gefahrlosen Speisung von elektrisch betriebenem Spielzeug.

Die Sicherheit bei Spannungen bis zur Höhe von U_L ist an gewisse Umgebungsbedingungen geknüpft. Bei Verkettung mehrerer ungünstiger Umstände kann eine eigentlich gefahrlose Spannung durchaus gefährlich werden. Deshalb dürfen Spannungswerte von 50 V bzw. 120 V nicht als exakte Grenzen mißverstanden werden, unterhalb derer nichts passieren kann und oberhalb derer bereits Lebensgefahr besteht. Dies wird um so verständlicher, wenn man an den bisherigen Grenzwert von 65 V für Wechselspannungen denkt; er ist nicht wegen des Unfallgeschehens, sondern lediglich aus Gründen der Vereinheitlichung im Zuge der Harmonisierung auf einen niedrigeren Wert korrigiert worden.

5 Netzformen

Schutz gegen gefährliche Körperströme im Fehlerfall wird wohl am häufigsten mit Schutzeinrichtungen wie Leitungsschutzschaltern, Sicherungen, Fehlerstrom(FI)-Schutzschaltern realisiert. Bei Gefahr schalten die Schutzeinrichtungen den defekten Stromkreis ab bzw. melden ein bevorstehendes Risiko (Isolationsüberwachungseinrichtung). Für derartige Schutzmaßnahmen wurden in Teil 410 der Normenreihe DIN 57 100/VDE 0100 völlig neue Begriffe geprägt. So alt eingeführte Begriffe wie Nullung, FI-Schutzschaltung, Schutzleitungssystem werden durch eine anders geartete Bezeichnungsweise ersetzt. Während eine Schutzmaßnahme durch Abschaltung oder Meldung bisher schlagwortartig bezeichnet worden ist, wird sie nunmehr nach zwei Kennzeichen benannt:
- Netzform und
- Schutzeinrichtung.

Entsprechend kann z. B. der alte Begriff „Nullung" etwa wie folgt umschrieben werden: „Schutz durch Überstromschutzeinrichtungen im TN-Netz". An diesem Beispiel wird deutlich, wie tiefgehend die Netzformen in die Bezeichnungsweise und damit auch in die Gliederung von Schutzmaßnahmen eingreifen. Deshalb wird vor der detaillierten Behandlung der Schutzmaßnahmen das neue Klassifizierungssystem der Netzformen dargestellt.

Nach DIN 57 100 Teil 310/VDE 0100 Teil 310 wird ein Niederspannungsnetz in seiner Gesamtheit – also von der Stromquelle bis zum letzten Verbrauchsmittel – im wesentlichen charakterisiert durch:

– Erdungsverhältnisse der Stromquelle und
– Erdungsverhältnisse der Körper in elektrischen Verbraucheranlagen.
Danach werden als Netzformen drei Grundarten definiert:
– TN- Netz;
– TT- Netz;
– IT- Netz.

Die Buchstabenkombinationen haben folgende Bedeutungen:
– Erster Buchstabe: Erdungsverhältnisse der Stromquelle;
  T direkte Erdung der Stromquelle (Betriebserder).
  I Isolierung aller aktiven Teile gegenüber Erde oder Verbindung eines aktiven Teils mit Erde über eine Impedanz.
– Zweiter Buchstabe: Erdungsverhältnisse von Körpern in elektrischen Verbraucheranlagen;
  T Körper direkt geerdet, unabhängig von der gegebenenfalls bestehenden Erdung der Stromquelle.
  N Körper direkt mit dem Betriebserder (Erdung der Stromquelle) verbunden.

Beim TN-Netz gibt es neben der beschriebenen Grundart drei Varianten; sie unterscheiden sich in der Anordnung von Neutralleiter N und Schutzleiter PE. Dazu werden folgende Buchstaben verwendet:

S Neutral- und Schutzleiter als zwei separate Leiter ausgeführt,
C Neutral- und Schutzleiter zu einem Leiter, dem PEN-Leiter[8]), kombiniert.

Aus den vorangestellten Definitionen ergeben sich als mögliche Netzformen die drei Grundarten TN-, TT- und IT-Netz mit den drei Varianten des TN-Netzes: TN-S-, TN-C-, TN-C-S-Netz. Die Netzformen sind beispielhaft dargestellt an Niederspannungs-Drehstromnetzen (**Bilder 5-1 bis 5-5**). Zur besseren Übersicht sind die Netze reduziert auf die niederspannungsseitigen Transformatorwicklungen und die Körper von je einem bzw. zwei Verbrauchsmitteln.
Mit Rücksicht auf die bisherige Ausführung in der Praxis sind IT-Netze in Teil 310 von DIN 57 100/VDE 0100 und daher auch in diesem Buch ohne Neutralleiter dargestellt. Schließlich ließ VDE 0100/5.73 § 15 einen Neutralleiter im IT-Netz mit $U_n = 380$ V nicht zu. Diese Einschränkung ist mit der Herausgabe des Teils 410 von DIN 57 100/VDE 0100 aufgehoben worden. Wie in Abschnitt 7 < 6.1.8 > ausführlich dargestellt, wird damit lediglich ein wirtschaftliches Problem angeschnitten. Es geht um die Frage, ob die Ausführung eines separaten Wechselstromnetzes neben einem Drehstromnetz kostengünstiger als die gegebenenfalls vorzeitige Alterung von Wechselstromgeräten beim Betrieb in IT-Drehstromnetzen ist. Hier kann die Isolierung von Wechselstromgeräten, die nur für Spannungen bis 250 V ausgelegt ist, im Erdschlußfall mit bis zu 380 V beansprucht werden. In der Bundesrepublik Deutschland wer-

---

8) Nach DIN 57 100 Teil 540/VDE 0100 Teil 540 beträgt der Mindestquerschnitt des PEN-Leiters 10 mm2 Cu bzw. 16 mm2 Al; für konzentrische Leiter gelten Sonderregelungen.

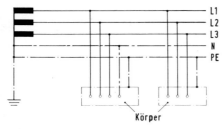

Bild 5-1. TN-S-Netz
- Transformatorsternpunkt direkt geerdet (Betriebserder),
- Körper über Schutzleiter mit dem Betriebserder verbunden,
- Schutz- und Neutralleiter im gesamten Netz als zwei separate Leiter ausgeführt.

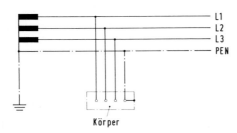

Bild 5-2. TN-C-Netz
- Transformatorsternpunkt direkt geerdet (Betriebserder),
- Körper über PEN-Leiter mit dem Betriebserder verbunden,
- Schutz- und Neutralleiter im gesamten Netz zum PEN-Leiter kombiniert.

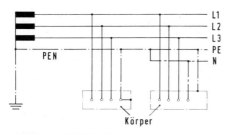

Bild 5-3. TN-C-S-Netz
- Transformatorsternpunkt direkt geerdet (Betriebserder),
- Körper über PEN- bzw. Schutzleiter mit dem Betriebserder verbunden,
- Schutz- und Neutralleiter teils zum PEN-Leiter kombiniert, teils als separate Leiter ausgeführt.

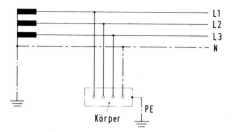

Bild 5-4. TT-Netz
– Transformatorsternpunkt direkt geerdet (Betriebserder),
– Körper direkt geerdet.

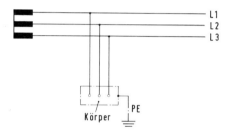

Bild 5-5. IT-Netz
– Isolierung aller aktiven Teile gegenüber Erde,
– Körper direkt geerdet.

den IT-Netze nur dort betrieben, wo Betreiber von Netz und Verbraucheranlage identisch sind. Wirtschaftliche Vor- und Nachteile für beide Lösungen fallen also demselben Betreiber zu. Daher liegt dieses Problem nicht mehr im Bereich des öffentlichen Interesses, sondern es wird zu einer Angelegenheit, deren Beurteilung allein dem individuellen Ermessen des Betreibers zufällt. Darum steht ihm auch die Entscheidung zu, ob im IT-Netz ein Neutralleiter ausgeführt wird. Gleichspannungsnetze spielen im Vergleich zu Dreh- bzw. Wechselstromnetzen nur eine untergeordnete Rolle. Deshalb soll für Gleichspannung hier nur das TN-C-S-Netz dargestellt werden **(Bild 5-6)**. Die übrigen Netzformen lassen sich analog auf Gleichspannung übertragen. Dabei ist eine formale Besonderheit nach DIN 42 400 „Kennzeichnung der Anschlüsse elektrischer Betriebsmittel" zu beachten. Im Gleichspannungsnetz trägt der Neutralleiter die Kennzeichnung M (Mittelleiter), während der Mittelleiter mit Schutzfunktion wie im Drehstromnetz als PEN-Leiter bezeichnet wird.

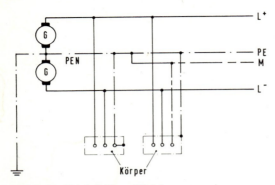

Bild 5-6. TN-C-S-Netz (Gleichspannung)
– Stromquelle direkt geerdet (Betriebserder),
– Körper über PEN- bzw. Schutzleiter mit dem Betriebserder verbunden,
– Schutz- und Mittelleiter teils zum PEN-Leiter kombiniert, teils als separate Leiter ausgeführt.

6 Übersicht über die Maßnahmen zum Schutz gegen gefährliche Körperströme

Der Schutz gegen gefährliche Körperströme, auch kurz Berührungsschutz genannt, gliedert sich nach Teil 410 von DIN 57 100/VDE 0100 in drei Bereiche auf:
– Schutz gegen direktes Berühren,
– Schutz bei indirektem Berühren,
– zusätzlicher Schutz bei direktem Berühren durch Fehlerstrom-Schutzeinrichtungen mit $I_{\Delta n} \leq 30$ mA.

Während die ersten beiden Aspekte schon in den vorausgegangenen Fassungen von DIN 57 100/VDE 0100 behandelt waren, ist der zusätzliche Schutz bei direktem Berühren erstmals aufgenommen worden. Zum besseren Überblick soll zunächst der prinzipielle Unterschied dieser drei Aspekte des Berührungsschutzes dargestellt werden, bevor die einzelnen Anforderungen im Detail erläutert werden. Die Unterschiede werden am Verhältnis von Körper- und Fehlerstrom deutlich.

6.1 Schutz gegen direktes Berühren

Schutz gegen direktes Berühren ist abgestimmt auf den ungestörten Betriebsfall und zielt darauf ab, betriebsmäßig spannungsführende (aktive) Teile für einen Menschen normalerweise unzugänglich zu halten. Der Mensch wird also dagegen geschützt, aktive Teile direkt zu berühren. Dies kann beispielsweise durch Isolierung der aktiven Teile geschehen **(Bild 6-1)**. Dadurch kommt kein

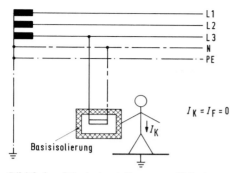

Bild 6-1. Prinzipdarstellung zum Schutz gegen direktes Berühren

Körperstrom zum Fließen, wenn das elektrische Betriebsmittel berührt wird. Der Fehlerstrom – der Strom infolge eines Isolationsfehlers – und der Körperstrom haben jeweils den Wert Null.

6.2 Schutz bei indirektem Berühren

Für den Fall, daß der Schutz gegen direktes Berühren durch Beschädigung der Isolierung ausfällt, muß die zweite Art des Berührungsschutzes wirksam werden: Der Schutz bei indirektem Berühren. Das ihm zugrunde liegende Prinzip wird am deutlichsten bei Verbrauchsmitteln, deren Isolierung zum Schutz gegen direktes Berühren (Abschnitt 6.1) mit einem Körper[9]) umgeben ist. Der Körper ist im gewählten Beispiel des TN-Netzes nach **Bild 6-2** mit dem Schutzleiter

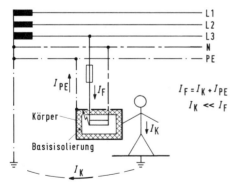

Bild 6-2. Prinzipdarstellung zum Schutz bei indirektem Berühren

---

[9]) Nach DIN 57 100 Teil 200/VDE 0100 Teil 200 ist definiert: „Körper sind berührbare, leitfähige Teile von Betriebsmitteln, die nicht aktive Teile sind, jedoch im Fehlerfall unter Spannung stehen können".

40

verbunden. Durch einen Isolationsfehler wird ein Körperschluß im betrachteten Verbrauchsmittel angenommen, also eine leitende Verbindung zwischen Körper und aktiven Teilen des Verbrauchsmittels. Eine Berührung des Körpers kann dann auch als indirektes Berühren der aktiven Teile verstanden werden. Der Körperschluß hat einen Fehlerstrom zur Folge. Er teilt sich auf in einen Anteil I_{PE}, der über den Schutzleiter zum Transformatorsternpunkt fließt, sowie in einen zweiten Anteil I_K, der über den menschlichen Körper und über Erde zum Transformatorsternpunkt fließt. Der Körperstrom I_K ist also nur ein Teil des Fehlerstroms I_F; auch dieser Teil kann bei zu langer Stromflußdauer zu einer Gefahr werden. Deshalb muß eine Schutzeinrichtung – in diesem Beispiel eine Sicherung – den Fehlerstrom rechtzeitig unterbrechen.

6.3 Schutz bei direktem Berühren

Der Schutz bei direktem Berühren ist als neue Qualität des Schutzes gegen gefährliche Körperströme erstmals in DIN 57 100/VDE 0100 aufgenommen worden. Er kann bisher nur durch den Einsatz hochempfindlicher Fehlerstrom-Schutzeinrichtungen mit einem Fehlerstrom $I_{\Delta n} \leq 30$ mA vorgenommen werden.
Der Schutz bei direktem Berühren darf den Schutz gegen direktes Berühren und den Schutz bei indirektem Berühren nicht ersetzen. Er ist ein **zusätzlicher** Schutz, der erst dann wirken soll, wenn sowohl der Schutz gegen direktes Berühren als auch der Schutz bei indirektem Berühren versagen oder beseitigt worden sind und dann das elektrische Verbrauchsmittel trotzdem noch weiter verwendet **und** berührt wird. Vorstellbar ist eine solch außergewöhnliche Konstellation beispielsweise, wenn gleichzeitig ein Körperschluß und eine Schutzleiterunterbrechung vorliegen. Bei Berührung des Körpers fließt der Fehlerstrom vollständig über den menschlichen Körper **(Bild 6-3)** – genau wie bei direktem Berühren von aktiven Teilen. Fehler- und Körperstrom sind identisch.

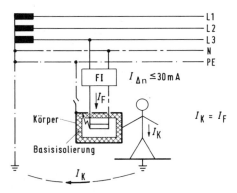

Bild 6-3. Prinzipdarstellung zum weitgehenden Schutz bei direktem Berühren

Bisher wurde in VDE 0100 ein gleichzeitiger Ausfall des Schutzes gegen direktes Berühren und des Schutzes bei indirektem Berühren nicht angenommen. Das Unfallgeschehen zeigt, daß damit auch nur bei sehr wenigen Anwendungsfällen der elektrischen Energie mit einer nennenswerten Wahrscheinlichkeit gerechnet werden muß. Dabei handelt es sich dann um:
– Überbrückung der Isolierung von Geräten der Schutzklasse II durch Feuchtigkeit.
– Unbemerkte Beschädigung von schutzisolierten Betriebsmitteln.
– Schutzleiterunterbrechung bei Geräten der Schutzklasse I in feuchter Umgebung durch erhöhte mechanische und korrosive Beanspruchung.
Ein Beispiel für den ersten Fall ergibt sich bei grob leichtsinniger Anwendung eines Haartrockners der Schutzklasse II. Eine Reihe von tödlichen Unfällen zeigen immer wieder, daß der Haartrockner entgegen allen Sicherheitsgeboten beim Baden in einer Badewanne benutzt wird. Fällt der Haartrockner dabei ins Wasser, so nimmt dieses die Phasenspannung an, sofern der Haartrockner – wie üblich – als Gerät der Schutzklasse II[10]) ausgeführt ist. In diesem Fall ist keine der bisher geforderten Schutzmaßnahmen wirksam. Daher kann es je nach Lage von Haartrockner und menschlichem Körper und je nach Isolationswiderstand der Wanne gegenüber Erde zu einem tödlichen Körperstrom kommen. Davor kann lediglich eine hochempfindliche Fehlerstrom-Schutzeinrichtung mit $I_{\Delta n} \leq$ 30 mA schützen.
Ein Beispiel für den zweiten Fall ist eine in außergewöhnlichen Situationen mögliche, unbemerkte Zerstörung beider Isolierungen eines schutzisolierten Betriebsmittels. Hiermit ist z. B. bei Anschlußleitungen von Rasenmähern zu rechnen; denn Unachtsamkeit beim Betrieb führt hin und wieder dazu, daß die Anschlußleitung unbemerkt beschädigt wird.
Ein typisches Beispiel für den dritten Fall sind die erhöhten mechanischen und korrosiven Beanspruchungen in landwirtschaftlichen Betriebsstätten, wodurch Schutzleiterunterbrechungen an ortsveränderlichen Verbrauchsmitteln auftraten. Dies hat dann in einigen Fällen zu tödlichen Stromunfällen geführt. Durch die Schutzleiterunterbrechung wird der Schutz bei indirektem Berühren unwirksam, meist ohne daß es bemerkt wird. Eine in der Landwirtschaft häufige Einwirkung von Feuchtigkeit kann leicht eine Überbrückung der Isolierung bewirken, so daß auch der Schutz gegen direktes Berühren öfter als sonst üblich ausfällt. Am Körper eines Verbrauchsmittels mit Schutzleiterunterbrechung steht dann die volle Phasenspannung an. Berührt ein Mensch dieses defekte Gerät, so fließt ein Fehlerstrom über den menschlichen Körper. Dieser Fehlerstrom löst eine hochempfindliche Fehlerstrom-Schutzeinrichtung $I_{\Delta n} \leq$ 30 mA in aller Regel noch aus, bevor eine Gefährdung des Menschen entsteht.
Der zusätzliche Schutz bei direktem Berühren sollte nicht zu leichtsinnigem Handeln verführen. Er ist weder als Schutz beim Arbeiten bzw. Basteln unter Spannung, noch als Schutz vor „Murks", also als Schutz vor den Gefahren an

---

[10]) siehe Abschnitt 6.4

fehlerhaft errichteten oder reparierten Anlagen und Geräten, eingeführt worden. Auch bei funktionsfähiger Fehlerstrom-Schutzeinrichtung $I_{\Delta n} \leq$ 30 mA ist der Schutz bei direktem Berühren nicht in allen Fällen zu erwarten. So ist z. B. ungeklärt, ob ein derartiger Schutz für alle denkbaren Konstellationen des Badewannenunfalls gegeben ist, dann also, wenn ein Verbrauchsmittel zu einem Badenden in die Wanne gefallen ist. Ebenso bleibt die Schutzwirkung aus, wenn gleichzeitig zwei aktive Leiter berührt werden und der Körperstrom nicht über Erde fließt **(Bild 6-4)**.

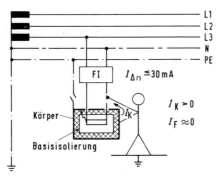

Bild 6-4. Verlust der Schutzfunktion bei direktem Berühren

Die genannten Bedingungen, unter denen der zusätzliche Schutz bei direktem Berühren wirksam wird, haben schon den Ausnahmecharakter dieser neuen Qualität des Berührungsschutzes deutlich gemacht. Deshalb wird sie anders als der Schutz gegen direktes Berühren und der Schutz bei indirektem Berühren nicht generell gefordert, sondern nur in besonderen Fällen. Das kann sein – wie vorstehend bereits näher erläutert – bei außergewöhnlicher Beanspruchung durch Feuchtigkeit, mechanischer Belastung oder korrosive Einwirkung – vor allem, wenn sie einhergeht mit einer erhöhten Empfindlichkeit des Menschen gegenüber Berührungsspannungen (z. B. durch fehlendes Schuhwerk und feuchte Haut wie in Schwimmbändern). Auch Unfallschwerpunkte können Anlaß sein, den zusätzlichen Schutz bei direktem Berühren gezielt für einen eng umrissenen Anwendungsbereich zu fordern. Auf all diesen Gründen basierende Erwägungen haben dazu geführt, Fehlerstrom-Schutzeinrichtungen mit $I_{\Delta n} \leq$ 30 mA bisher in folgenden Fällen zu fordern bzw. durch einen Norm-Entwurf zur Diskussion zu stellen:

– Medizinisch genutzte Räume (DIN 57 107/VDE 0107/6.81),
– Vorführstände von Leuchten (DIN 57 100 Teil 559/VDE 0100 Teil 559/03.83)
– elektrische Betriebsmittel in Teilbereichen von Schwimmbädern (DIN 57 100 Teil 702/VDE 0100 Teil 702/11.82),
– elektrische Betriebsmittel in Saunen (DIN 57 100 Teil 703/VDE 0100 Teil 703/11.82),

- Stromversorgung von Booten und Yachten sowie von Wohnwagen auf Campingplätzen (DIN 57 100 Teil 721/VDE 0100 Teil 721/11.80),
- Steckdosenstromkreise in Baderäumen (DIN IEC 64(CO)123/VDE 0100 Teil 701/...82, Entwurf 1),
- Steckdosenstromkreise in landwirtschaftlichen Betriebsstätten (DIN 57 100 Teil 705 A1/VDE 0100 Teil 705 A1/...82, Entwurf 1).

6.4 Gegenüberstellung: Schutzmaßnahmen, Schutzklassen, Schutzarten

Im Zusammenhang mit dem Berührungsschutz treten häufig die Begriffe Schutzmaßnahmen, Schutzklassen und Schutzarten auf. Da sie unterschiedliche Inhalte bezeichnen, sollen sie hier erläutert werden.
Als **Schutzmaßnahmen** bezeichnete VDE 0100/5.73 alle Maßnahmen zum Schutz bei indirektem Berühren. Im Gegensatz dazu wird derselbe Begriff in DIN 57 100/VDE 0100 viel umfassender gebraucht; er bezeichnet die Maßnahmen, die im Rahmen der Gruppe 400 von DIN 57 100/VDE 0100 gegen gefährliche Wirkungen des elektrischen Stroms zu ergreifen sind. Als solche Maßnahmen sind zu nennen:
- Schutz gegen gefährliche Körperströme,
- Brandschutz,
- Überstromschutz von Leitungen und Kabeln,
- Schutz bei Überspannung,
- Schutz bei Unterspannung,
- Schutz durch Trennen und Schalten.
Im Unterschied zu den Schutzmaßnahmen bezeichnet die **Schutzklasse** bei elektrischen Betriebsmitteln die Art, in der ihr Schutz gegen gefährliche Körperströme ausgeführt ist. In der Bundesrepublik Deutschland werden die Betriebsmittel in drei Schutzklassen eingeteilt:
- Betriebsmittel der Schutzklasse I.
  Bei ihnen wird der Schutz gegen gefährliche Körperströme zweifach ausgeführt:
  ● Basisisolierung[11]) der aktiven Teile,
  ● Umhüllung der Basisisolierung mit einem Körper, der an einen Schutzleiter angeschlossen wird.
- Betriebsmittel der Schutzklasse II.
  Bei ihnen wird der Schutz gegen gefährliche Körperströme ebenfalls zweifach ausgeführt:
  ● Basisisolierung[11]) der aktiven Teile,
  ● Umhüllung der Basisisolierung mit einer zusätzlichen Isolierung[12]).

---

[11]) „Basisisolierung ist die Isolierung unter Spannung stehender (aktiver) Teile zum grundlegenden Schutz gegen elektrischen Schlag" (DIN 57 106 Teil 1/VDE 0106 Teil 1); d. h. die Basisisolierung stellt den Schutz gegen direktes Berühren her.

[12]) „Zusätzliche Isolierung ist eine unabhängige Isolierung zusätzlich zur Basisisolierung, die den Schutz gegen elektrischen Schlag im Fall eines Versagens der Basisisolierung sicherstellt" (DIN 57 106 Teil 1/VDE 0106 Teil 1).

Beide Isolierungen können ersetzt werden durch die doppelte Isolierung[13]) bzw. verstärkte Isolierung[14]).

– Betriebsmittel der Schutzklasse III.
Bei ihnen wird der Schutz gegen gefährliche Körperströme durch Schutzklein-spannung[15]) gewährleistet.

Die Schutzklasse von Betriebsmitteln ist an den Kennzeichen nach **Bild 6-5** ab-zulesen. Sie sind graphische Symbole für die Hauptmerkmale der drei Schutz-klassen. Für die Anwendung von Geräten der Schutzklasse III ist die Art ent-scheidend, in der die Schutzkleinspannung erzeugt wird. Deshalb müssen auch Transformatoren zur Erzeugung der Schutzkleinspannung besondere Anforde-rungen erfüllen; derartige Transformatoren werden in Abschnitt 7 < 4.1.2.1 > näher beschrieben.

Schutzklasse I : Kennzeichnung der Anschlußstelle des Schutzleiters

Schutzklasse II : Symbol für zweifache Isolierung

Schutzklasse III :

Bild 6-5. Kennzeichen der drei Schutzklassen

Eine weitere Systematik zur Kennzeichnung von Betriebsmitteln stellen die **Schutzarten** dar. Sie geben folgende Eigenschaften der Betriebsmittel an:
– Die Güte ihres Schutzes gegen direktes Berühren,
– ihre Abdichtung gegen das Eindringen von Fremdkörpern (Stäbe, Steine, Sand, Staub und ähnlichem),
– ihre Abdichtung gegen das Eindringen von Wasser.
Zur Kennzeichnung dieser Eigenschaften bestehen zur Zeit noch zwei verschie-dene Kennzeichnungsverfahren: Nach DIN 40 050 mit den Buchstaben IP und

---

[13]) „Doppelte Isolierung ist eine Isolierung, die aus Basisisolierung und zusätzlicher Isolierung be-steht" (DIN 57 106 Teil 1/VDE 0106 Teil 1).
[14]) „Verstärkte Isolierung ist eine einzige Isolierung unter Spannung stehender Teile, die unter den in den einschlägigen Normen genannten Bedingungen den gleichen Schutz gegen elektrischen Schlag wie eine doppelte Isolierung bietet" (DIN 57 106 Teil 1/VDE 0106 Teil 1).
[15]) „Schutzkleinspannung ist eine Spannung, deren Effektivwert bei Wechselspannung 50 V und bei Gleichspannung 120 V zwischen Leitern oder zwischen einem Leiter und Erde nicht übersteigt, in einem Stromkreis, der vom Netz durch einen Sicherheitstransformator oder einen Umformer mit getrennten Wicklungen getrennt ist" (DIN 57 106 Teil 1/VDE 0106 Teil 1).

zwei Kennziffern sowie nach älteren, meist auslaufenden VDE-Bestimmungen wie VDE 0710, VDE 0720, VDE 0725, VDE 0730 auch noch mit Tropfen- und Gittersymbolen.

Nach DIN 40 050 wird die Schutzart durch zwei Schutzgrade bestimmt:
– Schutzgrad für Berührungs- und Fremdkörperschutz (erste Kennziffer),
– Schutzgrad für Wasserschutz (zweite Kennziffer).

Danach ergibt sich beispielsweise eine Ziffernkombination IP 23. Häufig finden sich in DIN/VDE-Normen Bezeichnungen wie IP 2X; damit wird der Berührungs- und Fremdkörperschutz auf Anforderungen mindestens gemäß der Ziffer 2 festgelegt und der Wasserschutz offengelassen. Die Bedeutung der einzelnen Ziffern zeigen die **Tabellen 6-1 und 6-2**.

Tabelle 6-1. Schutzgrade für Berührungs- und Fremdkörperschutz nach DIN 40 050

Erste Kennziffer	Schutzgrad (Berührungs- und Fremdkörperschutz)
0	Kein besonderer Schutz
1	Schutz gegen Eindringen von festen Fremdkörpern mit einem Durchmesser größer als 50 mm (große Fremdkörper)[1]
	Kein Schutz gegen absichtlichen Zugang, z. B. mit der Hand, jedoch Fernhalten großer Körperflächen
2	Schutz gegen Eindringen von festen Fremdkörpern mit einem Durchmesser größer als 12 mm (mittelgroße Fremdkörper)[1]
	Fernhalten von Fingern oder ähnlichen Gegenständen
3	Schutz gegen Eindringen von festen Fremdkörpern mit einem Durchmesser größer als 2,5 mm (kleine Fremdkörper)[1][2]
	Fernhalten von Werkzeugen, Drähten oder ähnlichem von einer Dicke größer als 2,5 mm
4	Schutz gegen Eindringen von festen Fremdkörpern mit einem Durchmesser größer als 1 mm (kornförmige Fremdkörper)[1][2]
	Fernhalten von Werkzeugen, Drähten oder ähnlichem von einer Dicke größer als 1 mm
5	Schutz gegen schädliche Staubablagerungen. Das Eindringen von Staub ist nicht vollkommen verhindert, aber der Staub darf nicht in solchen Mengen eindringen, daß die Arbeitsweise des Betriebsmittels beeinträchtigt wird (staubgeschützt)[3]
	Vollständiger Berührungsschutz
6	Schutz gegen Eindringen von Staub (staubdicht)
	Vollständiger Berührungsschutz

[1] Bei Betriebsmitteln der Schutzgrade 1 bis 4 sind gleichmäßig oder ungleichmäßig geformte Fremdkörper mit drei senkrecht zueinander stehenden Abmessungen größer als die entsprechenden Durchmesser-Zahlenwerte am Eindringen gehindert.
[2] Für die Schutzgrade 3 und 4 fällt die Anwendung dieser Tabelle auf Betriebsmittel mit Abflußlöchern oder Kühlluftöffnungen in die Verantwortung des jeweils zuständigen Fachkomitees.
[3] Für den Schutzgrad 5 fällt die Anwendung dieser Tabelle auf Betriebsmittel mit Abflußlöchern in die Verantwortung des jeweils zuständigen Fachkomitees.

46

Tabelle 6-2. Schutzgrade für Wasserschutz nach DIN 40 050

Zweite Kennziffer	Schutzgrad (Wasserschutz)
0	Kein besonderer Schutz
1	Schutz gegen tropfendes Wasser, das senkrecht fällt. Es darf keine schädliche Wirkung haben (Tropfwasser).
2	Schutz gegen tropfendes Wasser, das senkrecht fällt. Es darf bei einem bis zu 15° gegenüber seiner normalen Lage gekippten Betriebsmittel (Gehäuse) keine schädliche Wirkung haben (schrägfallendes Tropfwasser).
3	Schutz gegen Wasser, das in einem beliebigen Winkel bis 60° zur Senkrechten fällt. Es darf keine schädliche Wirkung haben (Sprühwasser).
4	Schutz gegen Wasser, das aus allen Richtungen gegen das Betriebsmittel (Gehäuse) spritzt. Es darf keine schädliche Wirkung haben (Spritzwasser).
5	Schutz gegen Wasserstrahl aus einer Düse, der aus allen Richtungen gegen das Betriebsmittel (Gehäuse) gerichtet wird. Er darf keine schädliche Wirkung haben (Strahlwasser).
6	Schutz gegen schwere See oder starken Wasserstrahl. Wasser darf nicht in schädlichen Mengen in das Betriebsmittel (Gehäuse) eindringen (Überfluten).
7	Schutz gegen Wasser, wenn das Betriebsmittel (Gehäuse) unter festgelegten Druck- und Zeitbedingungen in Wasser getaucht wird. Wasser darf nicht in schädlichen Mengen eindringen (Eintauchen).
8	Das Betriebsmittel (Gehäuse) ist geeignet zum dauernden Untertauchen in Wasser bei Bedingungen, die durch den Hersteller zu beschreiben sind (Untertauchen)[1]

[1] Dieser Schutzgrad bedeutet normalerweise ein luftdicht verschlossenes Betriebsmittel. Bei bestimmten Betriebsmitteln kann jedoch Wasser eindringen, sofern es keine schädliche Wirkung hat.

Die international abgestimmte IP-Kennzeichnung hat sich noch nicht vollständig durchgesetzt. So gibt es für verschiedene Betriebsmittel nach wie vor das traditionelle europäische Kennzeichnungsverfahren, das in **Tabelle 6-3** dargestellt ist. Darin werden gleichzeitig die entsprechenden IP-Kennziffern gegenübergestellt.

Tabelle 6-3. Schutzarten nach VDE 0710 im Vergleich zu denen nach DIN 40050

Schutzart nach VDE 0710	Schutzumfang über Schutz gegen Berührung hinaus	Kurzzeichen nach VDE 0710	Schutzart nach DIN 40050	Zuordnung zu den Raumarten nach VDE 0100
abgedeckt	kein Schutz	–	IP 20	trockene Räume ohne besondere Staubentwicklung
tropfwasser-geschützt[1]	Schutz gegen hohe Luftfeuchte, Wrasen und senkrecht fallende Wassertropfen	1 Tropfen	IP 21	feuchte und ähnliche Räume, Orte im Freien unter Dach
regen-geschützt	Schutz gegen von oben bis zu 30° über der Waagerechten auftreffende Wassertropfen	1 Tropfen in 1 Quadrat	IP 23	Orte im Freien
spritzwasser-geschützt[1]	Schutz gegen aus allen Richtungen auftreffende Wassertropfen	1 Tropfen in 1 Dreieck	IP 44	feuchte und ähnliche Räume, Orte im Freien
strahlwasser-geschützt	Schutz gegen aus allen Richtungen auftreffenden Wasserstrahl	2 Tropfen in 2 Dreiecken	IP 55	nasse Räume, in denen abgespritzt wird
wasserdicht[1]	Schutz gegen Eindringen von Wasser ohne Druck	2 Tropfen	IP 66	nasse Räume, unter Wasser ohne Druck
Druckwasser-dicht	Schutz gegen Eindringen von Wasser unter Druck	2 Tropfen mit Angabe des zul. Überdruckes ...atü	IP 68	Abspritzen bei hohem Druck, unter Wasser mit Druck
staub-geschützt	Schutz gegen Eindringen von Staub ohne Druck	Gitter	IP 55	Räume mit besonderer Staubentwicklung und
staubdicht	Schutz gegen Eindringen von Staub unter Druck	Gitter mit Umrahmung	IP 66	Räume, die durch Staubexplosionen gefährdet sind (siehe auch VDE 0165)

[1] Nach Möglichkeit vermeiden; nächsthöhere Schutzart verwenden

Weitere Schutzarten: Ex = Explosionsschutz
Sch = Schlagwetterschutz

7 Erläuterungen zu DIN 57 100 Teil 410/VDE 0100 Teil 410 „Schutzmaßnahmen; Schutz gegen gefährliche Körperströme"

DIN 57 100 Teil 410/VDE 0100 Teil 410 wird Abschnitt für Abschnitt entsprechend dem Normtext erläutert. Der Bezug zwischen Normanforderung und Erläuterung wird durch eine ähnliche Abschnittsnumerierung angegeben. Die jeweils zu erläuternde Abschnittsnummer wird im folgenden Text in spitzen Klammern wiederholt und der Ziffer 7 nachgestellt. So wird Abschnitt 1 der Norm zu Abschnitt 7 < 1 > dieses Buches.

7 < 1 > Anwendungsbereich

Für Teil 410 gilt derselbe, im Teil 100 definierte Anwendungsbereich wie für die gesamte Normenreihe DIN 57 100/VDE 0100.

7 < 2 > Begriffe

Für den Teil 410 brauchen keine Begriffe definiert zu werden, die lediglich in diesem Teil von Bedeutung sind. Daher kann sich dieser Abschnitt mit dem Hinweis auf Teil 200 begnügen, in dem die grundlegenden Begriffe zu allen Teilen von DIN 57 100/VDE 0100 definiert sind.

7 < 3 > Allgemeine Anforderungen

7 < 3.1 > Der Schutz gegen gefährliche Körperströme dient sowohl dem Schutz von Personen als auch dem von Nutztieren. Auch wenn Nutztiere hier ausdrücklich angesprochen werden, so beziehen sich alle weiteren Aussagen des Teiles 410 auf Personen; für Nutztiere sind zusätzlich die ergänzenden Anforderungen nach Teil 705 „Landwirtschaftliche Betriebsstätten" von DIN 57 100/VDE 0100 zu berücksichtigen.
Der Begriff „gefährlich" ist hier in zweifacher Weise zu verstehen. Im Zusammenhang mit Schutz gegen direktes Berühren wird die bloße Wahrnehmung von Körperströmen als gefährlich angesehen, während im Hinblick auf Schutz bei indirektem Berühren erst das Auftreten von Herzkammerflimmern als gefährlich gilt. Diese unterschiedlichen Maßstäbe für den Begriff „gefährlich" werden leicht als sinnvoll verständlich. Dazu braucht man sich nur vor Augen zu halten, wie häufig der jeweilige Schutz in Anspruch genommen wird. Schutz gegen direktes Berühren wird bei jedem Kontakt mit einem elektrischen Betriebsmittel wirksam. Im Unterschied dazu kommt der Schutz bei indirektem Berühren nur in ganz wenigen Ausnahmefällen unmittelbar zum Tragen: Dann, wenn der Schutz gegen direktes Berühren defekt ist **und gleichzeitig** das elektrische Betriebsmittel berührt wird.

Bis auf wenige Ausnahmen ist der Schutz gegen gefährliche Körperströme immer erforderlich. Er ist auf eine der folgenden Arten sicherzustellen:
- Schutzmaßnahmen, die sowohl den Schutz gegen direktes als auch bei indirektem Berühren gewährleisten (Abschnitt $7<4>$). Dazu zählen Schutz durch Schutzkleinspannung, Schutz durch Begrenzung der Entladungsenergie und Schutz durch Funktionskleinspannung.
- Schutzmaßnahmen gegen direktes Berühren (Abschnitt $7<5>$) **und** solche bei indirektem Berühren (Abschnitt $7<6>$).

$7<3.2>$ Ausnahmen von diesem allgemeinen Grundsatz sind in folgenden Fällen zugestanden:
- Bei Nennspannungen bis zu 25 V Wechselspannung bzw. 60 V Gleichspannung ist ein Schutz gegen direktes Berühren und damit dann auch ein Schutz bei indirektem Berühren in der Regel entbehrlich (Abschnitt $7<4.1.4>$). Nach VDE 0100/5.73 §§ 4 und 5 konnte bisher gegebenenfalls noch bis 42 V auf einen Schutz gegen direktes Berühren und bis 65 V auf einen Schutz bei indirektem Berühren verzichtet werden (siehe auch Abschnitt $7<6.1.1.4>$).
- Bei den Anwendungsfällen nach Abschnitt $7<8>$.

$7<3.3>$ Einschränkungen oder Erleichterungen für die Auswahl von Schutzmaßnahmen werden für besondere Umgebungsbedingungen in der Gruppe 700 der Normenreihe DIN 57 100/VDE 0100 behandelt.

$7<3.4>$ Schutzmaßnahmen bei indirektem Berühren sind für den Fall gedacht, daß der Schutz gegen direktes Berühren versagt. Daraus darf nicht gefolgert werden: Schutz gegen direktes Berühren ist von untergeordneter Bedeutung und darf schon einmal bei der Errichtung weniger sorgfältig ausgeführt werden. Eine solche Einstellung ist in höchstem Maße fahrlässig. Das wird hier noch einmal deutlich gemacht.

$7<3.5>$ Im Zusammenhang mit der nachteiligen Beeinflussung von verschiedenen Schutzmaßnahmen erhebt sich die Frage nach der räumlichen Abgrenzung, da der Begriff „Anlage" unklar ist. Verdeutlicht man sich konkrete Probleme bei Kombination verschiedener Schutzmaßnahmen, liegt es nahe, den Begriff „Anlage" als Zusammenfassung von Verteilungsnetz und Verbraucheranlage zu verstehen.
Nachteilige Beeinflussung verschiedener Schutzmaßnahmen ist in zwei Fällen bei Vermischung von TN- und TT-Netz bekannt, wenn dabei im TT-Netz
- entweder Überstrom-Schutzeinrichtungen
- oder Fehlerstrom-Schutzeinrichtungen für eine höchstzulässige Fehlerspannung von $U_L = 25$ V angewendet werden.
Zum besseren Verständnis werden beide Fälle erst in Abschnitt 7.6.1.3.3.2 ausführlich behandelt.

7 < 3.6 > Auch Betriebsmittel dürfen die Wirksamkeit von Schutzmaßnahmen nicht beeinträchtigen.

Dazu lassen sich folgende Beispiele nennen:
– Verlängerungsleitungen ohne Schutzleiter,
– Verbrauchsmittel, die bei Körperschluß Fehlergleichströme erzeugen und die von Fehlerstrom-Schutzeinrichtungen geschützt werden.

Manchmal werden Verlängerungsleitungen mit Steckvorrichtungen für Schutzleiteranschluß ohne Schutzleiter „zusammengebastelt", weil nur Verbrauchsmittel der Schutzklasse II angeschlossen werden sollen. Dies ist in jedem Fall unzulässig; denn versehentlich könnte doch einmal ein Gerät der Schutzklasse I angeschlossen werden.

In der Vergangenheit waren Fehlerstrom(FI)-Schutzschalter lediglich für Wechselfehlerströme konzipiert. Die zunehmende Verbreitung von Betriebsmitteln mit Phasenanschnittsteuerung und Gleichrichtern hat dazu geführt, daß die Wahrscheinlichkeit für das Auftreten von Wechselfehlerströmen mit Gleichstromkomponenten gestiegen ist und weiter steigt **(Bild 7-1)**. Daher fordert die neue Norm DIN 57 664 Teil 1/VDE 0664 Teil 1/5.81 für FI-Schutzschalter auch eine Auslösung in folgenden Fällen:
– Bei pulsierendem Gleichstrom nach Typ B und C **(Bild 7-2)**,
– bei einem Wechselfehlerstrom mit einer Gleichstromkomponente bis zu 6 mA (Bild 7-2).

Unter beiden Bedingungen wird eine etwas geringere Auslöseempfindlichkeit in Kauf genommen. Im ersten Fall darf der Auslösestrom bis zum 1,4fachen Nennfehlerstrom anwachsen, im zweiten Fall darf der Auslösestrom höchstens 6 mA über dem Nennauslösestrom liegen. Bei Überlagerung eines Fehlerstroms mit höheren Gleichstromanteilen verschieben sich die Auslösewerte gemäß **Bild 7-3**.

Bei pulsierenden Gleichfehlerströmen nach Typ A (Bild 7-2) ist eine Auslösung nicht gefordert.

Nachdem die Lagerbestände von FI-Schutzschaltern gemäß der Vorläufernorm abgebaut sind, werden nur noch pulsstromsensitive FI-Schutzschalter nach DIN 57 664 Teil 1/VDE 0664 Teil 1 erhältlich sein; sie sind an dem Kennzeichen gemäß **Bild 7-4** zu identifizieren.

FI-Schutzschalter können also nur innerhalb recht enger Grenzen Fehlerströme mit Gleichstromanteilen wahrnehmen. Darauf müssen die zu schützenden elektrischen Betriebsmittel abgestimmt sein. Was diese allgemeine Forderung konkret bedeutet, wird durch DIN 57 100 Teil 510/VDE 0100 Teil 510/03.83 ausgeführt. Hier heißt es sinngemäß:
– Innerhalb der Hausinstallation dürfen nur elektrische Betriebsmittel verwendet werden, die im Falle eines Körperschlusses ungünstigstenfalls einen zulässigen Gleichanteil verursachen.
– Außerhalb der Hausinstallation dürfen auch andere elektrische Betriebsmittel verwendet werden, soweit sie nicht mit einem FI-Schutzschalter geschützt, fest angeschlossen sowie dauerhaft und sichtbar als unverträglich mit FI-

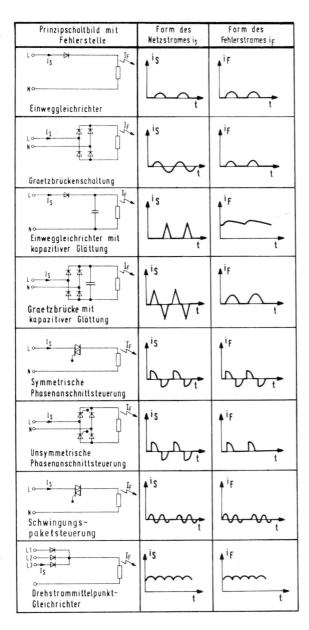

Prinzipschaltbild mit Fehlerstelle	Form des Netzstromes i_S	Form des Fehlerstromes i_F
Einweggleichrichter		
Graetzbrückenschaltung		
Einweggleichrichter mit kapazitiver Glättung		
Graetzbrücke mit kapazitiver Glättung		
Symmetrische Phasenanschnittsteuerung		
Unsymmetrische Phasenanschnittsteuerung		
Schwingungs- paketsteuerung		
Drehstrommittelpunkt- Gleichrichter		

Bild 7-1. Form des Fehlerstroms I_F für verschiedene Stromrichterschaltungen

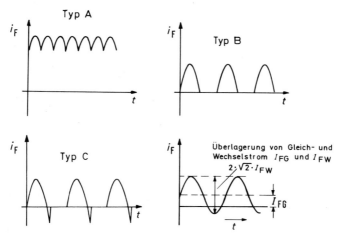

Bild 7-2. Klassifizierung von pulsierenden Gleichfehlerströmen

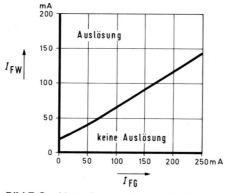

Bild 7-3. Veränderung des Auslösebereichs eines FI-Schutzschalters mit $I_{\Delta n} = 30$ mA in Abhängigkeit von Gleich- und Wechselstromkomponente des Fehlerstroms

Bild 7-4. Kennzeichen für plusstromsensitive FI-Schutzschalter nach DIN 57 664 Teil 1/VDE 0664 Teil 1/5.81

Schutzschaltern gekennzeichnet sind. Es wird dabei vorausgesetzt, daß solche Betriebsmittel immer von einem Fachmann installiert werden, der die Verträglichkeit mit dem am Einbauort vorgegebenen Schutz bei indirektem Berühren berücksichtigt.

Der zulässige Gleichanteil im Fehlerstrom ist analog zu den Auslösebedingungen eines FI-Schutzschalters definiert; er gilt dann noch als zulässig,
– wenn der Fehlerstrom derart pulsiert, daß er während einer Periode der Netzfrequenz Null oder nahezu Null wird (Typ B und C);
– wenn der reine Fehlergleichstrom den Wert 6 mA nicht überschreitet.

Unzulässige Fehlergleichströme können vermieden werden durch die Auswahl einer geeigneten Stromrichterschaltung, durch Schutzisolierung oder durch galvanische Trennung.

7<3.7> Gleichspannungen werden häufig durch Gleichrichter erzeugt. Vielfach wird auf eine vollständige Glättung der Gleichspannung verzichtet. Deshalb ist es notwendig zu definieren, welche höchstzulässigen Abweichungen von der idealen Gleichspannung möglich sind. Darum wird festgelegt, daß eine Gleichspannung eine Welligkeit von 10 % haben darf **(Bild 7-5)**.

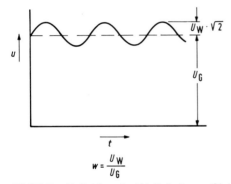

$$w = \frac{U_W}{U_G}$$

Bild 7-5. Definition der Welligkeit von Gleichspannung

Wie bei einer höheren Welligkeit zu verfahren ist, wird zur Zeit noch bei IEC diskutiert. Für die Übergangsphase bis zur endgültigen Festlegung ist es zweckmäßig, wie in Abschnitt 4.1.4 erläutert, sich am Spannungswert Spitze-Spitze zu orientieren. Sein Betrag ist dann mit dem einer Gleichspannung gleichzusetzen.

7<4> Schutz sowohl gegen direktes als auch bei indirektem Berühren

Nach VDE 0100/5.73 gab es eine strenge Trennung zwischen Schutzmaßnahmen gegen direktes Berühren und solchen bei indirektem Berühren. Vom Inhalt her war das manchmal etwas schwer nachzuvollziehen, so z. B. bei der Schutzkleinspannung. Hier sind mehrere Einzelmaßnahmen beiden Schutzzielen zuzuordnen. Aus diesem Grunde hat man für die Schutzmaßnahmen Schutz durch Schutzkleinspannung, Schutz durch Begrenzung der Entladungsenergie und Schutz durch Funktionskleinspannung die Differenzierung zwischen Schutz gegen direktes Berühren und Schutz bei indirektem Berühren aufgegeben.

7<4.1> Schutz durch Schutzkleinspannung

Die Schutzmaßnahme Schutzkleinspannung geht auf folgende Grundidee zurück:

> Schutzkleinspannung ist als besonders hochwertige Schutzmaßnahme für erschwerte Umgebungsbedingungen konzipiert. Sie bedeutet die Anwendung einer so niedrigen Spannung, daß bei den vorgesehenen Umgebungsbedingungen von der Spannung selbst keine Gefahr ausgeht (**Bild 7-6**). Je nach Gefährdungsgrad durch die Umgebungsbedingungen ist der Nennwert bei Wechselspannungen auf 25 V bzw. 50 V und bei Gleichspannungen auf 60 V bzw. 120 V begrenzt.

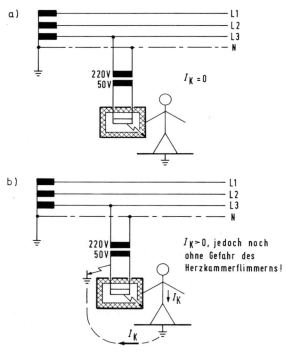

Bild 7-6. Zur Grundidee der Schutzkleinspannung
a) Körperstrom bei Einfachfehler
b) Körperstrom bei Doppelfehler

Die besondere Aufgabe der Schutzkleinspannung für Schutzzwecke macht schon ihre Begriffsbildung deutlich; im Vergleich zur Schutzmaßnahme Funktionskleinspannung nach Abschnitt 7 < 4.3 > wird das noch offensichtlicher. Im Gegensatz zur Schutzkleinspannung beschreibt die Funktionskleinspannung die Schutzmaßnahmen bei kleinen Spannungen bis 50 V Wechselspannung und 120 V Gleichspannung, deren geringe Höhe durch die betriebliche Funktion der elektrischen Anlage bedingt ist. Dies kommt insbesondere bei Fernmeldeanlagen und auch häufig bei Meß- und Steuerstromkreisen vor. Die betrieblichen Funktionen sind in der Regel nicht mit erschwerten Umgebungsbedingungen verknüpft, was den Schutz gegen gefährliche Körperströme anbelangt. Funktionskleinspannung darf auch nicht unter diesen erschwerten Bedingungen angewendet werden, bei denen unter anderem die Schutzmaßnahmen Schutzkleinspannung verbindlich vorgeschrieben ist. Der Unterschied zwischen beiden Kleinspannungen liegt nicht in der Spannungshöhe begründet – hier besteht ja kein Unterschied –, sondern in der sicheren Erzeugung der kleinen Spannung. Erschwerte Bedingungen, unter denen die Schutzkleinspannung angewendet werden muß, sind beispielsweise:
- Umgebung aus leitfähigen Stoffen, z. B. in oder an Kesseln, Behältern, Rohrleitungen, Stahlgerüsten und ähnlichen Gegebenheiten bei begrenzter Bewegungsfreiheit[16]) nach VDE 0100 § 33.
- Elektromotorisch angetriebenes Spielzeug nach VDE 0100 § 33, jedoch bis höchstens 24 V Nennspannung.

Nach VDE 0100/5.73 lag der Grenzwert für Schutzkleinspannung bei 42 V sowohl für Gleich- als auch für Wechselspannung. Mit Teil 410 von DIN 57 100/VDE 0100 ist dieser Wert für Wechselspannung auf 50 V und für Gleichspannung auf 120 V angehoben worden (siehe auch Ausführungen in Abschnitt 7 < 3.2 >). Diese Werte beziehen sich nach wie vor auf die Belastung der Spannungsquellen unter Nennbedingungen, im Leerlauf dürfen die Spannungswerte analog zu VDE 0551 etwa 19 % höher liegen.

7<4.1.1 > Allgemeines
Für die Schutzmaßnahme Schutzkleinspannung sind die folgenden Aspekte maßgebend:
- Begrenzung der Nennspannung auf 50 V für Wechselspannung und 120 V für Gleichspannung (in Sonderfällen gegebenenfalls Festlegungen für niedrigere Werte);
- hohe Anforderungen zur sicheren Erzeugung der potentialfreien Schutzkleinspannung (Abschnitt 7 < 4.1.2 > und 7 < 4.1.3 >);
- Erleichterung für den Schutz gegen direktes Berühren (Abschnitt 7 < 4.1.4 >);
- Verlegung der Stromkreise mit Sicherheitskleinspannung in der Art, daß Erdschlüssen und Schlüssen zu anderen Stromkreisen vorgebeugt wird (Abschnitt 7<4.1.5 >).

---

16) Als Alternative zur Schutzkleinspannung kann auch Schutztrennung nach Abschnitt 7 < 6.5 > mit einem Transformator je Verbrauchsmittel angewendet werden.

56

7 <4.1.2> Stromquellen für Schutzkleinspannung
Stromquellen für Schutzkleinspannung müssen drei grundlegenden Kriterien genügen:
– Schutzkleinspannung muß potentialfrei erzeugt werden; also ohne Erdung bzw. ohne Verbindung zu Stromkreisen anderer Spannungen (**Bild 7-7**).
– Wenn Schutzkleinspannung aus einer anderen Spannung erzeugt wird, muß eine sichere Trennung zwischen Ein- und Ausgangsstromkreis gegeben sein; dies wird durch eine entsprechend hohe Prüfspannung und besondere Anforderungen an die Güte der Isolationsmaterialien z. B. nach VDE 0551 gewährleistet.
– Begrenzung der Nennausgangsspannung.

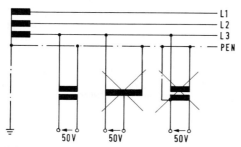

Bild 7-7. Zulässige und unzulässige Erzeugungsarten von Schutzkleinspannung

7 <4.1.2.1 > Sicherheitstransformatoren[17]) nach VDE 0551 sind die üblichen Stromquellen für Schutzkleinspannung. Je nach Vollständigkeit des Berührungsschutzes werden gekapselte und offene Sicherheitstransformatoren unterschieden: Während gekapselte Sicherheitstransformatoren als verwendungsfertige Geräte der Schutzklasse I oder II ausgeführt sind, muß der Berührungsschutz bei offenen Sicherheitstransformatoren durch geeignete Maßnahmen im Zuge der Errichtung vervollständigt werden, so z. B. durch Einbau eines Klingeltransformators in einen Stromkreisverteiler. Ferner werden Sicherheitstransformatoren je nach ihrem Verwendungszweck unterschiedlich gekennzeichnet (**Bild 7-8**). Daneben finden sich Symbole für den Kurzschlußschutz des Transformators.
Von den hochwertigen Anforderungen an die sichere Erzeugung der Schutzkleinspannung nach VDE 0551 darf erleichternd abgewichen werden, wenn

[17) Nach VDE 0551 gilt folgende Definition:
„Sicherheitstransformator ist ein Transformator, dessen Eingangswicklung von der Ausgangswicklung elektrisch getrennt ist und der dazu bestimmt ist, einen Verteilungsstromkreis, ein Gerät oder andere Einrichtungen mit Nennspannungen bis 42 V zwischen den Außenleitern (50 V Leerlaufspannung) bzw. – bei Dreiphasen-Transformatoren – mit Nennspannungen bis 24 V zwischen Außen- und Neutralleiter (29 V Leerlaufspannung) zu speisen, um die Gefahr eines elektrischen Schlages zu vermindern."

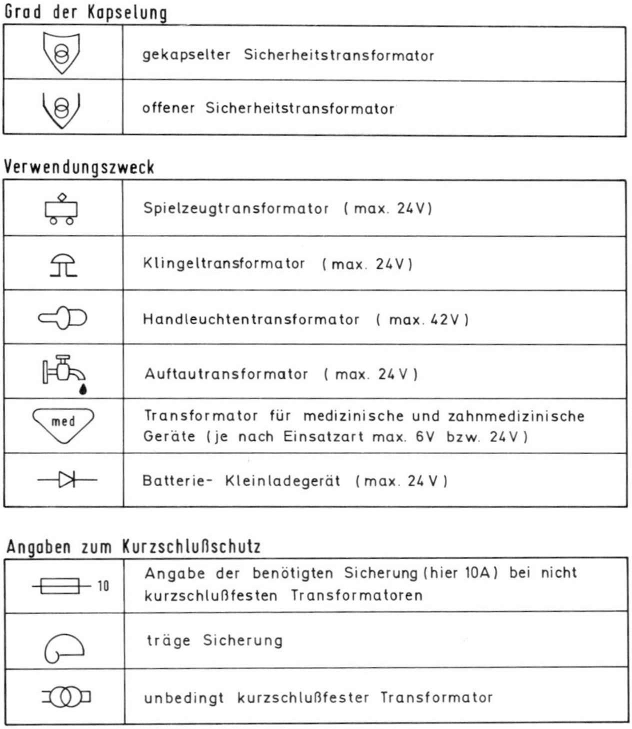

Grad der Kapselung

⊝	gekapselter Sicherheitstransformator
⊝	offener Sicherheitstransformator

Verwendungszweck

	Spielzeugtransformator (max. 24 V)
⌐∩	Klingeltransformator (max. 24 V)
⊂◯⊃	Handleuchtentransformator (max. 42 V)
	Auftautransformator (max. 24 V)
med	Transformator für medizinische und zahnmedizinische Geräte (je nach Einsatzart max. 6 V bzw. 24 V)
—▷⊢—	Batterie- Kleinladegerät (max. 24 V)

Angaben zum Kurzschlußschutz

⊏▭⊐ 10	Angabe der benötigten Sicherung (hier 10A) bei nicht kurzschlußfesten Transformatoren
◠	träge Sicherung
⊐◯⊏	unbedingt kurzschlußfester Transformator

Bild 7-8. Symbole für Sicherheitstransformatoren nach VDE 0551

dies für bestimmte Anwendungsfälle von VDE-Bestimmungen zugestanden wird. Das gilt beispielsweise für Fernmeldegeräte und informationsverarbeitende Geräte nach DIN 57 804/VDE 0804. Es gibt Fälle, in denen Sicherheitstrenntransformatoren in Schutzklasse II vorgeschrieben sind. Damit wird die sichere Erzeugung der Schutzkleinspannung völlig unabhängig von der Schutzmaßnahme im versorgenden Netz. Zur Wahrung dieser Unabhängigkeit ist ein geerdeter Schirm unzulässig; er würde einen zusätzlichen Erdungs- bzw. Schutzleiter erforderlich machen und das Ziel einer unabhängigen Schutzmaßnahme umgehen.

7 < 4.1.2.2 > Auch wenn ein Sicherheitstransformator die übliche Stromquelle für Schutzkleinspannung darstellt, treten in der Praxis Fälle auf, in denen auf andere Stromquellen zurückgegriffen werden muß: Motorgeneratoren, wenn neben der Spannung die Frequenz umgeformt werden muß; Dieselaggregate, wenn auf Baustellen kein Netzanschluß besteht. Neben den grundlegenden Kriterien nach 7 < 4.1.2 > gelten die Anforderungen von VDE 0551 sinngemäß.

7 < 4.1.2.3 > Elektrochemische Stromquellen wie Akkumulatoren und Batterien erfüllen schon konstruktionsbedingt die grundlegenden Kriterien einer Stromquelle für Schutzkleinspannung. Bei Wahl der Spannung ist zu berücksichtigen, daß die Leerlaufspannung einer Batterie bzw. gegebenenfalls die Ladespannung eines angeschlossenen Ladegerätes in Anlehnung an VDE 0551 nicht mehr als 19 % über der zulässigen Spannungsgrenze liegen darf. Ist ein Akkumulator über ein Ladegerät mit dem Netz verbunden, so gelten für das Ladegerät natürlich die Anforderungen von VDE 0551. Durch die Aufladung erfährt die Gleichspannung periodische Schwankungen; sie können gemäß 7 < 3.3 > bewertet werden.

7 < 4.1.2.4 > Erstmals wird die Möglichkeit zugestanden, allein mit elektronischen Geräten Schutzkleinspannung zu erzeugen. Statt Potentialfreiheit, sicherer Trennung zu anderen Stromkreisen und Begrenzung der Nennausgangsspannung muß bei einem internen Fehler eine Spannungsbegrenzung auf 50 V Wechsel- bzw. 120 V Gleichspannung wirksam werden. Davon wird bei elektronischen Betriebsmitteln in Starkstromanlagen Gebrauch gemacht (DIN 57 160/VDE 0160/11.81, Abschnitt 3.9.4).
Auf eine dauernde interne Spannungsbegrenzung wird verzichtet, wenn im Fall des direkten oder indirekten Berührens eine Spannungsbegrenzung unverzögert und unmittelbar wirksam wird. Dabei wurde an elektronische Geräte sehr kleiner Leistung mit hohem Innenwiderstand gedacht, deren Spannung durch Zuschaltung des menschlichen Körperwiderstandes zusammenbricht wie z. B. bei einem Sensorschalter. Eine äußere Abschaltung innerhalb von 0,2 s z. B. mit einer Fehlerstrom-Schutzeinrichtung $I_{\Delta n} \leq$ 30 mA gemäß 7 < 5.5 > ist ausdrücklich ausgeschlossen.

7 < 4.1.3 > Ortsveränderliche Stromquellen
Schutzkleinspannung ist als eine besonders hochwertige Schutzmaßnahme für erschwerte Umgebungsbedingungen gedacht. Daher wird eine möglichst große Unabhängigkeit von anderen Schutzmaßnahmen angestrebt, die diesen hohen Anforderungen nicht genügen. Wegen einer möglichen Unterbrechung des Schutzleiters, die bei ortsveränderlichen Stromquellen eher als bei stationären vorauszusetzen ist, werden ortsveränderliche Stromquellen in Schutzklasse II gefordert. Aus demselben Grund sind keine geerdeten Abschirmungen zur elektrischen Trennung zwischen Primär- und Sekundärwicklung zulässig.
Sind Stromquellen wie z. B. Motorgeneratoren nicht in Schutzklasse II erhältlich, so kann der Anwender ein schutzisoliertes Gehäuse nach Abschnitt 7 < 6.2.1.2 > errichten.

7 < 4.1.4 > Schutz gegen direktes Berühren
Die evtl. notwendige Isolierung kann mit Rücksicht auf die größtmögliche Nennspannung von 50 V Wechsel- bzw. 120 V Gleichspannung geringer ausgeführt werden als dies bei Nennspannungen von 220/380 V erforderlich ist. Die ein-

zuhaltende Prüfwechselspannung von 500 V steht einem Wert von üblicherweise 1,5 kV bei Nennspannungen von 220/380 V gegenüber.

7 < 4.1.5 > Anordnung der Stromkreise
Im Hinblick auf eine hochwertige Sicherheit müssen Stromquellen den drei grundlegenden Kriterien nach Abschnitt 7 < 4.1.2 > entsprechen. Damit dieses Sicherheitsniveau nicht durch eine nachlässige Leitungsführung aufgehoben wird, werden die gleichen Kriterien sinngemäß auf die Anordnung von Stromkreisen übertragen.

7 < 4.1.5.1 > Auch bei der Leitungsverlegung von Schutzkleinspannungs-Stromkreisen muß die Potentialfreiheit der aktiven Teile (Bild 7-7) erhalten bleiben. Deshalb ist lediglich eine Verbindung mit anderen Schutzkleinspannungs-Stromkreisen zulässig. Dabei muß allerdings eine Spannungsaddition vermieden werden, die die zulässigen Grenzwerte überschreitet **(Bild 7-9)**.

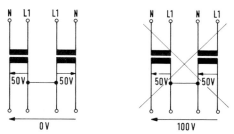

Bild 7-9. Zulässige und unzulässige Verbindungen zwischen verschiedenen Schutzkleinspannungsstromkreisen.

7 < 4.1.5.2 > Die Güte der elektrischen Trennung zwischen Primär- und Sekundärstromkreis von Sicherheitstransformatoren geht aus der erforderlichen Prüfwechselspannung hervor. Daneben sind die mechanische und thermische Widerstandsfähigkeit und die Alterungsbeständigkeit der Isolationsmaterialien von Bedeutung. Die Prüfwechselspannung beträgt 4000 V bei Eingangsnennspannungen bis 380 V und 6000 V bei Eingangsnennspannungen bis 500 V. Dies entspricht etwa den Anforderungen an Geräte der Schutzklasse II. Sie sind auf die elektrische Trennung zwischen aktiven Teilen von Schutzkleinspannungs-Stromkreisen gegenüber Stromkreisen höherer Spannung sinngemäß zu übertragen.
Besonders bei Betriebsmitteln wie Relais und Schützen läßt sich z. Z. nur schwer beurteilen, ob zwischen den Leiterbahnen der verschiedenen Stromkreise eine ausreichend sichere elektrische Trennung vorhanden ist, wie sie für die Anwendung der Schutzmaßnahme Schutzkleinspannung erforderlich ist. Eindeutige Klarheit könnte nur der Hersteller dadurch schaffen, daß die Betriebs-

mittel entsprechend der Güte der sicheren elektrischen Trennung gekennzeichnet werden. Wegen fehlender Normen ist das derzeit nicht möglich. Deshalb wurden im Abschnitt „Beginn der Gültigkeit" des Teils 410 von DIN 57 100/VDE 0100 die besonderen Anforderungen an die sichere elektrische Trennung nach Abschnitt 4.1.5.2 dieser Norm so lange ausgesetzt, bis entsprechende Normen für Betriebsmittel in Kraft treten. Bis dahin können für die Bewertung der sicheren elektrischen Trennung z. B. folgende wesentliche Kriterien herangezogen werden:
– Nennspannung und
– gegenseitige Abschottung von Anschlußklemmen zum Schutz vor Kurzschlüssen durch abspleißende Drähte.

7 < 4.1.5.3 > Wie in den Abschnitten 7 < 6.1.3 > und 7 < 6.1.4 > noch gezeigt wird, können am Schutzleiter bzw. PEN-Leiter Fehlerspannungen über 50 V anstehen. Darum ist eine absichtliche Verbindung dieser Leiter und der mit ihnen verbundenen Teile zu Körpern von Schutzkleinspannungs-Stromkreisen zu vermeiden. An den Einsatzorten der Schutzmaßnahme Schutzkleinspannung könnte über Erdungs-, Schutz- oder PEN-Leiter eine Fehlerspannung übertragen werden. Ob sie durch Potentialausgleich immer auf Berührungsspannungen unter 50 V herabgesetzt werden kann, läßt sich oftmals schwer beurteilen. Außerdem liegt die für die Anwendungsgebiete der Schutzkleinspannung dauernd zulässige Berührungsspannung oft niedriger als 50 V (z. B. bei Spielzeug, in medizinisch genutzten Räumen).
Deshalb schätzt man alle denkbaren Konstellationen zur sicheren Seite hin ab und verbietet die absichtliche Verbindung von Körpern in Schutzkleinspannungs-Stromkreisen zu Erdungs-, Schutz-, PEN-Leitern u. ä. Zufällige Berührungen sind nicht zu vermeiden und werden in Kauf genommen.

7 < 4.1.5.4 > Wenn Leitungen von Schutzkleinspannungs-Stromkreisen in der Nähe von Leitungen für Stromkreise mit Funktionskleinspannung oder mit höheren Spannungen verlegt sind, kommen folgende Leitungstypen mit gegebenenfalls ergänzenden Maßnahmen in Frage:
– Feste Verlegung:
   ● Unabhängig vom Leitungstyp für die Stromkreise mit Funktionskleinspannung oder mit höheren Spannungen bieten sich für die Schutzkleinspannungs-Stromkreise Leitungstypen wie NYM an.
   ● Werden die Leitungen für Schutzkleinspannungs-Stromkreise durch einen geerdeten Metallschirm von den Stromkreisen mit Funktionskleinspannung oder mit höheren Spannungen getrennt, so darf für die Leitungen von Schutzkleinspannungs-Stromkreisen sogar Klingeldraht verwendet werden.
   ● Werden Stromkreise mit Schutzkleinspannung und solche mit höherer Spannung in einer mehradrigen Leitung zusammengefaßt, so kann dies in einem Leitungstyp wie NYM geschehen.

● In Leiterbündeln von Stromkreisen mit Schutzkleinspannung und von solchen mit höherer Spannung (z. B. Rohrverlegung) sind Aderleitungen wie H05V-... und H07V-... ausreichend.

– Bewegliche Verlegung:
Bei beweglicher Verlegung ist die Nähe der Schutzkleinspannungs-Stromkreise zu Stromkreisen höherer Spannung nicht auszuschließen. Daher sind mindestens Leitungstypen wie H03VV-... und H05RR-... erforderlich.

7 < 4.1.5.5 > Die Anforderungen an Steckvorrichtungen zur Unverwechselbarkeit mit solchen für andere Spannungen ergeben sich aus dem angestrebten hohen Sicherheitsniveau und verstehen sich daher von selbst. Das gilt auch für das Verbot des Schutzkontakts.
Diese Forderungen lassen sich oft nur erfüllen, wenn man auch auf nicht genormte Steckvorrichtungen zurückgreift; denn für kleine Spannungen mit gleicher Höhe und gleicher Frequenz gibt es nur eine genormte Steckvorrichtung.
Es ist zweckmäßig, für Schutzkleinspannung CEE-Steckvorrichtungen nach DIN 49 465 zu wählen **(Bild 7-10)** und für Funktionskleinspannung ein nicht genormtes System zu verwenden.

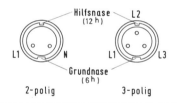

Spannung	Frequenz Hz	2P Lage der Grundnase immer 6ʰ Lage der Hilfsnase	3P	Kennfarbe
20 bis 25V~	50 bis 60	ohne Hilfsnase	ohne Hilfsnase	lila
40 bis 50V~	50 bis 60	12ʰ	12ʰ	weiß
	über 100 bis 200	4ʰ	4ʰ	grün
20 bis 25V~ und	300	2ʰ	2ʰ	grün
40 bis 50V~	400	3ʰ	3ʰ	grün
	über 400 bis 500	11ʰ	11ʰ	grün
40 bis 50V-	Gleichstrom	10ʰ		weiß

Bild 7-10. CEE-Steckvorrichtungen nach DIN 49 465 für kleine Spannungen

*7<**4.2**>Schutz durch Begrenzung der Entladungsenergie*
Siehe Abschnitt 4.1.6.

*7<**4.3**>Schutz durch Funktionskleinspannung*
Die Schutzmaßnahme Funktionskleinspannung geht auf folgende Grundidee zurück:

Auf der Grundlage der Erläuterungen in Abschnitt 4.3 sind im Unterschied zu VDE 0100/5.73 in Zukunft üblicherweise auch schon bei Nennspannungen unter 65 V Schutzmaßnahmen bei indirektem Berühren erforderlich. Daher wurde eine besondere Schutzmaßnahme für elektrische Anlagen mit Wechselspannungen bis 50 V und Gleichspannungen bis 120 V eingeführt, die im Hinblick auf die geringe Spannungshöhe in einigen Punkten niedrigere Anforderungen als bei Wechselspannungen wie 220/380 V zuläßt. Die Funktionskleinspannung ist im Unterschied zur Schutzkleinspannung nicht für besondere gefahrenträchtige, sondern normale Umgebungsbedingungen gedacht. Die Funktionskleinspannung kommt dann zur Anwendung, wenn z. B. für Funktionszwecke wie Meß-, Steuer- und Fernmeldeaufgaben eine kleine Nennspannung gewählt wird.

Bisher wurden Schutzmaßnahmen, die mit der Funktionskleinspannung vergleichbar sind, in DIN 57 800/VDE 0800 behandelt.

*7<**4.3.1**>Allgemeines*
Die Maßnahmen zum Schutz gegen direktes Berühren und bei indirektem Berühren richten sich bei der Schutzmaßnahme Funktionskleinspannung nach der Art, wie die kleine Spannung erzeugt wird. Dabei werden zwei Arten unterschieden **(Bild 7-11)**:
– Funktionskleinspannung mit sicherer Trennung,
– Funktionskleinspannung ohne sichere Trennung.

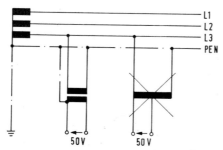

Bild 7-11. Erzeugungsarten kleiner Spannungen für die Schutzmaßnahme Funktionskleinspannung

7 < 4.3.2 > *Funktionskleinspannung mit sicherer Trennung*
Funktionskleinspannung mit sicherer Trennung unterscheidet sich gegenüber Schutzkleinspannung im wesentlichen nur in folgenden Punkten:
– Das Potential der aktiven Teile ist durch Erdung oder Verbindung mit dem PEN-Leiter von Stromkreisen höherer Spannung fixiert (Bild 7-11).
– Die Körper von Betriebsmitteln, die mit Funktionskleinspannung betrieben werden, sind geerdet oder mit Schutzleitern, PEN-Leitern bzw. Körpern von Stromkreisen höherer Spannung verbunden.
Diese Abweichungen begründen, weshalb Funktionskleinspannung mit sicherer Trennung im Unterschied zu Schutzkleinspannung bei besonders gefahrenträchtigen Umgebungsbedingungen nicht angewendet werden darf.

7 < 4.3.2.1 > Als Schutz gegen direktes Berühren ist auch bei Nennspannungen bis 25 V Wechselspannung bzw. 60 V Gleichspannung eine Isolation für eine einminütige Prüfwechselspannung von 500 V erforderlich. Damit wäre Klingelleitung streng genommen nicht mehr zulässig, da für sie keine Prüfspannung angegeben wird. Die geforderte Prüfwechselspannung unterscheidet sich im Vergleich zu der von Stegleitungen etwa im gleichen Verhältnis wie die höchstzulässigen Nennspannungen von Klingel- und Stegleitung. Von daher darf man wohl Klingelleitung als ausreichende Leitung für Funktionskleinspannung mit sicherer Trennung ansehen. Als Alternative ist natürlich der vollständige Schutz gegen direktes Berühren durch Abdeckung oder Umhüllung nach Abschnitt 7 < 5.2.1 > möglich.

7 < 4.3.2.2 > Der Schutz bei indirektem Berühren ist durch die Maßnahmen zum Schutz gegen direktes Berühren und durch die sichere Trennung in ausreichendem Umfang mit berücksichtigt. Somit brauchen keine Vorkehrungen eigens für den Schutz bei indirektem Berühren ergriffen zu werden.

7 < 4.3.3 > *Funktionskleinspannung ohne sichere Trennung*
Schon die Begriffsbildung „Funktionskleinspannung ohne sichere Trennung" weist auf ihr entscheidendes Charakteristikum hin: Ein Übertritt der höheren Spannung vom Eingangsstromkreis des Erzeugers der Kleinspannung in den Funktionskleinspannungs-Stromkreis ist für die Konzeption des Berührungsschutzes zu berücksichtigen. Deshalb müssen als Schutz gegen direktes Berühren und auch als Schutz bei indirektem Berühren im Funktionskleinspannungs-Stromkreis dieselben Maßnahmen ergriffen werden, die im Eingangsstromkreis mit höherer Spannung vorgesehen sind.
In der Regel wird die Funktionskleinspannung wie bei Schutzkleinspannung mit Transformatoren erzeugt. Allerdings reicht eine normale Isolierung zwischen Primär- und Sekundärwicklung aus wie bei Steuertransformatoren nach VDE 0550 (Kennzeichen ⚠).

7 < 4.3.3.1 > Für den Funktionskleinspannungs-Stromkreis ist ein vollständiger Schutz gegen direktes Berühren wie für Stromkreise höherer Spannung ohne sichere Trennung zu gewährleisten: Entweder durch Isolierung aktiver Teile (Abschnitt 7 < 5.1 >) oder durch Abdeckungen oder Umhüllungen (Abschnitt 7 < 5.2 >).

Werden Betriebsmittel eigens für Stromkreise mit Funktionskleinspannung ohne sichere Trennung ausgelegt, so gelten abweichend von Abschnitt 7 < 5.1 > geringere Anforderungen an die Isolierung berührbarer nicht leitfähiger Teile. Die Isolierung muß lediglich einer einminütigen Prüfwechselspannung von 1500 V standhalten; das entspricht etwa den Prüfanforderungen an die Isolierung von Verbrauchsmitteln der Schutzklasse I für 220/380 V.

7 < 4.3.3.2 > Aus den geforderten Schutzmaßnahmen bei indirektem Berühren ergibt sich, daß der Berührung zugängliche Leitungen nicht schutzisoliert sein müssen. Bei fester Verlegung reicht z. B. die Aderleitung H05V-..., bei beweglicher Verlegung die Zwillingsleitung H03VH-H. Die mechanische Beanspruchung kann aber höherwertige Leitungen notwendig machen.

7 < 4.3.4 > Steckvorrichtungen müssen dieselben Anforderungen wie bei Schutzkleinspannung erfüllen. Im Hinblick auf die Unverwechselbarkeit zu Steckvorrichtungen für Schutzkleinspannung müssen nichtgenormte Steckvorrichtungen für Funktionskleinspannung verwendet werden, wenn die genormten für Schutzkleinspannung zum Einsatz kommen. Diese Zuordnung von Steckvorrichtungen zu den verschiedenen Kleinspannungen empfiehlt sich, da für Funktionskleinspannung Steckvorrichtungen nur selten erforderlich werden. Werden sie doch einmal benötigt, könnte man nichtgenormte Steckvorrichtungen nach **Bild 7-12** verwenden.

Unverwechselbarkeit zwischen Steckvorrichtungen für Funktionskleinspannung mit sicherer Trennung und solchen für Funktionskleinspannung ohne sichere Trennung ist nicht notwendig.

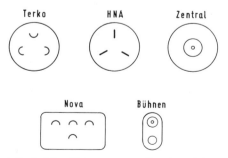

Bild 7-12. Nichtgenormte Steckvorrichtungen

7 < 4.3.5 > Durch solche Verbindungen würden die Funktionskleinspannungs-Stromkreise mehr oder weniger Teil der anderen Stromkreise und müßten dann die an diese gestellten Anforderungen erfüllen.

7 < 5 > Schutz gegen direktes Berühren

Die Grundidee des Schutzes gegen direktes Berühren ist in Abschnitt 6.1 beschrieben. Erstmals mit Teil 410 der Normenreihe DIN 57 100/VDE 0100 wird seine Ausführung in zwei Arten unterteilt:
- **Vollständiger** Schutz gegen direktes Berühren,
- **teilweiser** Schutz gegen direktes Berühren.

Vollständiger Schutz gegen direktes Berühren ist konzipiert für den Laienbereich; d. h. Laien können elektrische Betriebsmittel auf übliche Art berühren bzw. in die Hand nehmen, ohne daß es zum direkten Berühren aktiver Teile kommt. Die einzelnen Anforderungen zum vollständigen Schutz gegen direktes Berühren berücksichtigen die landläufigen Kenntnisse über die Gefahren von Elektrizität. Darum hindern beispielsweise die Löcher in einer Steckdose zum Einführen eines Steckers nicht daran, eine Steckdose zu Betriebsmitteln mit vollständigem Schutz gegen direktes Berühren zu zählen; denn auch Laien wissen, es ist gefährlich, zweckfremde Gegenstände in die Steckdose zu stecken. Vollständiger Schutz gegen direktes Berühren kann durch Isolierung (Abschnitt 7 < 5.1 >) bzw. durch Abdeckungen oder Umhüllungen (Abschnitt 7 < 5.2 >) erreicht werden.

Im Unterschied zum vollständigen Schutz ist der teilweise Schutz gegen direktes Berühren nur für solche Räume gedacht, die üblicherweise nur von Fachkräften oder elektrotechnisch unterwiesenen Personen betreten werden. Hier darf vorausgesetzt werden, daß aktive Teile als solche erkannt werden und nicht absichtlich berührt werden. Dies soll auch nicht zufällig durch unwillkürliche, reflexartige Bewegungen geschehen können. Deshalb muß für derartige Fälle ein Schutz gegen direktes Berühren wirksam sein. Er kann erreicht werden durch Hindernisse (Abschnitt 7 < 5.3 >) oder Abstand (Abschnitt 7 < 5.4 >). Dieser teilweise Schutz gegen direktes Berühren darf nur dann angewendet werden, wenn die maßgeblichen Bestimmungen in der Gruppe 700 der Normenreihe DIN 57 100/VDE 0100 dies ausdrücklich zulassen. In dieser Gruppe bestehen zur Zeit noch keine Teile mit Aussagen über Fälle, in denen vom teilweisen Schutz gegen direktes Berühren Gebrauch gemacht werden darf. In VDE 0100/5.73 gibt es schon verringerte Anforderungen an den Schutz gegen direktes Berühren in den §§ 30, 43 und 44. Außerhalb von DIN 57 100/VDE 0100 wird bereits in der Unfallverhütungsvorschrift für elektrische Anlagen und Betriebsmittel (VBG 4) der Berufsgenossenschaft der Feinmechanik und Elektrotechnik darauf Bezug genommen. Hier heißt es unter „Grundsätze beim Fehlen elektrotechnischer Regeln" in § 4:

66

„(6) Bei elektrotechnischen Betriebsmitteln, die in Bereichen bedient werden müssen, wo allgemein ein vollständiger Schutz gegen direktes Berühren nicht gefordert wird oder nicht möglich ist, muß bei benachbarten aktiven Teilen mindestens ein teilweiser Schutz gegen direktes Berühren vorhanden sein."

Diese Forderung muß in engem Zusammenhang gesehen werden mit DIN 57 106 Teil 100/VDE 0106 Teil 100 „Schutz gegen gefährliche Körperströme; Anordnung von Betätigungselementen in der Nähe berührungsgefährlicher Teile". Hier wird eine Sonderform des teilweisen Schutzes gegen direktes Berühren behandelt. Allerdings ist unklar, in welchen konkreten Fällen er angewendet werden muß. In den Bereichen, die ausschließlich für Fachkräfte und unterwiesenes Personal zugänglich sind, darf nach VDE 0100/5.73 auf den Schutz gegen direktes Berühren ganz verzichtet werden: Für Schaltanlagen und Verteiler nach § 30 sowie für abgeschlossene elektrische Betriebsstätten gemäß § 44. Diese Ausnahmen haben nach wie vor Gültigkeit, auch wenn diese Paragraphen noch nicht in der neuen Gliederungsform von DIN 57 100/VDE 0100 veröffentlicht sind.

7 < 5.1 > Schutz durch Isolierung aktiver Teile

Typisches Beispiel für den Schutz durch Isolierung aktiver Teile ist eine Leitung **(Bild 7-13)**. Isolierung ist hier zu verstehen als Basisisolierung[18], wie sie bei einer Aderleitung H05V-... vorhanden ist. Diese Isolierung ist abzugrenzen gegenüber einer doppelten Isolierung, die schon als Schutzisolierung nach Abschnitt 7 < 6.2 > anzusehen ist und somit sowohl den Schutz gegen direktes Berühren als auch den Schutz bei indirektem Berühren sicherstellt. Als Beispiel dafür kann die Mantelleitung NYM genannt werden.

Die Güte einer Isolierung darf nicht nur nach ihrer Spannungsfestigkeit, sondern muß auch nach ihrer Eignung für die betriebsmäßigen Beanspruchungen beurteilt werden. Dies ist besonders zu berücksichtigen, wenn die Isolierung vor Ort bei der Errichtung aufgebracht wird, z. B. als Schrumpfschlauch. Das Aufbringen

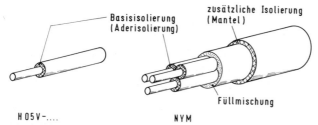

Bild 7-13. Schutz durch Isolierung aktiver Teile (Basisisolierung)

---

[18] Nach DIN 57 106 Teil 1/VDE 0106 Teil 1 gilt folgende Definition: „Basisisolierung ist die Isolierung unter Spannung stehender (aktiver) Teile zum grundlegenden Schutz gegen elektrischen Schlag."

einer Isolierung vor Ort darf wohl durchweg als Sonderfall betrachtet werden. Dabei kann sich der Errichter bei der Auswahl einer geeigneten Isolierung an fabrikfertigen Betriebsmitteln orientieren, die für dieselben Umgebungsbedingungen vorgesehen sind. Selbstklebende Isolierbänder nach VDE 0340 sollten nur in seltenen Ausnahmefällen angewendet werden.

7<5.2>Schutz durch Abdeckungen und Umhüllungen

Abdeckungen und Umhüllungen stellen einen vollständigen Schutz gegen direktes Berühren her, indem die aktiven Teile damit umschlossen werden wie in den Beispielen nach **Bild 7-14**. Dabei können die Abdeckungen auch aus leitfähigem Material bestehen, wenn die Isolation über nicht leitende Distanzstücke und Luft hergestellt wird.

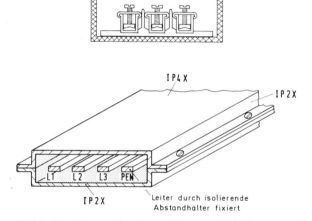

Bild 7-14. Schutz durch geschlossene Abdeckungen und Umhüllungen
a) aus isolierendem Material am Beispiel einer Verbindungsdose
b) aus leitfähigem Material am Beispiel eines Stromschienensystems

7 < 5.2.1 > die Funktion vieler Betriebsmittel läßt es nicht zu, daß Abdeckungen und Umhüllungen die aktiven Teile lückenlos umschließen. Als Beispiel sind in **Bild 7-15** ein Haartrockner und eine Schuko-Steckdose dargestellt. Die betriebsmäßig unumgänglichen Öffnungen müssen mindestens den Bedingungen der Schutzart IP 2X entsprechen. Das heißt, mit dem IEC-Prüffinger nach DIN 57 470 Teil 1/VDE 0470 Teil 1 darf man nicht durch die Öffnungen an aktive Teile kommen können **(Bild 7-16)**. Beispiele für Fälle, in denen größere Öffnungen als nach IP 2X zum Auswechseln von Betriebsmitteln zulässig sind, zeigt **Bild 7-17**. Bei derartigen Öffnungen sind geeignete Vorkehrungen notwendig, die verhindern sollen, daß Personen unbeabsichtigt mit aktiven Teilen

a)

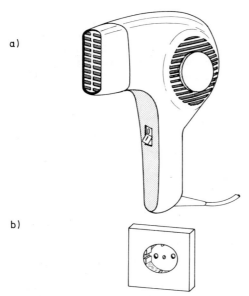

b)

Bild 7-15. Vollständiger Schutz gegen direktes Berühren durch lückenhafte Abdeckungen (IP 2X) am Beispiel
a) eines Haartrockners
b) einer Schuko-Steckdose

Maße in mm

a)

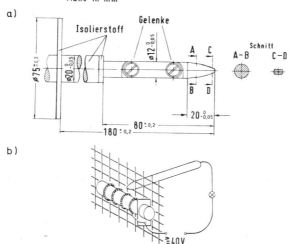

b)

Bild 7-16. Zur Prüfung der Schutzart IP 2X
a) IEC-Prüffinger nach DIN 57 470 Teil 1/VDE 0470 Teil 1
b) Prüfung der Öffnungsweite

a)

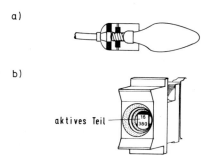

b)

aktives Teil

Bild 7-17. Zulässige Unterbrechung des Schutzes gegen direktes Berühren während des Auswechselns von Betriebsmitteln
a) bei einer Lampenfassung
b) bei einem Neozed-Sicherungssockel

in Berührung kommen. Derartige Vorkehrungen sind bereits durch die Anforderungen in den entsprechenden Gerätebestimmungen hinreichend berücksichtigt.
Auf die unterschiedliche Definition beim Begriff „vollständiger Schutz gegen direktes Berühren" sei hingewiesen: Während Teil 410 ihn schon ab IP 2X gewährleistet sieht, erkennt DIN 40 050 ihn erst in IP 5X. Maßgeblich ist hier natürlich die Sicht des Teiles 410 der Normenreihe DIN 57 100/VDE 0100.

7 < 5.2.2 > Verschärfend gegenüber Abschnitt 7 < 5.2.1 > gilt für obere horizontale Oberflächen, die leicht zugänglich sind, die Schutzart von mindestens IP 4X. Diese Forderung zielt darauf ab, Kurz- und Körperschlüsse durch herabfallende Werkzeuge, Drähte oder ähnliches von einer Dicke größer als 1 mm zu verhindern (Bild 7-14). Empfehlenswert ist es, diese Schutzart auch bei schrägen Flächen anzuwenden.
Die Anforderungen nach Abschnitt 7 < 5.2.1 > und 7 < 5.2.2 > sind Mindestanforderungen an die Schutzart nur aus Sicht des Berührungsschutzes; beim Fremdkörperschutz können je nach Umgebungsbedingungen höhere Qualitäten notwendig sein.

7 < 5.2.3 > Die Forderungen nach sicherer Befestigung, ausreichender Festigkeit und Haltbarkeit sind an sich selbstverständlich. Trotzdem ist es schwer, sie zahlenmäßig zu beschreiben. Sie festzulegen, liegt daher weitgehend im Ermessensspielraum des Errichters; gegebnenfalls ist eine Orientierung an fabrikfertigen Betriebsmitteln oder eine Abstimmung mit dem Kunden und zuständigen Prüfinstitutionen zweckmäßig.

7 < 5.2.4 > Was als sichere Befestigung von Abdeckungen oder Umhüllungen gilt, wird für die Fälle näher ausgeführt, in denen Abdeckungen oder Umhüllun-

70

gen z. B. für Reparatur– oder Wartungszwecke entfernt werden müssen. Diese Tätigkeiten werden unterschieden in solche für Fachkräfte bzw. unterwiesene Personen und solche für Laien. Die Abgrenzung zwischen beiden Personengruppen ergibt sich daraus, ob Hilfsmittel für die Arbeiten verwendet werden müssen. Das unterstellt bei einem Laien das Wissen, daß er nur insoweit Eingriffe an elektrischen Betriebsmitteln vornehmen darf, wie diese frei, d. h. ohne Gebrauch von Werkzeug, zugänglich sind. Ist eine Abdeckung in diesem Sinne für einen Laien abnehmbar, so muß dahinter ein vollständiger Schutz gegen direktes Berühren gegeben sein. Im anderen Fall ist kein Schutz gegen direktes Berühren erforderlich. Entsprechend diesen Grundgedanken dürfen Abdeckungen oder Umhüllungen nur unter einer der folgenden Bedingungen abnehmbar sein:

– Ist das Entfernen einer Abdeckung durch Fachkräfte vorgesehen, so muß dazu ein Schlüssel (z. B. Vierkant zum Öffnen eines Schaltschrankes) oder ein Werkzeug (z. B. Schraubendreher zum Entfernen von eingerasteten Abdeckungen in Stromkreisverteilern) erforderlich sein.

– Ist das Entfernen einer Abdeckung auch durch Laien vorgesehen, also ohne den Gebrauch von Hilfsmitteln, so muß eine der beiden folgenden Maßnahmen ergriffen werden:

● Die abgedeckten aktiven Teile müssen bei Entfernen der Abdeckung zwangsläufig spannungslos geschaltet sein. Dies wird häufig bei fabrikfertigen Schaltgerätekombinationen in Einschubtechnik verwirklicht **(Bild 7-18)**

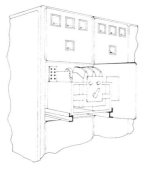

Bild 7-18. Beispiel für zwangsläufige Abschaltung von aktiven Teilen

● Hinter einer Abdeckung, die z. B. in einer höheren Schutzart ausgeführt ist, muß eine Zwischenabdeckung in mindestens IP 2X vorhanden sein, die sich nur mit Hilfe eines Schlüssels oder Werkzeugs entfernen läßt.

7 < 5.2.5 > Ausgenommen von 7 < 5.2.4 > sind Betätigungselemente in der Nähe berührungsgefährlicher Teile nach DIN 57 106 Teil 100/VDE 0106 Teil 100. Wie sie angeordnet sein müssen, zeigt beispielhaft **Bild 7-19b)**.

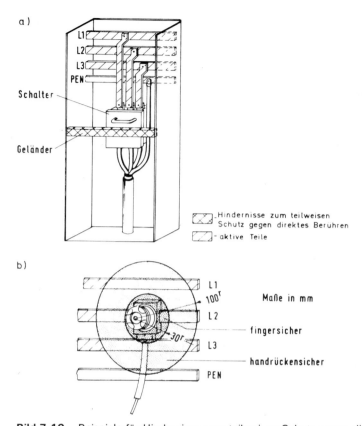

a)

L1
L2
L3
PEN

Schalter

Geländer

⬛ Hindernisse zum teilweisen Schutz gegen direktes Berühren
⬜ aktive Teile

b)

L1
100ʳ
L2
L3
PEN

30ʳ

Maße in mm

fingersicher

handrückensicher

Bild 7-19. Beispiele für Hindernisse zum teilweisen Schutz gegen direktes Berühren
a) zur Abgrenzung eines begehbaren Raumes von den aktiven Teilen eines Schaltfeldes
b) zum Abdecken von aktiven Teilen um betriebsmäßig betätigte Betriebsmittel; hier einer Diazed-Sicherung auf einer Sammelschiene.

7 < 5.3 > Schutz durch Hindernisse

Schutz durch Hindernisse bietet Schutz gegen direktes Berühren bei unwillkürlichen Bewegungen, nicht jedoch bei absichtlichen. Als unwillkürliche Bewegungen sind reflexartige Aktionen während der Arbeit denkbar, die ohne Rücksicht auf die Nähe von aktiven Teilen ablaufen. Daß bei derartigen Bewegungen kein aktives Teil berührt wird, müssen Hindernisse sicherstellen.

7 < 5.3.1 > Hindernisse zweierlei Art sind erforderlich:
– Zur Abgrenzung eines begehbaren Raums von aktiven Teilen (Bild 7-19a)
– und zum Abdecken von aktiven Teilen um Betriebsmittel nach Teil 100 von

DIN 57 106/VDE 0106, die betriebsmäßig betätigt werden, z. B. Schalten von Leitungsschutzschaltern, Auswechseln von Sicherungen (Bild 7-19b).
Das Problem bei der Abgrenzung eines begehbaren Raums von aktiven Teilen liegt in der Abstimmung von Engmaschigkeit der Hindernisse und von deren Abstand zu den aktiven Teilen. Grundsätzlich darf der Abstand um so kleiner werden, je engmaschiger die Hindernisse sind, Zahlenmäßige Angaben fehlen. Als Orientierung ist ein Vergleich zu den Anforderungen an Schaltanlagen und Verteiler nach VDE 0100 § 30, an elektrische Betriebsstätten nach VDE 0100 § 43 und an abgeschlossene elektrische Betriebsstätten nach VDE 0100 § 44 sinnvoll.

7 < 5.3.2 > Hindernisse dürfen dann als ausreichend befestigt angesehen werden, wenn sie z. B. durch entsprechende Verrastung oder Verriegelung gesichert sind.

7 < 5.4 > Schutz durch Abstand
Schutz durch Abstand gewährt den Schutz gegen direktes Berühren dadurch, daß ein Mensch höchstens mit einem Potential in Berührung kommen kann. Der Mensch ist also nicht in der Lage, eine Spannung zu überbrücken. Damit kann kein Körperstrom fließen (Bild 7-20). Streng genommen gilt diese Betrachtung

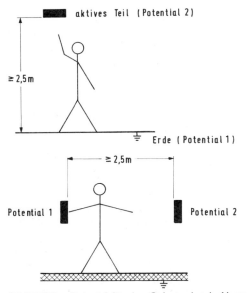

Bild 7-20. Beispiel für den Schutz durch Abstand
a) bei leitfähigem Standort
b) bei isoliertem Standort

nur, wenn ortsveränderliche Betriebsmittel oder vorübergehend eingebrachte größere leitfähige Arbeitsmaterialien und ähnliches nicht den Schutzabstand aufheben. Dieser Möglichkeit, die Schutzmaßnahme aufzuheben, wird nur eine untergeordnete Bedeutung in der Praxis beigemessen. Schließlich sind bewegliche Betriebsmittel hauptsächlich in der Schutzklasse II ausgeführt, und größere leitfähige Arbeitsmaterialien werden von Fachkräften sicherlich nur mit äußerster Vorsicht in Betriebsstätten mit frei zugänglichen aktiven Teilen eingebracht.

7 < 5.4.1 >   Der Schutz durch Abstand zielt darauf, höchstens ein Potential aus jeder beliebigen Lage erreichbar zu machen. Daher ist es notwendig festzulegen, was für einen Menschen ohne Hilfsmittel als erreichbar gilt. Dabei sind je nach Leitfähigkeit der Standfläche zwei Fälle zu unterscheiden:

– Bei leitfähiger Standfläche ist die Zone maßgeblich, die mit einer Hand erreicht werden kann; sie wird durch den Handbereich nach **Bild 7-21** beschrieben.

– Bei isolierender Standfläche ist der Abstand zwischen zwei Teilen maßgeblich, der nicht mehr mit beiden Händen überbrückt werden kann. Das gilt bei einem Abstand von 2,50 m als nicht mehr möglich.

Innerhalb der so fixierten Erreichbarkeitsgrenzen dürfen keine Teile unterschiedlichen Potentials, z. B. unterschiedliche Außenleiter, liegen. Sofern der Fußboden oder die Wände leitfähig sind, muß ihnen ein Potential zugeordnet werden; in aller Regel wohl das ideale Erdpotential 0 V.

7 < 5.4.2 >   Bereits ein so „grobmaschiges" Hindernis wie ein Geländer reduziert die erreichbaren Zonen auf diejenigen, die innerhalb des Handbereichs nach Bild 7-21 liegen. Dabei markiert das Geländer die Grenze der Standfläche.

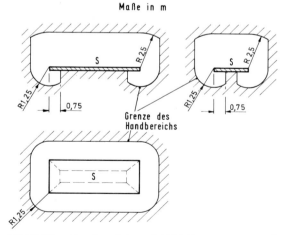

Bild 7-21.   Handbereich nach DIN 57 100 Teil 200/VDE 0100 Teil 200 unter, neben und über der Standfläche S

7 < 5.4.3 > Es sind nur schwer Beispiele vorstellbar, in denen üblicherweise in Räumen mit frei zugänglichen aktiven Teilen sperrige oder lange leitfähige Teile bewegt werden. Daß in solchen Fällen die erreichbaren Zonen den Abmessungen dieser Teile angepaßt werden müssen, gibt diesen Fällen einen vorwiegend hypothetischen Charakter.

7 < 5.5 > Zusätzlicher Schutz durch Fehlerstrom-Schutzeinrichtungen ($I_{\Delta n} \leq 30\ mA$)

Die zusätzliche Schutzwirkung einer Fehlerstrom-Schutzeinrichtung $I_{\Delta n} \leq 30$ mA läßt sich aus **Bild 7-22** erkennen. Danach schaltet sie einen Fehlerstrom bei direktem Berühren ab, bevor es zum Herzkammerflimmern kommt.

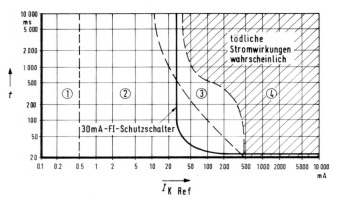

Bild 7-22. Ungünstigste Auslösekennlinie eines 30 mA-FI-Schutzschalters im Vergleich zu den Zeit-Strom-Gefährdungsbereichen für Erwachsene, nach IEC 64(Secretariat)353;
Stromweg: linke Hand – Füße.

Dieser Schutz ist nach Abschnitt 7 < 5.5.1 > aber nur eingeschränkt wirksam. Ferner ist die Wirksamkeit des Schutzes bei direktem Berühren entscheidend von der Funktionsfähigkeit der Fehlerstrom-Schutzeinrichtung abhängig. Deren Betriebstüchtigkeit ist für den Benutzer nur durch Prüfung dieser Einrichtung erkennbar; ein Ausfall nach der letzten Prüfung bleibt im Unterschied zu Schutzmaßnahmen gegen direktes Berühren unerkannt. Ihr Ausfall geht mit einer üblicherweise leicht erkennbaren mechanischen Schädigung einher, so daß sich auch ein Laie dementsprechend verhalten kann. Insgesamt kann die Schutzwirkung einer Fehlerstrom-Schutzeinrichtung mit $I_{\Delta n} \leq 30$ mA den Schutz gegen direktes Berühren nicht ersetzen, sondern nur ergänzen (siehe Abschnitt 6.3).
Die hohe Empfindlichkeit der Fehlerstrom-Schutzeinrichtungen hat natürlich nicht nur Vorteile. Nachteilig sind betriebliche Fehlauslösungen bei zu hohen Ab-

leitströmen, aus denen bei ordnungsgemäßem Schutzleiteranschluß keine Gefahr erwachsen kann. Zu hohe Ableitströme können sich sehr leicht in Heizkörpern von Elektrowärmegeräten wie Elektroherden, Durchlauferhitzern und Speicherheizgeräten bilden; denn als Isolationswerkstoff wird in derartigen Heizkörpern meistens hygroskopisches Material verwendet. Bei längeren Stillstandszeiten vermag es leicht feucht zu werden. Zu Beginn der Aufheizung kann es dann kurzzeitig zu Ableitströmen oberhalb von $I_{\Delta n}$ kommen. Sie bewirken eine unnötige Auslösung. Die Geräte können erst wieder ordnungsgemäß betrieben werden, nachdem sie kurze Zeit ohne Schutzleiteranschluß eingeschaltet waren.

Dem zweifellos gegebenen zusätzlichen Schutzwert durch eine Fehlerstrom-Schutzeinrichtung $I_{\Delta n} \leq 30$ mA steht also eine größere betriebliche Unzuverlässigkeit gegenüber. Unter anderem deshalb sieht man davon ab, derartige Fehlerstrom-Schutzeinrichtungen generell zu fordern. Sie werden lediglich in den Sonderfällen obligatorisch, in denen die in Abschnitt 6.3 dieser Erläuterungen aufgezeigten Voraussetzungen gegeben sind. Dann wird der Einsatz von Fehlerstrom-Schutzeinrichtungen $I_{\Delta n} \leq 30$ mA durch ausdrückliche Forderung in den maßgeblichen Normen verbindlich; in der Normenreihe DIN 57 100/VDE 0100 sind sie in erster Linie in der Gruppe 700 über Betriebsstätten, Räume und Anlagen besonderer Art enthalten.

7 < 5.5.1 > Der Schutz bei direktem Berühren durch hochempfindliche Fehlerstrom-Schutzeinrichtungen kommt nicht bei allen Fehlerkonstellationen zum tragen. Ausnahmen sind denkbar in folgenden Fällen:
– Durch einen sehr niedrigen Körperwiderstand kann ein höherer Körperstrom als 500 mA fließen (vergleiche Bild 7-22).
– Der Körperstrom fließt über einen Außen- und Neutralleiter, so daß er von der Fehlerstrom-Schutzeinrichtung nicht wahrgenommen wird (Bild 6-4).
– Auch wenn die hochempfindliche Fehlerstrom-Schutzeinrichtung den Stromtod in vielen Fällen verhindern kann, so sind trotzdem schwerwiegende Unfälle durch Schreckreaktion bei Berührung spannungsführender Teile möglich, z. B. durch Sturz von einer Leiter.

7 < 5.5.2 > Hier wird noch einmal klargestellt, daß Fehlerstrom-Schutzeinrichtungen $I_{\Delta n} \leq 30$ mA nur eine Ergänzung zu Schutzmaßnahmen gegen direktes Berühren, aber nie eine Alternative dazu darstellen können.

7 < 6 > Schutz bei indirektem Berühren

Das Grundprinzip des Schutzes bei indirektem Berühren ist in Abschnitt 6.2 dargestellt. Zur Realisierung dieses Schutzes werden folgende Möglichkeiten angeboten:
– Schutz durch Abschaltung oder Meldung (Abschnitt 7 < 6.1 >),
– Schutzisolierung (Abschnitt 7 < 6.2 >),

- Schutz durch nichtleitende Räume (Abschnitt 7 < 6.3 >),
- Schutz durch erdfreien örtlichen Potentialausgleich (Abschnitt 7 < 6.4 >),
- Schutztrennung (Abschnitt 7 < 6.5 >).

Trotz dieser Vielzahl möglicher Schutzmaßnahmen bei indirektem Berühren ist nur eine für die üblichen Verbrauchsmittel in Haushalt, Gewerbe und Industrie universell anwendbar: Schutz durch Abschaltung oder Meldung. Schutzisolierung ist an vielen Elektrowärmegeräten nicht realisierbar und damit als alleinige Schutzmaßnahme nicht anwendbar. Schutz durch nichtleitende Räume sowie Schutz durch erdfreien örtlichen Potentialausgleich setzen isolierende Räume voraus, die angesichts der heutigen Haustechnik höchstens noch vereinzelt, aber kaum überall in einer Verbraucheranlage anzutreffen sind. Bei Schutztrennung ist der Aufwand für die Trenntransformatoren sehr hoch. So wird an diesen technischen und wirtschaftlichen Erwägungen verständlich, warum bis auf Sonderfälle in allen elektrischen Anlagen Schutz durch Abschaltung oder Meldung über die feste Installation angeboten wird. An den festen Anschlußstellen für Geräte oder an den Steckdosen können dann sowohl Geräte mit Schutzleiteranschluß als auch schutzisolierte Geräte, Trenntransformatoren und Schutzkleinspannungstransformatoren angeschlossen werden.
Sonderfälle treten dann auf, wenn
- bauliche Voraussetzungen und betriebliche Bedingungen die Anwendung anderer Schutzmaßnahmen wirtschaftlicher machen oder
- durch spezielle Normen für Betriebsstätten, Räume und Anlagen besonderer Art nicht alle Schutzmaßnahmen bei indirektem Berühren zulässig sind; innerhalb der Normenreihe DIN 57 100/VDE 0100 sind derartige Ausnahmen in der Gruppe 700 behandelt.

7 < 6.1 > Schutz durch Abschaltung oder Meldung

Schutz durch Abschaltung ist die Schutzmaßnahme, aus der die Namensgebung Schutz bei indirektem Berühren abgeleitet ist (siehe Abschnitt 6.2). Auch wenn die anderen Schutzmaßnahmen bei indirektem Berühren jeweils auf einer etwas anderen Grundidee beruhen, so werden sie trotzdem unter dem Oberbegriff Schutz bei indirektem Berühren zusammengefaßt, da sie eine gleichwertige Sicherheit herstellen. Insofern gilt der Schutz durch Meldung ebenfalls als Schutz bei indirektem Berühren. Schutz durch Meldung beinhaltet die Anwendung einer Isolationsüberwachungseinrichtung im IT-Netz (siehe Abschnitt 7 < 6.1.5.7 >). Diese Schutzmaßnahme steht im IT-Netz gleichwertig neben den Möglichkeiten, die den Schutz durch Abschaltung gewährleisten können. Im TN- oder TT-Netz ist kein Schutz durch Meldung möglich.
Unter dem Begriff Schutz durch Abschaltung oder Meldung werden die bisher in VDE 0100/5.73 in den §§ 9 bis 13 behandelten Schutzmaßnahmen zusammengefaßt, um weitere Möglichkeiten ergänzt sowie nach einem neuen Schema geordnet und bezeichnet. Damit ergeben sich in diesem Bereich die größten Abweichungen gegenüber VDE 0100/5.73.

Bisher wurde nach den Schutzmaßnahmen Schutzerdung, Nullung, Schutzleitungssystem, Fehlerspannungs(FU)-Schutzschaltung und Fehlerstrom(FI)-Schutzschaltung unterschieden. Dabei war für jede Schutzmaßnahme jeweils nur eine spezielle Art von Schutzeinrichtungen zulässig wie Überstromschutzeinrichtungen bei der Nullung oder Isolationsüberwachungseinrichtungen beim Schutzleitungssystem. Dies hat sich durch die Harmonisierung geändert. So wären jetzt bei der Nullung Überstrom- oder Fehlerstrom-Schutzeinrichtungen erlaubt; beim Schutzleitungssystem wären Überstromschutz-, Fehlerstrom-Schutz-, Fehlerspannungs-Schutz- oder Isolationsüberwachungseinrichtungen zulässig. Statt einer solchen Ergänzung der alten Schutzmaßnahmen wurden aber die völlig neue Ordnung und Bezeichnungsweise für Schutzmaßnahmen durch Abschaltung oder Meldung eingeführt. Diese Schutzmaßnahmen werden zukünftig nach der Netzform bezeichnet.

Die Netzformen können mit den bisherigen Begriffen etwa folgendermaßen übersetzt werden:

– TN-C-S-Netz ist ein „genulltes" Netz üblicher Bauart; d. h. Pen-Leiter (bisher: Nulleiter) im Verteilungsnetz und Verbraucheranlage bei Querschnitten ≥ 10 mm^2 Cu bzw. ≥ 16 mm^2 Al sowie getrennte Neutral- und Schutzleiter bei kleineren Querschnitten (VDE 0100/5.73 § 10).

– TN-S-Netz ist gleichwertig einem Netz mit der Schutzmaßnahme Schutzerdung, bei der innerhalb des Verteilungsnetzes das Wasserrohrnetz die Schutzleiterfunktion übernimmt (VDE 0100/5.73 § 9 b) 2).

– TT-Netz entspricht einem Netz für die Schutzmaßnahmen Fehlerstrom (FI)-Schutzschaltung (VDE 0100/5.73 § 13), Fehlerspannungs(FU)-Schutzschaltung (VDE 0100/5.73 § 12) oder Schutzerdung (VDE 0100/5.73 § 9 b) 1), bei denen ein eventueller Fehlerstrom über das Erdreich zum Transformator zurückfließt.

– IT-Netz bezeichnet ein ungeerdetes Netz analog dem bisherigen Schutzleitungssystem (VDE 0100/5.73 § 11). Auch die Schutzerdung im ungeerdeten Netz nach Bild 9-1c) in § 9b) 1 von VDE 0100/5.73 wird durch das IT-Netz abgelöst.

Umgekehrt können die bisherigen Schutzmaßnahmen mit den neuen Begriffen wie folgt beschrieben werden:

– „Schutz durch Überstromschutzeinrichtungen im TN-Netz" statt „Nullung",

– „Schutz durch Fehlerstrom-Schutzeinrichtungen im TT-Netz" statt „Fehlerstrom(FI)-Schutzschaltung",

– „Schutz durch Fehlerspannungs-Schutzeinrichtungen im TT-Netz" statt „Fehlerspannungs(FU)-Schutzschaltung",

– „Schutz durch Isolationsüberwachungseinrichtungen im IT-Netz" statt „Schutzleitungssystem".

Die Arbeiten zur Harmonisierung der Schutzmaßnahmen ziehen sich nun schon seit fast 20 Jahren hin, jedoch ist man immer noch nicht zu einer Behandlung der Gleichspannungsnetze gekommen. Nur wegen der Schutzmaßnahmen in Gleichspannungsnetzen wollte man aber keine weitere Verzögerung bei der

Veröffentlichung der bisherigen Beratungsergebnisse in Kauf nehmen, zumal Gleichspannungsnetze im Vergleich zu Wechselspannungsnetzen eine sehr geringe Bedeutung haben. Im Grundprinzip sind alle Schutzmaßnahmen durch Abschaltung oder Meldung sowohl bei Wechsel- als auch bei Gleichspannung anwendbar. Im Vergleich zu Wechselspannung sind für Gleichspannung Änderungen in folgenden Punkten zu berücksichtigen:
– Die Werte der dauernd zulässigen Berührungsspannung (Abschnitt 7 < 6.1.1.4 >).
– Gegebenenfalls andere Abschaltkennlinien der Schutzeinrichtungen.
– Möglicherweise erhöhte elektrochemische Korrosion von Erdern, besonders im TN-Netz.
In den Unterabschnitten zu 7 < 6.1 > werden Hinweise auf zusätzliche oder geänderte Anforderungen für Gleichspannungsnetze gegeben.
Im DIN/VDE-Normenwerk werden Schutzmaßnahmen durch Abschaltung oder Meldung bei Gleichspannung zukünftig in DIN 57 510 Teil 2/VDE 0510 Teil 2 „Akkumulatoren und Batterielanlagen – ortsfeste Batterien" behandelt.

7 < 6.1.1 > *Allgemeines*

7 < 6.1.1.1 > Fehlerspannung[19]) und Berührungsspannung[20]) im Falle eines Körperschlusses spielen eine entscheidende Rolle bei der Auslegung des Schutzes durch Abschaltung oder Meldung. Sie hängen von Art und Größe der Erdungswiderstände ab. Am Beispiel des TT-Netzes zeigt **Bild 7-23** den Unterschied zwischen Fehlerspannung U_F und Berührungsspannung U_B sowie ihre Abhängigkeit von den Erdungswiderständen.
Für die Ermittlung der Fehlerspannung lassen sich die Widerstände von Außen- und Schutzleiter gegenüber den Erdungswiderständen vernachlässigen; der Körperschluß wird als widerstandslos angenommen. Damit ergibt sich die Fehlerspannung:

$$U_F = \frac{R_A}{R_B + R_A} \cdot \frac{U_n}{\sqrt{3}}$$

Bei Differenzierung zwischen Fehler- und Berührungsspannung muß der Widerstand des Schutzleiters R_{PE} berücksichtigt werden. Damit läßt sich für die Berührungsspannung angeben:

$$U_B = \frac{R_{PE}}{R_{PE} + R_A} \cdot U_F$$

Nach DIN 57 100 Teil 200/VDE 0100 Teil 200 gelten folgende Definitionen:
[19]) „Fehlerspannung ist die Spannung, die zwischen Körpern oder zwischen diesen und der Bezugserde im Fehlerfall auftritt."
[20]) „Berührungsspannung ist der Teil einer Fehler- oder Erderspannung, der vom Menschen überbrückt werden kann."

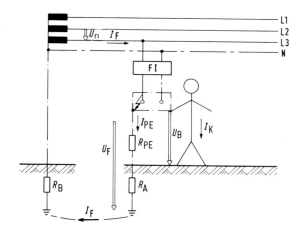

$I_F = I_{PE} + I_K$

R_B — Erdungswiderstand des Netzes

R_A — Erdungswiderstand der Verbraucheranlage

R_{PE} — Widerstand des Schutzleiters

Bild 7-23. Fehlerspannung U_F, Berührungsspannung U_B und Fehlerstrom I_F bei einem Körperschluß im TT-Netz

Für $R_B = 1\,\Omega$, $R_A = 10\,\Omega$ und $U_n = 380\,V$ ergibt sich eine Fehlerspannung $U_F = 200\,V$. Als Berührungsspannung ergibt sich mit $R_{PE} = 0,1\,\Omega$ der Wert $U_B = 1,98\,V$. Die gewählten Zahlenwerte orientieren sich an üblichen Größenordnungen in der Praxis.

Die Erdungswiderstände legen auch die Höhe des Fehlerstroms fest, der die Abschaltzeit der Schutzeinrichtung bestimmt. Der Fehlerstrom geht unter Vernachlässigung der Widerstände von Außen- und Schutzleiter hervor aus:

$$I_F = \frac{1}{R_B + R_A} \cdot \frac{U_n}{\sqrt{3}}$$

Mit den vorgenannten Zahlenwerten errechnet sich $I_F = 20\,A$. Bei diesem Fehlerstrom löst ein Fehlerstrom-Schutzschalter mit üblicherweise $I_{\Delta n} = 300\,mA$ natürlich aus – und zwar innerhalb der nach Teil 1 von DIN 57 664/VDE 0664 vorgeschriebenen Abschaltzeit von 0,2 s. Bei einer Leitungsschutzsicherung mit $I_n = 6\,A$ könnten bis zur Abschaltung bis zu 20 s vergehen. Bei höheren Erdungswiderständen fließen entsprechend niedrigere Fehlerströme. Das führt – insbesondere bei Überstromschutzeinrichtungen – zu längeren Abschaltzeiten oder gar zum Ausbleiben einer Abschaltung. Somit beeinflussen die Erdungswiderstände auch die Abschaltzeit der Schutzeinrichtung.

Die beispielhaft dargestellten Auswirkungen der Erdungsverhältnisse auf Berührungsspannung und Wirksamkeit der Schutzeinrichtugnen ergeben sich auch analog im TN- und IT-Netz. Deshalb gilt für alle Schutzmaßnahmen mit Abschaltung: Netzform und Schutzeinrichtungen müssen aufeinander abgestimmt werden.

7 < 6.1.1.2 > Die Bedeutung des Schutzleiters läßt sich anhand von **Bild 7-24** erläutern. Dort wird die gleiche Fehlerkonstellation wie in Abschnitt 7 < 6.1.1.1 > betrachtet – nur mit einem Unterschied: Der Schutzleiter wird vorschriftswidrig weggelassen. Damit fließt der gesamte Fehlerstrom über den menschlichen Körper. Anders als bei vorhandenem Schutzleiter wird der Feh-

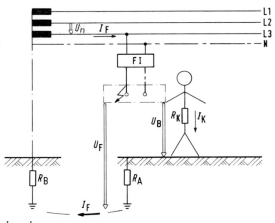

$I_F = I_K$
R_B — Erdungswiderstand des Netzes
R_A — Erdungswiderstand der Verbraucheranlage
R_K — Körperwiderstand des Menschen

Bild 7-24. Auswirkungen eines fehlenden Schutzleiters auf die Berührungsspannung U_B und den Fehlerstrom I_F

lerstrom I_F nicht mehr durch die beiden Erdungswiderstände, sondern in erster Linie durch den sehr viel größeren Körperwiderstand R_K begrenzt, der in der Größenordnung von 1 kΩ angenommen werden soll (Bild 4-6).

$$I_F = \frac{1}{R_K + R_A + R_B} \cdot \frac{U_n}{\sqrt{3}}$$

Ohne Schutzleiteranschluß ist die Fehlerspannung

$$U_F = \frac{R_K + R_A}{R_K + R_A + R_B} \cdot \frac{U_n}{\sqrt{3}}$$

und die Berührungsspannung

$$U_B = \frac{R_K}{R_K + R_A} \cdot U_F$$

Mit den Zahlenwerten des vorausgegangenen Abschnitts und einem Körperwiderstand von 1 kΩ errechnen sich $I_F = 218$ mA, $U_F = 219,8$ V und $U_B = 217,6$ V.

Das Weglassen des Schutzleiters führt zu einem Anstieg der Berührungsspannung von 1,98 V auf 217,6 V! Gleichzeitig sinkt der Fehlerstrom von 20 A auf 218 mA. Dabei würde selbst eine Fehlerstrom-Schutzeinrichtung mit dem üblichen Nennauslösestrom $I_{\Delta n} = 300$ mA je nach Fertigungstoleranz nicht unbedingt abschalten.

Aus diesem Beispiel werden die typischen Wirkungen des Schutzleiters deutlich:

– Verringerung der Berührungsspannung
– und Vergrößerung des Fehlerstroms auf Werte, welche die vorgesehene Schutzeinrichtung abschalten lassen.

Diese Wirkungen des Schutzleiters ergeben sich auch im TN- und IT-Netz. Und daher ist verständlich, weshalb Körper mit einem Schutzleiter verbunden werden müssen.

7 < 6.1.1.3 > Wie bei den Schutzmaßnahmen in den drei Netzformen jeweils gezeigt wird, ist die Höhe von Fehler- und Berührungsspannung in den einzelnen Netzformen unterschiedlich. Daher sind auch die Abschaltzeiten bei einem Körperschluß für jede Netzform unterschiedlich festgelegt.

7 < 6.1.1.4 > Warum der bisherige Wert 65 V für die dauernd zulässige Berührungsspannung auf 50 V für Wechselspannung und auf 120 V für Gleichspannung geändert worden ist, wurde schon in Abschnitt 4.3 erläutert.

7 < 6.1.2 > Hauptpotentialausgleich
Als Hauptpotentialausgleich wird der Potentialausgleich bezeichnet, der bisher allein durch VDE 0190/5.73 beschrieben wurde. Die Übernahme auch in die Normenreihe DIN 57 100/VDE 0100 betont die elementare Bedeutung des Hauptpotentialausgleichs für Schutzmaßnahmen durch Abschaltung oder Meldung. Seine Ausführung wird durch **Bild 7-25** veranschaulicht. Dabei sind jeweils die Leitungen der verschiedenen Versorgungssysteme, d. h. die Leitungen mit den größten Querschnitten, miteinander zu verbinden. Das kann in Wohngebäuden üblicherweise im Hausanschlußraum geschehen.
Der Hauptpotentialausgleich unterstützt die Wirkung von Schutzleitern; seine Grundidee wird in Abschnitt 8.3 näher beschrieben.
Fraglich ist oftmals, ob die metallenen Abwasserleitungen einzubeziehen sind. Hier unterbrechen Dichtringe unter Umständen die durchgehende metallische

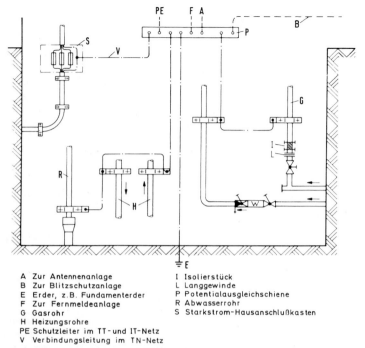

A   Zur Antennenanlage
B   Zur Blitzschutzanlage
E   Erder, z.B. Fundamenterder
F   Zur Fernmeldeanlage
G   Gasrohr
H   Heizungsrohre
PE Schutzleiter im TT-und IT-Netz
V   Verbindungsleitung im TN-Netz

I   Isolierstück
L   Langgewinde
P   Potentialausgleichschiene
R   Abwasserrohr
S   Starkstrom-Hausanschlußkasten

Bild 7-25. Ausführungsbeispiel für den Hauptpotentialausgleich

Leitfähigkeit. Wegen des geringen Mehraufwandes sollte man sie dennoch zweckmäßigerweise immer mit dem Hauptpotentialausgleich verbinden.
Schwierigkeiten bereitet oft auch die Anforderung „Metallteile der Gebäude-konstruktion, soweit möglich''. Bei einer sinngemäßen Interpretation muß be-rücksichtigt werden, daß es sich hier um ein Beispiel für den übergeordneten As-pekt „andere metallene Rohr**systeme**'' handelt, also um zusammenhängende Metallsysteme, die sich durch weite Bereiche eines Gebäudes ziehen. Demzu-folge fallen darunter z. B. das Führungsgerüst eines Aufzugs sowie die Stahlträ-ger bei Stahlskelettbauweise, wie sie häufig bei größeren Lager- und Fabrikhal-len anzutreffen ist. Nicht unter die Anforderung fällt die Armierung von Stahl-beton, da die durchgehende metallenen Verbindung und die Möglichkeit der Ein-beziehung nicht ohne weiteres gegeben sind.
Die Dimensionierung des Hauptpotentialausgleichs ist in Abschnitt 9 < 9 > im einzelnen beschrieben.

7 <6.1.3> Schutzmaßnahmen im TN-Netz

Die Schutzmaßnahmen im TN-Netz beruhen auf folgender Grundidee: Jeder Fehlerstrom wird über eine Leitung und nicht über das Erdreich zur Spannungsquelle zurückgeführt. Ein Körperschluß wird somit zu einem Kurzschluß mit einem entsprechend hohen Fehlerstrom. Dadurch können in den meisten Fällen so einfache Schutzeinrichtungen wie Sicherungen oder Leitungsschutzschalter die Aufgabe übernehmen, das fehlerhafte Betriebsmittel abzuschalten **(Bild 7-26)**. Gleichzeitig wird durch entsprechende Maßnahmen im Verteilungsnetz sichergestellt, daß von dort keine gefährlichen Fehlerspannungen in die Verbraucheranlage übertragen werden.

Schutzmaßnahmen im TN-C-S-Netz entsprechen der Schutzmaßnahme Nullung nach VDE 0100/5.73 § 10 bzw. im TN-S-Netz der Schutzmaßnahme Schutzerdung nach VDE 0100/5.73 § 9 b) 2, bei der innerhalb des Verteilungsnetzes das Wasserrohrnetz die Schutzleiterfunktion übernimmt.

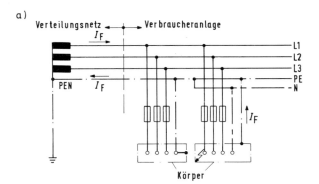

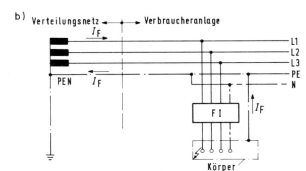

Bild 7-26. Weg des Fehlerstroms in einem TN-C-S-Netz
a) mit Sicherungen als Schutzeinrichtungen
b) mit FI-Schutzschalter als Schutzeinrichtung

84

7 < 6.1.3.1 > Im TN-Netz soll der Fehlerstrom infolge eines Körperschlusses zu einem Kurzschlußstrom werden. Dazu müssen Schutzleiter bzw. PEN-Leiter alle Körper unmittelbar mit der Stromquelle des Netzes verbinden. Üblicherweise ist als Verbindungspunkt der geerdete Punkt der Stromquelle zu wählen.

In Drehstrom-Niederspannungsverteilungsnetzen wird der Sternpunkt des speisenden Transformators zugänglich ausgeführt und dann auch geerdet (Bild 7-26). In anderen Fällen darf ein Außenleiter geerdet werden. Dies geschieht meistens in Drehstrom-Niederspannungsnetzen ohne Neutralleiter (Bild 7-27). Da ein Außenleiter in aller Regel mit höheren Strömen belastet wird als ein Neutralleiter, ist es nicht zulässig, den geerdeten Außenleiter und den Schutzleiter zu einem einzigen Leiter zusammenzufassen.

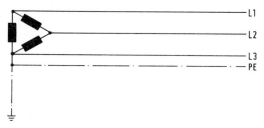

Bild 7-27. Geerdeter Punkt bei einem TN-Netz ohne Neutralleiter

Zusätzlich ist DIN 57 115/VDE 0115 „Bahnen" in folgenden Fällen zu berücksichtigen:
– Schutzmaßnahmen im TN-Netz werden für die Stromversorgung von Bahnen angewendet.
– Erdungseinrichtungen oder Schienen von Bahnen werden direkt mit dem PEN-Leiter bzw. Erder eines TN-Netzes verbunden.

7 < 6.1.3.2 >   In einem TN-Netz ist der Schutz- bzw. PEN-Leiter des Verteilungsnetzes über die angeschlossenen Körper von Betriebsmitteln indirekt berührbar. Daher muß im Falle eines Kurz- oder Erdschlusses im Verteilungsnetz die Fehlerspannung längs des Schutz- bzw. PEN-Leiters auf möglichst niedrige Werte begrenzt sein. Dazu ist die Erdung des Schutz- bzw. PEN-Leiters erforderlich. Im Hinblick auf einen Kurzschluß sind Erder an folgenden Punkten notwendig:
– In der Nähe jedes Transformators bzw. Generators.
– Zusätzlich an möglichst gleichmäßig verteilten Punkten.

Üblicherweise wird die zweite Bedingung schon durch Fundamenterder und natürliche Erder erfüllt, die über den Hauptpotentialausgleich in Verbraucheranlagen mit dem Schutz- bzw. PEN-Leiter verbunden sind. Lediglich in den selteneren Fällen, in denen durchweg nur nicht-metallische Rohrleitungssysteme in den

Verbraucheranlagen angewendet werden und andere Erder nicht vorhanden sind, müßten besondere Erder errichtet werden. In welchen Abständen längs des Schutz- bzw. PEN-Leiters das geschehen muß, liegt im Ermessen desjenigen, der für den Betrieb des Verteilungsnetzes verantwortlich ist. In der Regel verlassen sich die EVU heute auch nicht auf die zwangsläufigen Erder in den Verbraucheranlagen und errichten eigene, gleichmäßig verteilte Erder. Auf detaillierte Anforderungen für die gleichmäßige Verteilung wurde verzichtet, da keine streng physikalischen und gleichzeitig auch handhabbaren Prüfkriterien gefunden werden konnten.

Zur besseren Orientierung soll die grundlegende Problematik an einem sehr übersichtlichen Netz mit einem bzw. zwei Erdern dargestellt werden. Daran soll auch verdeutlicht werden, warum bei einem Körperschluß die Größe der Erdungswiderstände nahezu bedeutungslos und lediglich die gleichmäßige Verteilung längs des Schutz- bzw. PEN-Leiters wichtig ist. Wie deutlich die Erdungsverhältnisse die Fehlerspannung entlang eines PEN-Leiters im Kurzschlußfall beeinflussen, zeigt **Bild 7-28**. Außen- und PEN-Leiter sind querschnittsgleich angenommen. Dadurch beträgt der Spannungsfall längs des PEN-Leiters $0,5 \times U_0 = 110$ V und bei halbem PEN-Leiterquerschnitt $0,67 \times U_0 = 146,7$ V.

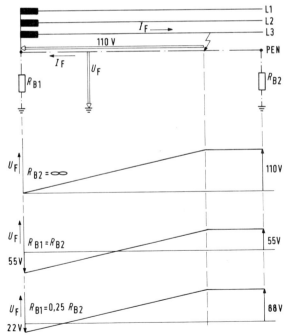

Bild 7-28. Verlauf der Fehlerspannung längs eines PEN-Leiters bei einem Körperschluß im Verteilungsnetz mit $U_n = 380$ V

In der Praxis wird jedoch üblicherweise darauf verzichtet, den PEN-Leiter mit reduziertem Querschnitt auszuführen. Deshalb sollen im weiteren die Verhältnisse bei querschnittsgleichem Außen- und PEN-Leiter betrachtet werden. Je nach Erdungsverhältnissen liegt die maximale Fehlerspannung zwischen 55 V und 110 V. Der günstigste Wert mit 55 V ergibt sich bei gleichen Erdungswiderständen. Je kleiner der Erdungswiderstand des Transformator-Sternpunktes im Vergleich zu den Widerständen der anderen Erder wird, desto mehr nähert sich die maximale Fehlerspannung 110 V. Damit ist es nicht sinnvoll, am Transformator-Sternpunkt einen möglichst guten Erdungswiderstand zu erzielen; zweckmäßig ist ein Wert etwa in der Höhe der anderen Erdungswiderstände. Auch bei Erdschluß eines Außenleiters ohne direkte Verbindung mit einem Schutz- oder PEN-Leiter kann eine deutliche Fehlerspannung am Schutz- bzw. PEN-Leiter auftreten. Sie geht einher mit einer Vergrößerung der Spannung zwischen den erdschlußfreien Außenleitern und dem idealen Erdpotential 0 V. Diese Spannungserhöhung wird nach Abschnitt 7 < 6.1.8 > auf Werte von etwa 250 V bei $U_n = 380$ V begrenzt. Das entspricht einer Fehlerspannung von 50 V am PEN-Leiter. Damit wird die Spannungsbegrenzung nach Abschnitt 7 < 6.1.8 > zu einem Bestandteil der Schutzmaßnahme bei indirektem Berühren im TN-Netz. Im Unterschied dazu fällt ihr im TT-Netz allein die Aufgabe zu, Betriebsmittel vor einer vorschnellen Alterung zu schützen. Wegen des Sicherheitsaspekts innerhalb des TN-Netzes soll die Spannungsbegrenzung nach Abschnitt 7 < 6.1.8 > schon hier im Zusammenhang mit den übrigen Erdungsbedingungen des TN-Netzes erläutert werden.

Der Gesamterdungswiderstand R_B eines Netzes und der Erdübergangswiderstand an der Erdschlußstelle R_E entscheiden neben der Nennspannung U_n über die Höhe von U_F (**Bild 7-29a**). Allgemein läßt sie sich bestimmen nach folgender Gleichung:

$$U_F = \frac{R_B}{R_B + R_E} \cdot \frac{U_n}{\sqrt{3}}$$

Als Auslegungskriterium für die Netzerdung wird vorgegeben: $U_F = 50$ V, damit auch im ungünstigsten Fall die maximal zulässige Berührungsspannung von 50 V nicht überschritten werden kann. Diese Bedingung ist bei beliebigen Werten von R_E und R_B erfüllt, wenn das Verhältnis

$$\frac{R_E}{R_B} \geq 3,4 \text{ für } U_n = 380 \text{ V}$$

eingehalten ist. Im Hinblick auf den kleinsten zu erwartenden Erdübergangswiderstand an der Erdschlußstelle wird ein Gesamterdungswiderstand des Netzes von $R_B \leq 2 \ \Omega$, für ausreichend angesehen. Damit können Erdübergangswiderstände $R_E \leq 6,8 \ \Omega$ keine unzulässigen Fehlerspannungen am PEN-Leiter hervorrufen. Das Erdschlüsse mit kleineren Erdübergangswiderständen kaum denkbar

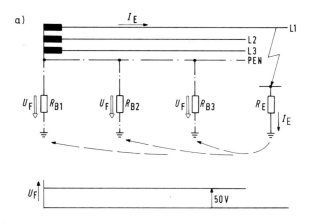

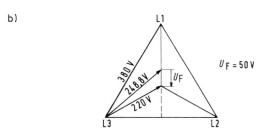

Bild 7-29. Erdschluß eines Außenleiters im TN-Netz
a) Fehlerspannung U_F am PEN-Leiter
b) Fehlerspannung U_F und Spannungserhöhung zwischen erschlußfreien Außenleitern und Erde im Zeigerdiagramm

sind, machen die Aufwendungen für einen Erder dieser Güte leicht plausiblel. Er entspricht etwa dem Erdungswiderstand eines Fundamenterders für ein Einfamilienhaus. Erder dieser Güte sind aber immer über den Hauptpotentialausgleich oder auf andere Weise direkt mit dem PEN-Leiter verbunden. Somit sind Erdschlüsse zu diesen Erdern gleichzeitig auch immer Kurzschlüsse zum PEN-Leiter, bei denen es nur auf gleichmäßige Verteilung der Netzerder ankommt. Beispiele für niederohmige Erder ohne direkte Verbindung zum PEN-Leiter lassen sich so gut wie gar nicht finden; denn selbst Metallzäune dürften durch ihre Pfähle in aller Regel nicht $R_E < 6{,}8\,\Omega$ erreichen.
Erdschlüsse mit $R_E < 6{,}8\,\Omega$ sind also nur in extremen Sonderfällen denkbar. Dann steigt die Fehlerspannung am PEN-Leiter auf Werte über 50 V; das auch nur, wenn der Gesamtwiderstand der Netzerdung gerade der Grenzbedingung

von 2 Ω entspricht. Die Berührungsspannung in den Verbraucheranlagen, die von dem erdschlußbehafteten Niederspannungsnetz versorgt werden, dürfte jedoch auch dann meistens deutlich unter 50 V liegen. Dafür sorgt der Hauptpotentialausgleich. Damit darf man es auch als bedeutungslos ansehen, daß man bisher auf der Basis einer zulässigen Berührungsspannung von 65 V als Grenzbedingung für R_E den Wert 5 Ω statt nunmehr 6,8 Ω angesetzt hat. Der Gesamterdungswiderstand von 500 V - oder 660 V -Netzen muß ebenfalls im Hinblick auf die Fehlerspannung am Schutz- bzw. PEN-Leiter betrachtet werden. Auch hier gelten 2Ω als ausreichend. Dieses Zugeständnis konnte wegen der besonderen Verhältnisse in derartigen Netzen gemacht werden. Charakteristisch für ihre Einsatzbedingungen sind fast durchweg größere Produktionsstätten. Dort ist durch vielfältige Rohrleitungssysteme und durch den üblichen Stahlskelettbau ein wirkungsvollerer Potentialausgleich als in den üblichen öffentlichen Verteilungsnetzen mit U_n = 380 V gegeben.

7 < 6.1.3.3 > Im vorausgegangenen Abschnitt war die Fehlerspannung im Kurzschlußfall innerhalb des TN-Netzes abgeschätzt worden; je nach Erdungsverhältnissesn ist mit 55 V bis 110 V bei U_n= 380 V zu rechnen. Diese Fehlerspannungen können sowohl bei einem Körperschluß innerhalb einer Verbraucheranlage als auch im Verteilungsnetz entstehen. Genaugenommen muß sich die Abschaltzeit der Schutzeinrichtung nach der zu erwartenden Berührungsspannung U_B richten. Wie sich in einer Verbraucheranlage im TN-Netz die zu erwartende Berührungsspannung von der Fehlerspannung unterscheidet, zeigt im Prinzip **Bild 7-30**. Die Berührungsspannung U_B ist identisch mit dem Spannungsfall am Schutz- bzw. PEN-Leiter, der zwischen körperschlußbehaftetem Verbrauchsmittel und Anschlußpunkt des Hauptpotentialausgleichs entsteht. Als Planungskriterium läßt sie sich nur schwer handhaben, da sie sich mit Änderung der Netzimpedanz und der Erdungswiderstände ebenfalls ändert. Erschwerend kommt hinzu, daß die Berührungsspannung in einer Verbraucheranlage um so größer wird, je kleiner die Netzimpedanz z. B. durch Verstärkung des Netzes wird. Alle Kriterien sind nur bei großem Planungsaufwand exakt zu berücksichtigen. Daher wurde ein leichter handhabbares Abschaltkriterium vereinbart: Die Abschaltzeit. Sie tritt an die Stelle der k-Faktoren aus VDE 0100/5.73[21]). Innerhalb von Verbraucheranlagen wurden – unabhängig von der Nennspannung – folgende Abschaltzeiten in Anlehnung an den Verlauf der Flimmerschwelle nach Bild 4-1 festgelegt:
– Höchstens 0,2 s für Stromkreise bis 35 A mit Steckdosen. Hier kommen so gut wie immer ortsveränderliche Betriebsmittel der Schutzklasse I vor, die während des Betriebs üblicherweise **dauernd** in der Hand gehalten werden.
– Höchstens 0,2 s auch in allen anderen Stromkreisen mit Betriebsmitteln der Schutzklasse I, sofern sie während des Betriebs **dauernd** in der Hand gehal-

[21] Der k-Faktor in VDE 0100/5.73 bezeichnete ein Vielfaches vom Nennstrom einer Überstromschutzeinrichtung und bestimmte damit mittelbar eine Abschaltzeit. Im Unterschied dazu gibt der Materialbeiwert k in der Normenreihe DIN 57 100/VDE 0100 die Eigenschaften eines Leiters an.

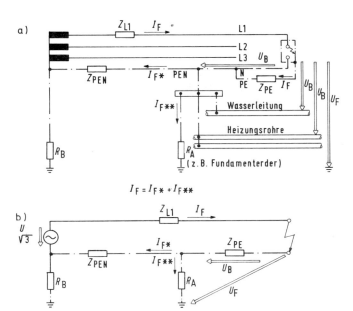

Z_{L1} Außenleiterimpedanz zwischen Transformator und körperschlußbehafteten Verbrauchsmittel

Z_{PEN} PEN-Leiterimpedanz zwischen Transformator und Anschlußpunkt des Hauptpotentialausgleichs

Z_{PE} Impedanz des PEN- bzw. Schutzleiters zwischen Anschlußpunkt des Hauptpotentialausgleichs und fehlerhaftem Verbrauchsmittel

R_A Erdungswiderstand an der Hauptpotentialausgleichsschiene

Bild 7-30. Berührungsspannung durch Körperschluß in einer Verbraucheranlage innerhalb des TN-C-S-Netzes
a) Prinzipdarstellung
b) Ersatzschaltbild

ten werden, wie z. B. der Steuerschalter eines Krans (Steuerbirne) oder Betätigungselemente einer Werkzeugmaschine.

– Höchstens 5 s in allen anderen Stromkreisen, also solche mit Betriebsmitteln,
die allenfalls **vorübergehend** während des Betriebs in der Hand gehalten werden.

Streng genommen besteht im dritten Fall innerhalb der 5 s kein Schutz bei indirektem Berühren, sofern die Berührungsspannung überhaupt deutlich über
50 V liegt. Hier handelt es sich jedoch nur um Betriebsmittel, die während des
Betriebs kaum berührt oder gar fest in der Hand gehalten werden. Daher ist die
Wahrscheinlichkeit dafür, daß Körperschluß und Berührung des fehlerhaften

Gerätes zusammenfallen, sehr gering anzusetzen. So konnte diese längere Abschaltzeit vereinbart werden. Dies um so mehr, wenn man die Erfahrungen mit den bisherigen k-Faktoren berücksichtigt, an deren Stelle die jetzt festgelegten Abschaltzeiten getreten sind. Schließlich entsprachen die k-Faktoren für Verbraucheranlagen Abschaltzeiten bis zu 40 s.

Die bisherige Betrachtung der Abschaltzeiten war an eine Bedingung gebunden: Der Körperschluß liegt innerhalb der betrachteten Verbraucheranlage. Davon hängt die Höhe der Berührungsspannung ganz entscheidend ab. Bei einem Körperschluß innerhalb des Verteilungsnetzes oder auch einer anderen Verbraucheranlage kann in den angeschlossenen Verbraucheranlagen $U_B \simeq 0$ V angesetzt werden, da der Hauptpotentialausgleich die möglichen Standorte innerhalb der Verbraucheranlage auf das Potential der Fehlerspannung anhebt und innerhalb der Verbraucheranlage kein Spannungsfall am PEN- bzw. PE-Leiter durch den Fehlerstrom entsteht **(Bild 7-31)**. Daraus wird verständlich, warum

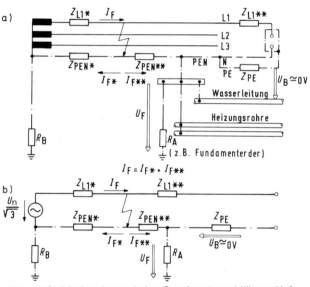

Z_{L1*} – Außenleiterimpedanz zwischen Transformator und Körperschlußstelle im Netz

Z_{L1**} – Außenleiterimpedanz zwischen Körperschlußstelle im Netz und einem Verbrauchsmittel in einer Verbraucheranlage

Z_{PEN**} – PEN-Leiterimpedanz zwischen Körperschlußstelle und Anschlußstelle des Hauptpotentialausgleichs

Z_{PEN*} – PEN-Leiterimpedanz zwischen Transformator und Körperschlußstelle im Netz

Bild 7-31. Berührungsspannung in einer Verbraucheranlage bei Körperschluß in einem TN-Netz
a) Prinzipdarstellung
b) Ersatzschaltbild

Tabelle 7-1. Mindest-Stromwerte und zugehörige Abschaltzeiten bei Abschaltung im Überlastbereich

Überstrom-schutzeinrichtung	Nennstrombereich			Überlast-abschaltung bei	Abschalt-zeit
Leitungsschutzschalter Typ L, U			bis 4 A	$2,1 \times I_n$	
	6	A	10A	$1,9 \times I_n$	
	12	A	25 A	$1,75 \times I_n$	
	32	A	63 A	$1,6 \times I_n$	$< 1\,h$
Leitungsschutzschalter Typ G	0,5 A		32 A	$1,35 \times I_n$	
Leitungsschutzschalter Typ K	0,5 A		63A	$1,2 \times I_n$	$< 2\,h$
gL-Sicherung			bis 4 A	$2,1 \times I_n$	
	6	A	10 A	$1,9 \times I_n$	
	16	A	25 A	$1,75 \times I_n$	$< 1\,h$
	32	A	63 A	$1,6 \times I_n$	
	80	A	160 A	$1,6 \times I_n$	$< 2\,h$
	200	A	400 A	$1,6 \times I_n$	$< 3\,h$
			über 400 A	$1,6 \times I_n$	$< 4\,h$
Leistungsschalter nach VDE 0660				$1,2 \times I_e$ [1]	$< 2\,h$

[1] I_e – Einstellstrom (einstellbarer Nennstrom)

die Abschaltzeit von Schutzeinrichtungen im TN-Netz zwischen Transformator und Anschlußstelle des Hauptpotentialausgleichs einer Verbraucheranlage von untergeordneter Bedeutung ist. Man wollte jedoch nicht alle aus der Theorie im CENELEC-Harmonisierungsdokument ableitbaren Möglichkeiten ausschöpfen und völlig auf eine Abschaltung verzichten. Deshalb vereinbarte man eine Abschaltzeit, wie sie für den Überlastbereich von Überstromschutzeinrichtungen festgelegt ist (siehe **Tabelle 7-1**); diese Zeit wird durch den großen Prüfstrom bestimmt.
Welche Mindestabschaltzeiten an den verschiedenen Stellen innerhalb eines TN-Netzes einzuhalten sind, zeigt das Beispiel im **Bild 7-32**. Dabei wurden auch für die Verbindungsleitungen zwischen Hausanschlußkasten und Zähler sowie zwischen Zähler und Stromkreisverteiler die Abschaltzeiten für das Verteilungsnetz angesetzt. Für Hauptstromversorgungssysteme nach DIN 18 015 Teil 1 wird dies durch den Normentext ausdrücklich zugelassen, soweit sie schutzisoliert ausgeführt werden. Nach DIN 18 015 Teil 1 gelten als Hauptstromversorgungssystem[22] aber nur die Hauptleitungen und Betriebsmittel zwischen der

[22] Nach DIN 18 015 Teil 1 gilt:
„Das Hauptstromversorgungssystem ist die Zusammenfassung aller Hauptleitungen und Betriebsmittel hinter der Übergabestelle des Elektrizitätsversorgungsunternehmens (EVU), die nicht gemessene elektrische Energie führen".

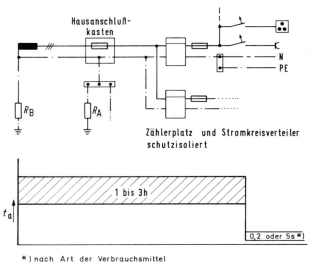

Bild 7-32. Höchstzulässige Abschaltzeiten in einem TN-Netz (einpolige Darstellung)

Übergabestelle (Hausanschlußkasten) des EVU und der Zähleranlage. Unter den Begriff Hauptstromversorgungssystem fallen also nicht mehr die Verbindungsleitungen zwischen Zähleranlage und Stromkreisverteiler. Dennoch können auch sie wie Hauptstromversorgungssysteme behandelt und auch für sie die Abschaltzeiten des Verteilungsnetzes angesetzt werden, wenn sie sowie der Stromkreisverteiler schutzisoliert ausgeführt sind.

Ein Körperschluß braucht bei den schutzisolierten Betriebsmitteln nicht berücksichtigt zu werden. Anders wäre es z. B. bei einem Stromkreisverteiler der Schutzklasse I. In einem solchen Fall müßte die vorgeschaltete Sicherung innerhalb von 5 s abschalten.

In Verteilungsnetzen kommen hauptsächlich Sicherungen mit einem Nennstrom von mehr als 32 A zum Einsatz, deren großer Prüfstrom 1,6 I_n beträgt. Die Abschaltbedingung im Verteilungsnetz ist also immer dann erfüllt, wenn an der ungünstigsten Stelle bei einem vollkommenen Kurzschluß zwischen Außenleiter und PEN-Leiter noch der 1,6fache Nennstrom der vorgeschalteten Sicherung fließt.

Die geforderten Abschaltzeiten werden bei Anwendung von Überstromschutzeinrichtungen nur erreicht, wenn im Fall des Körper- bzw. Kurzschlusses ein Mehrfaches des Nennstroms fließt. Die Höhe des notwendigen Fehler- bzw. Kurzschlußstroms richtet sich nach der geforderten Abschaltzeit und der Art der Schutzeinrichtung. Ob der erforderliche Strom im Fall eines Körperschlusses fließt, läßt sich anhand der Schleifenimpedanz Z_s beurteilen, die für den kleinsten vollkommenen Kurzschlußstrom maßgebend ist. In aller Regel ist dies die

Impedanz zwischen Stromquelle und dem Ende des betrachteten Stromkreises beim einpoligen Kurzschluß. Nur in unmittelbarer Transformatornähe ist jedoch wegen der dann dominierenden Impedanz des Transformators mit dem dreipoligen Kurzschlußstrom zu rechnen. Damit der jeweils erforderliche Strom I_a im Falle eines Körperschlusses fließt, darf die Schleifenimpedanz folgenden Höchstwert nicht überschreiten:

$$Z_s \leq \frac{U_n}{\sqrt{3} \cdot I_a}$$

Der Strom I_a läßt sich auch als Sonderfall des Fehlerstroms I_F verstehen. Er gibt die Mindestgröße des Fehlerstroms an, die zur Einhaltung der Abschaltzeiten durch die Schutzeinrichtungen erforderlich ist.
Die Messung der Schleifenimpedanz ist mit den üblichen Meßgeräten nach Teil 3 von DIN 57 413/VDE 0413 in vielen Fällen nicht unmittelbar möglich, weil nur der Schleifenwiderstand angezeigt wird. Daraus läßt sich bei vernachlässigbarer Transformatorimpedanz der zugehörige Wert der Schleifenimpedanz auf folgende Weise ermitteln:
– Im Kabelnetz: Die Schleifenimpedanz und der Schleifenwiderstand sind so gut wie identisch.
– Im Freileitungsnetz: Die Schleifenimpedanz kann pauschal als der 1,12fache[23] Schleifenwiderstand angesetzt werden.
Meistens wird man die Einhaltung der vorgenannten Gleichung zweckmäßigerweise mit Hilfe der Nomogramme und Tabellen im Anhang zu Teil 430 von DIN 57 100/VDE 0100 überprüfen. Sie geben höchstzulässige Leitungslängen in Abhängigkeit der Schleifenimpedanz am Anschlußpunkt der Leitung an.
Als Abschaltzeit ist dort allgemein 5 s oder weniger zugrundegelegt, so daß man bei einer geforderten Abschaltzeit von 5 s immer auf der sicheren Seite liegt. Bei einer geforderten Abschaltzeit von 0,2 s können lediglich die Nomogramme für Leitungsschutzschalter verwendet werden, die nur für die L-Charakteristik gelten. Bei diesen ist eine Abschaltzeit von 0,1 s angesetzt. Diese Abschaltzeit ist als einzige im fraglichen Zeitbereich durch DIN 57 641/VDE 0641 festgelegt. In der Hausinstallation werden die Stromkreise, in denen die Abschaltzeit von 0,2 s gefordert ist, üblicherweise mit Leitungsschutzschaltern der L-Charakteristik geschützt sein, so daß man fast immer mit diesen Nomogrammen auskommt. Für Leitungsschutzschalter mit anderen Auslösecharakteristika wie Z, G, U, K kann das Nomogramm nach **Bild 7-33** angewendet werden.
Damit sind in der Regel alle Angaben über höchstzulässige Leitungslängen für den Bereich der Hausinstallation aus Teil 430 von DIN 57 100/VDE 0100 zu entnehmen[24].

---

[23] Der Umrechnungsfaktor ergibt sich daraus, daß der induktive Anteil der Schleifenimpedanz etwa halb so groß ist wie ihr ohmscher Anteil.
[24] Siehe detaillierte Erläuterungen in Heft 32 dieser Schriftenreihe.

NOMOGRAMM ZUR ERMITTLUNG DER
HÖCHSTZULÄSSIGEN LEITUNGS- BZW.
KABELLÄNGEN BEI KURZSCHLÜSSEN IN
380/220 V NETZEN FÜR LS-SCHALTER
UND PVC-ISOLIERTEN LEITERN BIS
16 mm² Cu

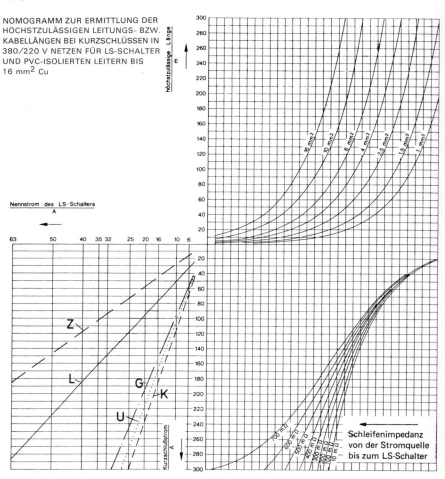

Bild 7-33. Nomogramm für LS-Schalter verschiedener Auslösecharakteristika in Anlehnung an Teil 430 von DIN 57 100/VDE 0100

In den wenigen Fällen, in denen wegen eines zu niedrigen Kurzschlußstromes die Abschaltzeit von 0,2 s bzw. 5 s nicht mit einer Überstromschutzeinrichtung erreicht werden kann, ist für die Erfüllung der Abschaltbedingungen die Anwendung einer Fehlerstrom-Schutzeinrichtung zusätzlich zu den zum Überstromschutz erforderlichen Sicherungen oder Leitungsschutzschaltern zweckmäßig. Für sie gilt:

$$Z_s \le \frac{U_n}{\sqrt{3} \cdot I_{\Delta n}}$$

Selbst mit dem größten üblichen Nennauslösestrom $I_{\Delta n} = 1$ A wird diese Bedingung immer erfüllt sein; theoretisch dürfte die Schleifenimpedanz Werte bis zu 220 Ω annehmen.
Um eine Abschaltzeit von 0,2 s einhalten zu können, wird für kleine Sicherungen etwa der 10fache, für eine 200-A-Sicherung schon der 15fache Nennstrom benötigt. Eine Abschaltzeit von 5 s erfordert bei kleineren Sicherungen Fehlerströme vom ungefähr 5fachen des Sicherungsnennstroms; bei den größten Nennstromwerten wird ein Fehlerstrom bis etwa zum 10fachen notwendig.
Bei Leitungsschutzschaltern lassen sich wegen des elektromagnetischen Auslösebereiches die Stromwerte nicht unterscheiden, für die nach DIN 57 641/VDE 0641 eine Auslösung innerhalb von 0,2 bzw. 5 s erfolgt. In beiden Fällen ist deshalb für Leitungsschutzschalter des Typs L statt wie bisher der 3,5fache in Zukunft der etwa 5fache Nennstrom anzusetzen.
Die Anforderungen sind für den Einsatz von Sicherungen auf dem Papier erheblich verschärft worden. Bei kleinen Nennstromstärken sind jedoch in der Praxis auch für Sicherungen keine Schwierigkeiten zu erwarten, da in den vergangenen Jahrzehnten die Leistungsfähigkeit der Netze erheblich gewachsen ist. In einem mit 16 A abgesicherten Licht- und Steckdosenstromkreis (geforderte Abschaltzeit 0,2 s) oder einem mit 35 A abgesicherten Stromkreis für einen Durchlauferhitzer (geforderte Abschaltzeit 5 s) reichen noch 180 A Kurzschlußstrom am Stromkreisende aus. Und selbst, wenn diese 180 A in der Praxis ausnahmsweise einmal nicht auftreten, kommt man bei Abschaltzeiten von 0,2 s üblicherweise mit einem Leitungsschutzschalter zurecht. So reicht für einen Leitungsschutzschalter Typ L mit $I_N = 16$ A bereits ein Kurzschlußstrom von 78,4 A gegenüber 150 A bei einer nennstromgleichen Sicherung. In jedem Fall wird man aber die Abschaltbedingungen mit einer Fehlerstrom-Schutzeinrichtung erfüllen können.
Damit wird deutlich, daß die Abschaltzeiten nach Teil 410 von DIN 57 100/VDE 0100 nicht unbedingt schwerer als bisher die k-Faktoren 2,5 und 3,5 erfüllbar sind.
Den Einsatz einer Fehlerstrom-Schutzeinrichtung im TN-Netz zeigt Bild 7-26 b. In Analogie zur bisher praktizierten FI-Schutzschaltung nach VDE 0100/5.73 § 13 erkennt man, daß der PEN- bzw. Schutzleiter des TN-Netzes die Aufgabe eines Anlagenerders übernommen hat und den Fehlerstrom führt. Der Anlagenerder wird damit überflüssig. Soweit er vorhanden ist, muß er mit dem PEN-Leiter verbunden sein.
Mit der Möglichkeit, Fehlerstrom-Schutzeinrichtungen im TN-Netz einzusetzen, wird die schon häufig praktizierte sogenannte „FI-Nullung", auch als „schnelle Nullung" bezeichnet, generell in der Normenreihe DIN 57 100/VDE 0100 verankert. Natürlich kann eine Fehlerstrom-Schutzeinrichtung nur in Bereichen mit getrenntem Neutral- und PE-Leiter eingesetzt werden.
Gegenüber der bisherigen Praxis in der Bundesrepublik Deutschland völlig neurartig ist der zusätzliche Potentialausgleich. Er bietet eine weitere Möglichkeit für den Fall, daß die Abschaltzeit mit Überstromschutzeinrichtungen nicht er-

96

reicht werden kann. Da dies mit Fehlerstrom-Schutzeinrichtungen aber immer realisierbar ist, muß man dieser Möglichkeit mehr theoretische Bedeutung beimessen. Dies wird offensichtlich, wenn man sich die notwendigen, umfangreichen Maßnahmen nach Abschnitt 7 < 6.1.6 > vor Augen hält.

7.6.1.3.3.1 Niederspannungsverteilungsnetze der Elektrizitätsversorgungsunternehmen

Die Elektrizitätsversorgungsunternehmen (EVU) haben bis heute in einem großen Teil ihrer Niederspannungsversorgungsnetze die Anwendung der Schutzmaßnahme Nullung noch nicht zugelassen. Dies wurde damit begründet, daß entweder die Erdungsbedingungen in Ausläufernetzen oder aber die Abschaltbedingungen von 2,5 x I_N nach VDE 0100/5.73 § 10 nicht erfüllt waren.
Mit Teil 410 von DIN 57 100/VDE 0100 sind die Erdungs- und Abschaltbedingungen in Verteilungsnetzen für die Schutzmaßnahme Nullung (in der aktuellen Sprachregelung innerhalb des TN-Netzes) abgeschwächt worden. Daher könnten jetzt praktisch alle geerdeten EVU-Netze ohne zusätzlichen oder mit nur minimalen Aufwand zu TN-Netzen erklärt werden. Dazu müßte allenfalls in einigen Verbraucheranlagen der schon seit Jahren vorgeschriebene Hauptpotentialausgleich mit dem bisherigen Neutralleiter verbunden werden. Damit wären dann die Anforderungen der Abschnitte 7 < 6.1.3.1 > bis 7 < 6.1.3.3 > im Grunde automatisch erfüllt.
Schon heute müssen alle Niederspannungsverteilungsnetze gemäß VDE 0100/5.73 § 15 einen Erdungswiderstand von höchstens 2 Ω erreichen. Diese Bedingung darf mit nur einem Erder in der Nähe der Stromquelle erreicht werden; in der Praxis dürfte das allerdings nur sehr selten gelingen. Daher wurden auch schon bisher in einem geerdeten, nicht „genullten" Netz mehrere Erder längs des Neutralleiters erforderlich, so daß üblicherweise die Forderung nach möglichst gleichmäßig verteilten Erdern im TN-Netz erfüllt ist. Lediglich in den wenigen Fällen, in denen die geforderten 2 Ω mit einem einzigen Erder verwirklicht wurden, wäre es wünschenswert, den bisherigen Neutralleiter durch Verbindung mit dem Hauptpotentialausgleich von einigen Verbraucheranlagen zusätzlich zu erden. So entstände dann auch die Erdung an möglichst gleichmäßig verteilten Punkten, wie sie für einen PEN-Leiter empfohlen wird. Dazu wäre es in jedem Fall ausreichend, wenn diese Verbindung zum Hauptpotentialausgleich in einem Teil aller Verbraucheranlagen ausgeführt wird.
Falls ein TT-Netz wie dargestellt zu einem TN-Netz erklärt wird, kommt es dadurch zu einer Mischung eines TN-Verteilungsnetzes mit bestehenden Verbraucheranlagen nach dem TT-System. Wie Abschnitt 7.6.1.3.3.2 im ersten Absatz zeigt, sind dadurch jedoch keine Gefahren zu erwarten.
Die neuen Abschaltzeiten für Verbraucheranlagen von 0,2 s bzw. 5 s wird der Errichter, wenn nicht mit Sicherungen oder Leitungsschutzschaltern, doch immer mit Fehlerstrom-Schutzeinrichtungen verwirklichen können. Die Abschaltbedingungen von 1,6 x I_n für Sicherungen im Verteilungsnetz wird in der Regel schon erfüllt sein.

Die generelle Einführung des TN-Netzes würde auch bei Verwendung von Fehlerstrom-Schutzeinrichtungen sinnvoll sein. Im TN-Netz wird der Fehlerstrom
durch die Verbindung des Schutzleiters mit dem PEN-Leiter immer so groß, daß
bei einem eventuellen Versagen des Fehlerstrom-Schutzschalters noch Leitungsschutzschalter bzw. Sicherungen ansprechen, die zum Überstromschutz
ohnehin vorzusehen sind (siehe Abschnitt 7 < 6.1.3.4 >).

7.6.1.3.3.2 Nachteilige Beeinflussung verschiedener Schutzmaßnahmen

Bisher war es nicht zulässig, innerhalb eines genullten Netzes für ein einzelnes
Verbrauchsmittel oder eine Verbraucheranlage die Schutzmaßnahme Schutzerdung anzuwenden. Mit den neuen Begriffen würde das bedeuten: In einem TN-
Netz wird eine Verbraucheranlage als TT-Netz behandelt; dabei werden Über-
stromschutzorgane als Schutzeinrichtungen eingesetzt. Bei dieser Kombination
könnte dann eine Gefahr entstehen, wenn der Erdungswiderstand für den TT-
Netzteil R_A deutlich niedriger als R_B des gesamten TN-Netzes ist **(Bild 7-34)**.

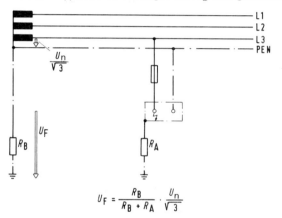

$$U_F = \frac{R_B}{R_B + R_A} \cdot \frac{U_n}{\sqrt{3}}$$

Bild 7-34. Fehlerspannung am PEN-Leiter durch einen TT-Netzbereich innerhalb eines
TN-Netzes

Nimmt man beispielsweise Werte von nur 1 Ω für R_A und 2 Ω für R_B an, so entsteht beim Körperschluß in der Verbraucheranlage am PEN-Leiter eine Fehlerspannung von 146,7 V. Berücksichtigt man den Hauptpotentialausgleich in allen Verbraucheranlagen und die gegenüber VDE 0100/5.73 verkürzte Abschaltzeit, so ist verständlich, warum die dargestellte Kombination von TN- und
TT-Netz nicht mehr als gefährlich eingestuft wird. Außerdem wird R_A meist größer als R_B sein. Deshalb ist auch der entsprechende Hinweis aus
VDE 0100/5.73 nicht mehr in die Neufassung übernommen worden.
Eine nachteilige Beeinflussung verschiedener Schutzmaßnahmen muß auch für
folgende Situationen untersucht werden: Innerhalb eines TN-Netzes, das für

Schutzmaßnahmen mit höchstzulässigen Berührungsspannungen von 50 V geeignet ist, liegt eine landwirtschaftliche Betriebsstätte, für die 25 V als dauerndzulässige Berührungsspannung gilt. Dort könnten unter ungünstigen Umständen alle leitfähigen Teile, die in den Hauptpotentialausgleich einbezogen sind, die höchste Fehlerspannung eines PEN-Leiters vom Versorgungsnetz annehmen[25]. Diese Fehlerspannung kann durch die Wasserleitung oder andere metallische Rohrleitungssysteme auch in die landwirtschaftliche Betriebsstätte übertragen werden, selbst wenn diese Betriebsstätte durch Anwendung einer Fehlerstrom-Schutzeinrichtung innerhalb ihres TT-Netzteils geschützt ist. Schließlich ist der PEN-Leiter in jeder anderen Hausinstallation innerhalb des TN-Netzes über den Hauptpotentialausgleich mit dem Wasserleitungssystem verbunden. Innerhalb des Potentialausgleichs der landwirtschaftlichen Betriebsstätte werden trotzdem keine Probleme entstehen. Lediglich wenn die Tiere den Wirkungsbereich des Hauptpotentialausgleichs verlassen, ist eine zu hohe Schrittspannung möglich.

Die mögliche Fehlerspannung wird beeinflußt von der Entfernung zwischen Ort des Körperschlusses im TN-Netz und der landwirtschaftlichen Betriebsstätte; physikalisch genauer: In erster Linie vom Verhältnis der Widerstände von PEN-Leiter, metallischem Rohrleitungssystem und ihrer Erder. Daran entscheidet sich, wie deutlich die übertragene Fehlerspannung unter 110 V liegt. Der ungünstigste Fall tritt auf, wenn der Körperschluß in der Verbraucheranlage des TN-Netzes auftritt, die am nächsten zur landwirtschaftlichen Betriebsstätte gelegen ist. In diesem Zusammenhang stellt sich die Frage, wie groß die Entfernung zwischen beiden betrachteten Anlagen mindestens sein muß, damit keine gefährliche Fehlerspannung übertragen werden kann. Da sich in der Praxis ein physikalisch exaktes Kriterium nur schlecht handhaben läßt, geht Teil 705 von DIN 57 100/VDE 0100 einen pragmatischen Weg und gibt für die notwendige Entfernung zwischen einer landwirtschaftlichen Betriebsstätte und der nächsten Verbraucheranlage des TN-Netzes folgendes Orientierungsmerkmal an:

Die Verbraucheranlage darf sich nicht **im angrenzenden Bereich** einer landwirtschaftlichen Betriebsstätte befinden, wenn sie über metallisch leitende Teile wie Konstruktionsteile, Rohrleitungen, Einrichtungsgegenstände **unmittelbar** miteinander verbunden sind.

Dieses Kriterium läßt sich anwendungsbezogen pauschal so formulieren: Alle Verbraucheranlagen, die sich mit einer landwirtschaftlichen Betriebsstätte unter einem Dach befinden, müssen bei Versorgung über ein geerdetes Netz als TT-Netz mit Fehlerstrom-Schutzeinrichtung ausgeführt werden. Bei einem landwirtschaftlich genutzten Anwesen mit unterschiedlichen Gebäuden für Wohn- und Wirtschaftsbereich darf somit die elektrische Anlage im Wohnbereich als TN-Netz ausgeführt werden.

---

[25] Dies gilt nur für landwirtschaftliche Betriebsstätten, die schon nach Teil 705 von DIN 57 100/VDE 0100 ausgeführt sind. Hier ist die bisher übliche Isoliermuffe in Wasserleitungen durch einen Potentialausgleich ersetzt.

Auch für medizinisch genutzte Räume ist mit 24 V nach
DIN 57 107/VDE 0107 ein niedrigerer Grenzwert als 50 V für die dauerndzulässige Fehlerspannung festgelegt, die bei Auslegung eines Erders für eine Fehlerstrom-Schutzeinrichtung zu beachten ist. Dieser geringere Grenzwert ist im
Hinblick auf den oftmals deutlich niedrigeren Körperwiderstand bei der medizinischen Behandlung festgelegt worden. So kann man die isolierende Wirkung
von Schuhwerk nicht voraussetzen; ebenso führt die psychische Anspannung
bei einer Untersuchung oftmals zu einer erhöhten Transpiration und damit zu
kleineren Widerständen der Haut. Der niedrigere Grenzwert der dauerndzulässigen Fehlerspannung von 24 V ist also in erster Linie auf die höhere Stromempfindlichkeit von Patienten während der medizinischen Behandlung zurückzuführen. Da im Behandlungsbereich alle berührbaren leitfähigen Teile nach
DIN 57 107/VDE 0107 zum besonderen Potentialausgleich zusammengeschlossen sind, können Fehlerspannungen, die von außen in den Behandlungsbereich übertragen werden, keine unzulässigen Berührungsspannungen erzeugen. An der Grenze zum Wirkungsbereich des besonderen Potentialausgleichs
ist wie in landwirtschaftlichen Betriebsstätten mit der größten Berührungsspannung zu rechnen. Zumindest bei Arztpraxen für ambulante Behandlung ist dieser
Fall als unkritisch einzustufen; denn nach abgeschlossener Behandlung können
wieder die gleichen Voraussetzungen angesetzt werden, die zur Festlegung einer zulässigen Fehlerspannung von 50 V geführt haben. Daher darf man in elektrischen Anlagen von derartigen Arztpraxen die erforderliche Fehlerstrom-
Schutzeinrichtung mit $I_{\Delta n} \leq$ 30 mA nach den Bedingungen des TN- oder TT-
Netzes behandeln.

7 < 6.1.3.4 > Fehlerspannungs(FU)-Schutzschalter sind aus zweierlei Gründen unzweckmäßig und daher in der Auflistung der zulässigen Schutzeinrichtungen nicht aufgeführt:
– FU-Schutzschalter erfordern einen Hilfserder, der von anderen Erdern unbeeinflußt ist. Diese Bedingung läßt sich in einem TN-Netz nur sehr schwer erfüllen.
– Man muß damit rechnen, daß FU-Schutzschalter auch bei Fehlerspannungen
aus dem Verteilungsnetz oder aus anderen Verbraucheranlagen auslösen
(mangelhafte Selektivität). Auch dann, wenn innerhalb der geschützten Anlage die Berührungsspannung noch keine gefährlichen Werte erreicht hat.
Erstmals werden auch Fehlerstrom-Schutzeinrichtungen im „genullten" Netz
oder nach der jetzigen Sprachregelung im TN-Netz zulässig. Damit wird eine
Schutzeinrichtung für die Fälle verfügbar, in denen die Abschaltzeit von 0,2 s
bzw. 5 s mit Überstromschutzeinrichtungen nicht sichergestellt werden kann.
Bei Verwendung von Fehlerstrom-Schutzeinrichtungen müssen Neutral- und
Schutzleiter zu den geschützten Verbrauchsmitteln hin als zwei separate Leiter
ausgeführt und gegeneinander isoliert sein. Nur so kann sichergestellt werden,
daß ein Fehlerstrom vom Summenstromwandler einer Fehlerstrom-Schutzeinrichtung erfaßt wird.

Wird in einer elektrischen Anlage innerhalb eines TN-Netzes eine Fehlerstrom-Schutzeinrichtung verwendet, so besteht bei Anlagen mit $U_L = 50$ V die Möglichkeit, den Schutzleiter in Richtung auf das Verteilungsnetz vor der Fehlerstrom-Schutzeinrichtung entweder mit dem PEN-Leiter zu verbinden oder separat zu erden. Durch die zweite Variante wird die Anlage zu einem TT-Netz. Damit werden die Bedingungen für Schutzmaßnahmen im TT-Netz maßgeblich. Üblicherweise wird die Anwendung des TT-Netzes dadurch erleichtert, daß in neu errichteten Hausinstallationen mit dem Fundamenterder ohnehin ein ausreichender Erder vorhanden ist. Dennoch ist es stets zweckmäßiger, den Schutzleiter mit dem PEN-Leiter zu verbinden. Dadurch wird der Fehlerstrom so groß, daß selbst bei einem Versagen der Fehlerstrom-Schutzeinrichtung dann immer noch die zum Überstromschutz ohnehin vorhandenen Sicherungen oder Leitungsschutzschalter ansprechen. Diese Kombination von Überstrom- und Fehlerstrom-Schutzeinrichtungen garantiert sicherlich ein sehr großes Maß an Zuverlässigkeit für die Abschaltung möglicher Fehlerströme.

Trotzdem sollten Fehlerstrom-Schutzeinrichtungen nur in den Fällen gegenüber Überstromschutzeinrichtungen vorgezogen werden, in denen sie eine sinnvolle Verbesserung des Schutzpegels gewährleisten (siehe Abschnitt 11.2); denn in jeder Hausinstallation gibt es auch Fälle, in denen die alleinige Verwendung von Überstromschutzeinrichtungen zweckmäßiger ist. Dazu müssen im Hinblick auf unerwünschte Fehlauslösungen durch zu hohe Ableitströme Elektrowärmegeräte wie Elektroherde und Speicherheizgeräte gezählt werden. Deren Heizleiter haben vorwiegend hygroskopisches Isolationsmaterial und verursachen deshalb nach längeren Stillstandzeiten schon einmal vorübergehend so hohe Ableitströme, daß Fehlerstrom-Schutzeinrichtungen auslösen. Die Ableitströme sinken nach kurzer Aufheizung zwar wieder auf ihre normalen Werte. Ist aber eine Fehlerstrom-Schutzeinrichtung vorhanden, so läßt sich dieser Betriebszustand nur wieder erreichen, indem ein Fachmann das betroffene Verbrauchsmittel kurzfristig ohne Schutzmaßnahme betreibt. Für den Anwender ist das eine kostspielige Angelegenheit! Unangenehm kann der Einsatz von Fehlerstrom-Schutzeinrichtungen auch für den Schutz von Gefriertruhen werden. Hier kann es durch Blitzstoßspannungen bei Gewitter zu Fehlauslösungen kommen. Wenn die Auslösung erst nach einiger Zeit erkannt wird, wie z. B. im Urlaub, ist das Gefriergut meist verdorben.

In jeder Hausinstallation gibt es also Fälle, in denen die Anwendung von Überstromschutzeinrichtungen als alleinige Schutzeinrichtung für den Schutz bei indirektem Berühren zweckmäßig und völlig ausreichend ist. Diese einfache Möglichkeit ist der besondere Vorteil des TN-Netzes; denn im TT-Netz können Überstromschutzeinrichtungen üblicherweise nicht verwendet werden, wie in Abschnitt 7 < 6.1.4.2 > noch gezeigt wird. Daher empfiehlt es sich, den Vorteil des TN-Netzes zu nutzen, wo immer das Verteilungsnetz dies zuläßt. In diesen Fällen ist dann die Verbindung zwischen PEN-Leiter und anlageneigenem Erder wie z. B. dem Fundamenterder notwendig.

7 < 6.1.3.5 > Wird der PEN-Leiter unterbrochen, so steht am abgetrennten PEN-Leiter und damit an allen angeschlossenen Körpern gegebenenfalls die volle Phasenspannung als Berührungsspannung an. Aus diesem Zusammenhang verstehen sich die Anforderungen an einen Schalter im Verlauf eines PEN-Leiters.

7.6.1.3.6 Zusätzliche Anforderungen an Gleichspannungsnetze

Die vorangegangenen Bedingungen sind nur für Schutzmaßnahmen in Wechselspannungsnetzen konzipiert. Im Rahmen dieser Erläuterung soll aber noch dargestellt werden, wie diese Bedingungen für Gleichspannung zu modifizieren sind; das betrifft im wesentlichen folgende Aspekte:
– Elektrochemische Korrosion,
– Abschaltzeiten,
– Schutzeinrichtungen.

Elektrochemische Korrosion bildet sich bei einer leitfähigen Verbindung unterschiedlicher Metalle aus (siehe Abschnitt 9.4.1.3.2); zwischen ihnen bildet sich ein Korrosionselement. Vergrößert sich der davon ausgelöste Strom durch einen überlagerten Strom aus dem Gleichspannungsnetz, so nimmt auch die elektrochemische Korrosion zu. Meist treten solche zusätzlichen Korrosionserscheinungen im Erdreich zwischen unterschiedlichen Erdern dort auf, wo die Stromwege nicht überschaubar sind. Deshalb verbietet DIN 57 150/VDE 0150 in Gleichstromanlagen, die durch Streuströme Schäden verursachen können, die mehrfache Erdung von Gleichstromnetzen und damit die Anwendung des TN-Netzes.

Die Zeit-Strom-Gefährdungsbereiche unterscheiden sich im Zeitbereich bis 0,2 s für Wechsel- und Gleichstrom kaum voneinander. Somit ist die Abschaltzeit 0,2 s auch für Gleichstrom gerechtfertigt. Dies darf ebenfalls für die Abschaltzeit von 5 s gelten, zumal für Wechselstrom mehr pragmatische Überlegungen zur Festlegung dieser Abschaltzeit geführt haben. Die Abschaltzeiten kommen erst zum Tragen, wenn die Nennspannung 120 V (statt 50 V bei Wechselstrom) überschreitet.

Als mögliche Schutzeinrichtungen sind in Gleichstromnetzen denkbar:
– Überstromschutzeinrichtungen,
– Fehlerspannungs-Schutzeinrichtungen.

Überstromschutzeinrichtungen können in Gleichstromnetzen wie in Wechselstromnetzen verwendet werden, allerdings muß bei Leitungsschutzschaltern und Leistungsschaltern eine geänderte Abschaltkennlinie berücksichtigt werden (siehe Abschnitt 7 < 6.1.7.1 >).

Bei Gleichstromnetzen handelt es sich in aller Regel um räumlich eng begrenzte Anlagen; Ort der Erzeugung und der Anwendung fallen quasi zusammen. Damit ist die Wahrscheinlichkeit für unerwünschte Auslösungen durch Netzfehler und Fehler in anderen Verbraucheranlagen im Unterschied zum Wechselstromnetz als sehr gering anzusetzen. So ist in den Fällen, in denen schädigende Korrosionserscheinungen nicht zu erwarten sind und daher ein TN-Netz angewendet werden kann, auch eine Fehlerspannungs-Schutzeinrichtung anwendbar.

7 <6.1.4>   Schutzmaßnahmen im TT-Netz
Die Schutzmaßnahmen im TT-Netz gehen auf folgende Grundidee zurück: Über Schutzleiter werden Betriebsmittel der Schutzklasse I an ihrem Standort geerdet. Damit nehmen Standort und Körper auch im Falle eines Körperschlusses näherungsweise gleiches Potential an, so daß die Berührungsspannung $U_B \simeq 0$ V ist (Bild 7-23). Ein Körperschluß wird nur zu einem Erdschluß und nicht zum Kurzschluß

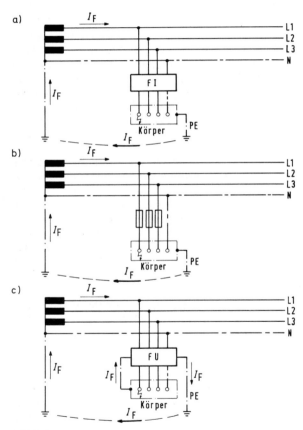

Bild 7-35. Weg des Fehlerstroms in einem TT-Netz mit
a) einer Fehlerstrom-Schutzeinrichtung
b) Überstrom-Schutzeinrichtungen
c) einer Fehlerspannungs-Schutzeinrichtung

wie im TN-Netz. Daher ist der Fehlerstrom im Vergleich zum TN-Netz niedrig, und eine Abschaltung mit so einfachen Schutzeinrichtungen wie Sicherungen wird in der Regel nicht möglich sein. Üblicherweise werden Fehlerstrom-Schutzeinrichtungen erforderlich **(Bild 7-35).**

Schutzmaßnahmen im TT-Netz treten an die Stelle der bisherigen Schutzmaßnahmen Schutzerdung gemäß § 9 b) 1, Fehlerspannungs- und Fehlerstrom-Schutzschaltung nach VDE 0100/5.73.

7 < 6.1.4.1 > Die Forderung, daß alle durch eine Schutzeinrichtung gemeinsam geschützten Körper an einen einzigen Erder angeschlossen werden müssen, steht im Zusammenhang mit der Auslegungsbedigung für Anlagenerder nach Abschnitt 7 < 6.1.4.2 >. Danach braucht eine Fehlerspannung, die knapp unterhalb des Grenzwertes U_L liegt, noch nicht abgeschaltet zu werden. Auch wenn verschiedene Erder hinter einer Schutzeinrichtung einzeln diese Bedingung erfüllen, ist eine Fehlerkonstellation denkbar, bei der eine höhere Berührungsspannung als U_L überbrückt werden kann **(Bild 7-36a)**. Dabei sind folgende Randbedingungen anzusetzen:

– Die einzelnen Erder sind nahe der Grenzbedingung ausgelegt. Damit kommt bei einer Fehlerspannung bis knapp unterhalb von U_L noch keine Abschaltung zustande.

– Führt der erste Fehler noch nicht zu einer Abschaltung, so muß das Auftreten eines zweiten Körperschlusses berücksichtigt werden.

– Nimmt man beide Fehler in unterschiedlichen Phasen an separaten Erdern mit einer Fehlerspannung knapp unter U_L an, so läßt sich zwischen beiden Erdern eine dauernde Berührungsspannung von nahezu $\sqrt{3} \times U_L$ überbrücken.

Eine derartige Überschreitung der Berührungsspannung auf Werte über U_L wird vermieden durch Anschluß aller Körper hinter einer Schutzeinrichtung an einen gemeinsamen Erder. Dadurch entsteht bei Auftreten eines zweiten Körperschlusses ein Kurzschluß, der die zum Überstromschutz vorhandenen Überstromschutzeinrichtungen ansprechen läßt.

Aus den gleichen Überlegungen müssen auch gleichzeitig berührbare Körper, die von unterschiedlichen Schutzeinrichtungen geschützt werden, an denselben Erder angeschlossen werden.

Die beiden Anforderungen zur gemeinsamen Erdung von Körpern gelten gleichermaßen bei Verwendung von Fehlerstrom-, Überstrom- und Fehlerspannungs-Schutzeinrichtungen.

Durch den Anschluß aller von einer Schutzeinrichtung geschützten Körper an einen gemeinsamen Erder ergibt sich auch eine Schutzwirkung in zwei Fehlerfällen, die andernfalls bei Anwendung einer Fehlerstrom-Schutzeinrichtung zu Gefahren führen könnten:

– Bestehen sehr ungünstige Erdungsverhältnisse, so darf der Gesamterdungswiderstand des TT-Netzes u. U. deutlich über 2 Ω liegen. Dadurch bleibt im Falle eines Körperschlusses schon bei einem geringen Übergangswiderstand die Abschaltung aus. Wegen der fehlenden Abschaltung muß das Auftreten eines zweiten Körperschlusses ins Sicherheitskonzept einbezogen werden. Tritt er hinter derselben Fehlerstrom-Schutzeinrichtung in einer anderen Phase eines Verbrauchsmittels auf **(Bild 7-36b)**, das an einen weiteren Erder angeschlossen ist, so fließt der Fehlerstrom in erster Linie über beide Anlagenerder und weniger über den Erdungswiderstand des Netzes. Damit nimmt die Fehlerstrom-Schutzeinrichtung den Fehlerstrom nur zu einem kleinen Teil als Differenzstrom wahr, und eine Abschaltung bleibt oftmals aus. Durch den

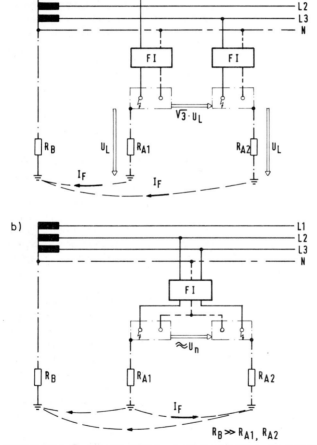

Bild 7-36. Unzulässige Gefahr durch zwei Erder in einer Verbraucheranlage
a) bei zwei FI-Schutzschaltern
b) bei einem FI-Schutzschalter

zweiten Körperschluß wird der Anteil des Fehlerstroms, der als Differenzstrom wahrgenommen wird, meist kleiner als bei einem einzigen Fehler; die Größe des Differenzstroms richtet sich hauptsächlich nach dem Verhältnis der Erdungswiderstände der Anlage zum Gesamterdungswiderstand des Netzes. Wenn bei einem solchen Doppelkörperschluß die Abschaltung ausbleibt, kann eine Berührungsspannung bis nahezu 380 V auftreten. Eine derartige Fehlerkonstellation wird durch einen gemeinsamen Erder für all diejenigen Körper vermieden, die durch eine einzige Fehlerstrom-Schutzeinrichtung geschützt werden. Dadurch führt der zweite Körperschluß zu einem zweipoligen Kurzschluß, der die ohnehin vorhandenen Überstromschutzeinrichtungen ansprechen läßt.

– Wird als Schutzeinrichtung eine Fehlerstrom-Schutzeinrichtung verwendet, so kann ein Versagen dieser etwas komplizierter aufgebauten Schutzeinrichtung nicht vollständig ausgeschlossen werden. Selbst bei einem derartigen Ausnahmefall ist noch eine Schutzwirkung durch die zum Überstromschutz ohnehin vorhandenen Überstromschutzeinrichtungen gegeben, die bei Auftreten des zweiten Fehlers die Abschaltung übernehmen. Dafür, daß ein einfacher Fehler noch keine berührungsgefährliche Situation herbeiführt, sorgt der gemeinsame Erder zusammen mit dem Hauptpotentialausgleich (s. a. Bild 8-4).

Im Falle eines Körperschlusses muß im TT-Netz ein Fehlerstrom in ausreichender Größe über Erde zur Stromquelle zurückfließen. Dazu muß ein aktiver Leiter des Verteilungsnetzes geerdet werden. Üblicherweise ist das der Sternpunkt des Niederspannungstransformators. Fehlt er, kann ersatzweise wie im TN-Netz ein Außenleiter geerdet werden. In der Regel ist der Erdungswiderstand dann ausreichend klein, wenn die Erdungsbedingung nach Abschnitt 7 < 6.1.8 > eingehalten ist.

7 < 6.1.4.2 >   Als Planungsgrundlage ist im Unterschied zum TN-Netz generell eine höchstzulässige Abschaltzeit von 5 s zugestanden worden. Das liegt an der sehr niedrigen Berührungsspannung – nur einige wenige Volt –, wie sie charakteristisch für eine Verbraucheranlage innerhalb eines TT-Netzes ist. Diese niedrige Berührungsspannung ergibt sich aus der Wirkung des Hauptpotentialausgleichs der Verbraucheranlage, wie in Abschnitt 7 < 6.1.1.1 > gezeigt worden ist. Daher ist die Abschaltzeit innerhalb dieses Bereichs für den Berührungsschutz von untergeordneter Bedeutung. Lediglich im Hinblick auf den Berührungsschutz außerhalb dieses Bereichs und auf den Überstromschutz des Schutzleiters mußte eine Abschaltzeit festgelegt werden. Es wurden 5 s vereinbart in Anlehnung an Stromkreise im TN-Netz, in denen nicht mit einem Zusammentreffen von Körperschluß und Berührung des fehlerhaften Verbrauchsmittels gerechnet werden muß. Daß diese Abschaltzeit in der Praxis meistens unterschritten wird und üblicherweise den Wert 0,2 s erreicht, zeigen die nachfolgenden Beispiele.

Nach einem Körperschluß muß der Fehlerstrom spätestens dann abgeschaltet werden, wenn er den Wert I_a erreicht hat. Dabei wird anders als beim TN-Netz ein widerstandsbehafteter Körperschluß betrachtet. Dieser Widerstand nimmt durch die Erwärmung infolge des Fehlerstroms allmählich ab, und entsprechend steigt der Fehlerstrom bis auf den Abschaltwert I_a. Er wird durch den von ihm verursachten Spannungsfall am Erdungswiderstand der Verbraucheranlage, die Fehlerspannung, bestimmt. Wenn sie den Grenzwert der dauernd zulässigen Berührungsspannung U_L erreicht, muß eine Abschaltung erfolgen. Dafür gilt die Bedingung:

$$R_A \cdot I_a \leq U_L$$

Die tatsächliche Abschaltzeit ergibt sich aus der Zuordnung der Schutzeinrichtungen. Für Fehlerstrom-Schutzeinrichtungen gilt $I_a = I_{\Delta n}$ und damit erfolgt die Abschaltung innerhalb von 0,2 s, der kürzesten im TN-Netz geforderten Abschaltzeit.

Auch mit Fehlerspannungs-Schutzschaltern wird diese Abschaltzeit erreicht, sofern deren Erder einen Erdungswiderstand von mindestens 200 Ω hat (Prüfbedingung nach VDE 0663). Deshalb darf der Erdungswiderstand nur bei sehr ungünstigen Bedingungen wie felsigem Untergrund auf bis zu 500 Ω erhöht werden; auch dann liegt die Abschaltzeit noch in der Größenordnung von 0,2 s. In jedem Fall muß der Erder des Fehlerspannungs-Schutzschalters von anderen Erdern und vom Hauptpotentialausgleich unbeeinflußt sein. Das läßt sich in dicht besiedelten Gebieten nur schwer realisieren. Darum sollte die Anwendung von Fehlerspannungs-Schutzeinrichtungen auf Sonderfälle beschränkt sein. Als ein solcher läßt sich ein Gleichspannungsnetz verstehen, in dem Fehlerstrom-Schutzeinrichtungen nicht eingesetzt werden können (näheres zur Anwendung von Fehlerspannungs-Schutzeinrichtungen siehe Abschnitt 7 < 7 >).

Als Sonderfall muß auch die Anwendung von Überstromschutzeinrichtungen im TT-Netz beurteilt werden, weil sie sehr niedrige Erdungswiderstände voraussetzen, die nur mit sehr hohem Aufwand zu verwirklichen sind. Die Abschaltzeit von 5 s wird im Unterschied zum TN-Netz generell für Überstromschutzeinrichtungen zugelassen. Das ist durch die Abschaltzeit von etwa 0,2 s bei vollkommenem Körperschluß gerechtfertigt, die sich bei Auslegung für 5 s Abschaltzeit im Falle des widerstandsbehafteten Körperschlusses im TT-Netz ergibt.

Wie sich die Abschaltzeiten je nach Art des Körperschlusses unterscheiden, kann an einem Beispiel in Anlehnung an **Bild 7-37** verdeutlicht werden. Dabei soll der Erdungswiderstand R_A gerade nach der oberen Grenze des Dimensionierungskriteriums für eine gL-Sicherung mit dem Nennstrom $I_n = 10$ A ausgelegt werden. Für diese Sicherung ist nach Teil 1 von DIN 57 636/VDE 0636 ein Strom von $I_a = 45$ A erforderlich, damit eine Abschaltung spätestens innerhalb von 5 s zustande kommt. Daraus ergibt sich $R_A \leq 1,11$ Ω bei $U_L = 50$ V. Bei Leitungsschutz-Schaltern vom Typ L sieht die Situation sogar noch etwa ungünstiger aus: Nach DIN 57 641 Teil 1/VDE 0641 Teil 1 ist $I_a = 52,5$ A und damit

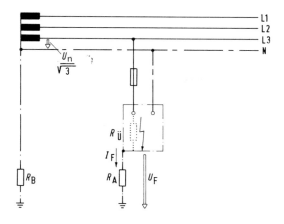

a) $R_{\ddot{u}} \neq 0; \; I_F = I_a:$

$$U_F = \frac{R_A}{R_A + R_B + R_{\ddot{u}}} \cdot \frac{U_n}{\sqrt{3}} = U_L$$

b) $R_{\ddot{u}} = 0; \; I_F > I_a:$

$$U_F = \frac{R_A}{R_A + R_B} \cdot \frac{U_n}{\sqrt{3}} \neq U_L$$

Bild 7-37. Fehlerspannung und -strom im TT-Netz
a) bei widerstandsbehaftetem Körperschluß gemäß Bemessungskriterium
b) bei vollkommenem Körperschluß

ein $R_A \le 0,95 \; \Omega$ notwendig. Setzt man nun beispielsweise einen Gesamter-
dungswiderstand des Netzes von 1Ω an, so ergeben sich bei vollkommenem
Körperschluß mit den vorstehenden Grenzwerten des Anlagenerders folgende
Fehlerströme, Fehlerspannungen und Abschaltzeiten:
– Für eine gL-Sicherung: $I_F = 104,3$ A; $U_F = 115,8$ V;
                              $t_A = 0,15$ s
– Für einen LS-Schalter Typ L: $I_F = 112,8$ A; $U_F = 107,2$ V;
                              $t_a \le 0,10$ s
Damit macht dieses Beispiel die Verringerung der Abschaltzeiten auf Werte um
0,2 s für den Fall des vollkommenen Körperschlusses deutlich.
Dieses Beispiel mit den geringen Werten für den Anlagenerder weist auf einen
weiteren Umstand hin: Selbst mit einem Fundamenterder, einem sehr hochwertigen Erder, lassen sich schon bei Überstromschutzeinrichtungen mit $I_n = 10$ A
meist nicht die erforderlichen niedrigen Werte für den Erdungswiderstand R_A realisieren. Bei höheren Nennstromstärken wird es entsprechend schwieriger.
Deshalb sind Überstromschutzeinrichtungen zum Schutz bei indirektem Berühren im TT-Netz nur in sehr seltenen Sonderfällen einsetzbar.

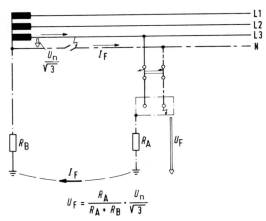

$$U_F = \frac{R_A}{R_A + R_B} \cdot \frac{U_n}{\sqrt{3}}$$

Bild 7-38. Fehlerspannung bei Körperschluß eines Neutralleiters im fehlerbehafteten TT-Netz

Die Verwendung von Überstromschutzeinrichtungen erfährt eine weitere Erschwernis: Auch beim Körperschluß eines Neutralleiters darf keine gefährliche Berührungsspannung entstehen **(Bild 7-38)**. Damit ist zu rechnen, wenn neben dem Körperschluß des Neutralleiters ein weiterer Fehler im TT-Netz besteht, der nicht unmittelbar abgeschaltet wird. Das kann z. B. bei Körper- oder Erdschlüssen sein, die einen außergewöhnlich niedrigen Erdungswiderstand haben – also in Fällen, in denen $R_B \gg R_A$ ist. Dann kann evtl. $I_F \ll I_a$ sein, so daß bei Anwendung von Überstromschutzeinrichtungen ggf. sogar bei vollkommenem Körperschluß keine Abschaltung erfolgt. Das führt zwar am Schutzleiter zu Fehlerspannungen bis höchstens U_L, aber der Neutralleiter des betreffenden Netzes nimmt eine deutlich höhere Spannung an. Eine derartige Konstellation ist jedoch äußerst selten zu erwarten, da gemäß Abschnitt 7 < 6.1.8 > R_B im Bereich üblicher Erdungsverhältnisse den Wert von 2 Ω nicht überschreiten darf; das würde für den Erdungswiderstand R_A einer Verbraucheranlage einen Wert deutlich unter 1 Ω erforderlich machen. Neben dieser seltenen Fehlerkonstellation entstehen am Neutralleiter Fehlerspannungen $U_F > U_L$ durch Kurzschluß im Verteilungsnetz, dessen Abschaltung von der Norm her nicht gefordert ist. So kann der Kurzschluß längere Zeit anstehen und bei einem Körperschluß des Neutralleiters zu einer Gefährdung führen. Dieser Fall ist in Bild 7-38 dargestellt; dabei ist der Übersichtlichkeit halber auch eine Unterbrechung des Neutralleiters an der Kurzschlußstelle im Netz angenommen worden. Es ist also am Neutralleiter mit Fehlerspannungen $U_F > U_L$ zu rechnen. Deshalb ist auch eine Überstromschutzeinrichtung im Neutralleiter erforderlich. Da Abschnitt 9.3 in Teil 430 von

DIN 57 100/VDE 0100 näherungsweise gleichzeitiges Schalten von Neutral-
und Außenleiter fordert, können nur mehrpolige Überstromschutzeinrichtungen
wie Leitungsschutz- und Leistungsschalter verwendet werden.
Mehr als theoretische Alternative zur Überstromschutzeinrichtung im Neutralleiter kann auch ersatzweise eine Voraussetzung im Verteilungsnetz geschaffen
werden, die beim Erd- bzw. Kurzschluß im Netz eine gefährliche Berührungsspannung am Neutralleiter verhindert: Ein vollkommener Kurzschluß zwischen
Außen- und Neutralleiter muß innerhalb von 0,2 s abgeschaltet werden. Bei
Kurzschlüssen in Verbraucheranlagen ist diese Forderung meist eingehalten. In
öffentlichen Verteilungsnetzen ist diese Forderung in aller Regel nicht erfüllt; in
industriellen Verteilungsnetzen dürfte das eher der Fall sein. In jedem Fall ist
aber eine individuelle Prüfung notwendig. Dieser Aufwand dürfte üblicherweise
höher sein als der Einsatz einer Überstromschutzeinrichtung im Neutralleiter.

Zusammenfassend läßt sich sagen: Fehlerstrom-Schutzeinrichtungen sind als
standardmäßige Schutzeinrichtungen im TT-Netz anzusehen, Fehlerspannungs-Schutzeinrichtungen sind für gewisse Sonderfälle wie Gleichspannung
notwendig und Überstromschutzeinrichtungen dürften kaum eine praktische
Bedeutung erlangen.
Ebenfalls mehr als theoretische Alternative zu den vorgenannten Abschaltbedingungen ist die Möglichkeit zu werten, ersatzweise den zusätzlichen Potentialausgleich nach Abschnitt 7 < 6.1.6 > anzuwenden.
Wie in Abschnitt 7.6.1.3.3.1 näher erläutert ist, könnten heute praktisch alle geerdeten Verteilungsnetze als TN-Netze betrachtet werden. Insofern kann damit
gerechnet werden, daß TT-Netzen in Zukunft eine geringere Bedeutung zufällt
als bisher. Davon ausgenommen dürften wohl Verteilungsnetze in landwirtschaftlich bestimmten Regionen bleiben; denn landwirtschaftliche Betriebsstätten müssen für eine höchstzulässige Fehlerspannung von 25 V ausgelegt werden.

7 < 6.1.4.3 > Gegenüber VDE 0100/5.73 hat sich der Stellenwert der Fehlerspannungs-Schutzeinrichtungen geändert; sie sind nur noch für Sonderfälle
vorgesehen.

7.6.1.4.4 Besonderheiten bei Gleichspannung
Die vorgenannten Anforderungen an Schutzmaßnahmen im TT-Netz beziehen
sich nur auf Wechselspannung. Bei Gleichspannung sind zusätzlich zu berücksichtigen:
– U_L = 120 V bzw. 60 V,
– Eigenschaften der Schutzeinrichtungen bei Gleichspannung.
Im Hinblick auf den letzten Aspekt sind bei Leitungsschutzschaltern geänderte
Kennlinien zu berücksichtigen (siehe Abschnitt 7.6.1.7.1.3) Fehlerstrom-Schutzeinrichtungen sind ungeeignet für Gleichspannung. An ihrer Stelle können Fehlerspannungs-Schutzeinrichtungen eingesetzt werden.

110

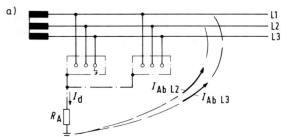

$$I_d = I_{Ab\,L2} + I_{Ab\,L3}$$
I_d - Fehlerstrom bei Einfachfehler
I_{Ab} - Ableitstrom

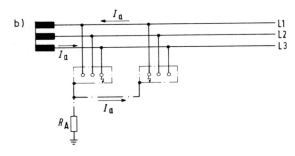

$$I_a = I_{K2}$$
I_a - Fehlerstrom bei Doppelfehler
I_{K2} - zweipoliger Kurzschlußstrom

Bild 7-39. Weg des Fehlerstroms in einem IT-Netz
a) bei einem Einfachfehler
b) bei einem Doppelfehler in unterschiedlichen Außenleitern

7<6.1.5> Schutzmaßnahmen im IT-Netz

7<6.1.5.1> Die Schutzmaßnahmen im IT-Netz basieren auf folgender Grundidee:

Außenleiter und – sofern vorhanden – auch Neutralleiter eines IT-Netzes sind im ungestörten Betriebsfall gegen Erde isoliert oder hochohmig geerdet. Bei einem einzigen Körper- oder Erdschluß kann kein gefährlicher Körperstrom fließen. Somit muß der Betrieb nicht sofort unterbrochen werden. Der fehlerbehaftete Teil der Anlage kann in Ruhe gesucht und kontrolliert abgeschaltet werden, nachdem negative Folgewirkungen auf das unvermeidliche Minimum begrenzt sind. Dies kann meist durchgeführt werden, bevor durch Auftreten eines zweiten Fehlers in einer anderen Phase eine zwangsläufige Abschaltung [26]) eintreten muß. Dazu sind alle Körper direkt oder über Erde untereinander verbunden. Dieser besondere Vorteil des IT-Netzes kommt nur dann zum Tragen, wenn als Schutzorgan eine Isolationsüberwachungseinrichtung verwendet wird; andernfalls wird der erste Fehler nicht bemerkt **(Bild 7-39)**. Im Hinblick auf Sonderfälle und die Praxis anderer Länder sind statt dessen auch Überstrom-, Fehlerstrom- und Fehlerspannungs-Schutzeinrichtungen möglich **(Bild 7-40)**

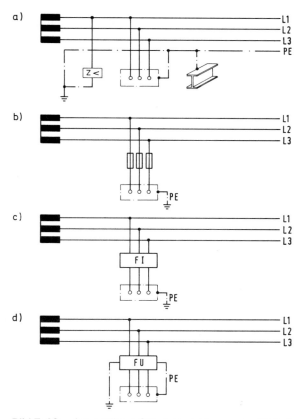

Bild 7-40. Anwendbare Schutzeinrichtungen im IT-Netz
a) Isolationsüberwachungseinrichtung mit zusätzlichem Potentialausgleich
b) Überstromschutzeinrichtungen
c) Fehlerstrom-Schutzeinrichtung
d) Fehlerspannungs-Schutzeinrichtung

---

26) Bei Anwendung einer Isolationsüberwachungseinrichtung in Verbindung mit einem zusätzlichen Potentialausgleich braucht im Doppelfehlerfall keine Abschaltung einzutreten.

Die Schutzmaßnahmen in IT-Netzen treten im wesentlichen an die Stelle des bisherigen Schutzleitungssystems nach VDE 0100/5.73. Daneben ersetzen sie auch die Schutzerdung im ungeerdeten Netz nach Bild 9-1 c) in § 9 b) 1 von VDE 0100/5.73.

Durch den ersten Körper- oder Erdschluß wird der fehlerbehaftete Außenleiter auf das Potential der Bezugserde, also 0 V fixiert; die beiden anderen Außenleiter nehmen die Nennspannung gegen Erde an. Als Fehlerstrom fließt die Summe der Ableitströme der fehlerfreien Außenleiter. Die Ableitströme müssen so klein gehalten werden, daß keine Gefahr bei indirektem Berühren entsteht. Dieses Ziel wird durch die Bedingung nach Abschnitt 7 < 6.1.5.3 > sichergestellt.

Ein IT-Netz wird als Drehstromsystem für $U_n = 380$ V üblicherweise ohne Neutralleiter ausgeführt. Dies geschieht mit Rücksicht auf Betriebsmittel für Wechselspannung, deren Isolierung nur auf etwa 250 V ausgelegt ist. Das ist die höchste Spannung, die im TN- und TT-Netz mit $U_n = 380$ V im Erdschlußfall zwischen Außenleiter und ideellem Erdpotential angesetzt wird. Im Unterschied dazu beträgt sie im IT-Netz bis zu 380 V. Wegen der erhöhten Isolationsbeanspruchung können Betriebsmittel für Wechselspannung das Aufteten eines zweiten Erdschlusses begünstigen, der zur Abschaltung führen und damit die betriebliche Zuverlässigkeit mindern könnte. Außerdem werden an ein IT-Netz möglichst nur die Verbrauchsmittel angeschlossen, die für einen zuverlässigen Betrieb von besonderer Bedeutung sind. Deswegen werden Verbrauchsmittel mit Versorgung über Steckvorrichtungen meist nicht am IT-Netz betrieben, da sie generell störungsanfälliger sind. Verbrauchsmittel mit Anschluß über Steckvorrichtungen sind oft die einzigen Wechselspannungsgeräte. Werden sie nicht ans IT-Netz angeschlossen, besteht meist auch keine weitere Notwendigkeit für einen Neutralleiter im IT-Netz.

Andererseits entsteht bei Ausführung des Neutralleiters im IT-Netz ein Kostenvorteil dadurch, daß Wechselstromkreise aus der ohnehin vorhandenen Drehstromquelle gespeist werden können. Ob dieser Aspekt oder die gegebenenfalls verminderte Betriebszuverlässigkeit infolge von Wechselspannungsverbrauchsmitteln höher zu bewerten ist, liegt allein in der Zuständigkeit des Betreibers, da bei IT-Netzen das Verteilungsnetz und die Verbraucheranlage in einer Hand liegen. Außerdem geht es bei dieser Frage nur um betriebliche und nicht um Sicherheitsaspekte.

Im Fall eines zweiten Fehlers kommt es zu einem zweipoligen Kurzschluß, wenn die Körper der Betriebsmittel direkt untereinander verbunden sind, oder zu einem Doppelerdschluß, wenn die Körper der Betriebsmittel an getrennten Erdern liegen – natürlich nur, wenn die Fehler in unterschiedlichen Außenleitern liegen. Ein zweiter Fehler im selben Außenleiter bedeutet keine größere Gefährdung als ein einziger Fehler. Daher muß nur für Doppelfehler in unterschiedlichen Außenleitern die Wirksamkeit des zusätzlichen Potentialausgleichs oder die Abschaltung eines fehlerhaften Betriebsmittels sichergestellt sein. Sie wird durch die Bedingung nach Abschnitt 7 < 6.1.5.4 > gewährleistet.

7 < 6.1.5.2 > Es wird noch einmal klargestellt, daß die aktiven Leiter eines IT-Netzes – also Außen- und gegebenenfalls Neutralleiter – im ungestörten Betrieb potentialfrei sein müssen, und somit eine niederohmige Erdung nicht zulässig ist. Allenfalls eine hochohmige Erdung des Sternpunktes oder eine künstliche Sternpunktbildung ist erlaubt. Die Höhe der Impedanzen richtet sich nach dem höchstzulässigen Fehlerstrom I_d gemäß Abschnitt 7 < 6.1.5.3 > und – sofern eine Isolationsüberwachungseinrichtung angewendet wird – auch nach deren innerer Impedanz. Die hochohmige Erdung ist nur dann sinnvoll, wenn das Sternpunktpotential im ungestörten Betriebsfall näherungsweise auf 0 V gehalten werden soll. Ohne hochohmige Erdung ist dies nur dann der Fall, wenn die Ableitströme und -impedanzen der drei Außenleiter gegen Erde gleich sind. Diese Bedingung ist natürlich nur selten erfüllt. Sollten die Betriebsbedingungen der eingesetzten Betriebsmittel einen Sternpunkt mit Nullpotential erforderlich machen, so sind die hochohmige Sternpunkterdung bzw. ein künstlicher Sternpunkt notwendig. Eine derartige Maßnahme ist also unabhängig von Anforderungen des Berührungsschutzes. Praktische Beispiele sind in der Bundesrepublik Deutschland nicht bekannt.

7 < 6.1.5.3 > Im Hinblick auf einen einzigen Fehler ist einleitend schon pauschal eine zentrale Grundforderung an das IT-Netz gestellt worden: Seine aktiven Leiter müssen so gut isoliert sein, daß bei einem einzigen Fehler keine Gefahren entstehen können. Was das konkret bedeutet, wird hier durch eine quantitative Anforderung klargestellt. Danach darf der Fehlerstrom im Falle eines einzigen Fehlers höchstens einen Spannungsfall in Höhe von U_L am Erdungswiderstand R_A hervorrufen (Bild 7-39a).
Eine Abschätzung des Fehlerstroms wird mit Hilfe des Ableitstroms der verwendeten Leitungen möglich. Eine Orientierung gibt **Tabelle 7-2**.

Tabelle 7-2. Kapazitive Ableitströme von NYM-Leitungen je 100 m
(Quelle: Hösl)

Querschnitt in $[mm^2]$	1,5	2,5	4	6	10	16	25	35
Ableitstrom in [mA]	1,2	1,4	1,7	1,9	2,2	2,4	3,3	3,9

7 < 6.1.5.4 > Beim Auftreten eines einzigen Fehlers wird im IT-Netz keine Abschaltung erforderlich. Ja, man kann sogar sagen, das IT-Netz ist so definiert, daß die Abschaltung eines einzigen Fehlers nicht notwendig ist. Daher muß das Auftreten eines zweiten Fehlers in das Sicherheitskonzept einbezogen werden. Für diesen Fall muß eine der folgenden Bedingungen erfüllt werden:
– Isolationsüberwachungseinrichtung in Verbindung mit einem zusätzlichen Potentialausgleich (Bild 7-40 a). Diese Ausführungsart entspricht dem bisherigen Schutzleitersystem nach VDE 0100/5.73 § 11.
– Automatische Abschaltung des zweiten Fehlers bei Erdung aller Körper innerhalb eines IT-Netzes über einen einzigen Erder **(Bild 7-41 a)**. Die Abschaltung

114

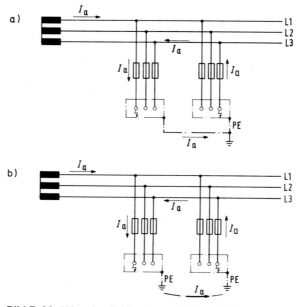

Bild 7-41. Weg des Fehlerstroms bei zwei Fehlern im IT-Netz
a) bei einem einzigen Erder für alle Körper – Analogie zum TN-Netz
b) bei verschiedenen Erdern – Analogie zum TT-Netz

muß entsprechend der Grundidee für das TN-Netz gemäß Abschnitt
7 < 6.1.3.3 > stattfinden.
Dabei darf für die Schleifenimpedanz Z_s die vereinfachende Bedingung nach
Abschnitt 7 < 6.1.5.5. > angesetzt werden. Als Schutzeinrichtungen kommen
Überstrom-, Fehlerstrom- und in Sonderfällen Fehlerspannungs-Schutzeinrichtungen in Betracht.
– Automatische Abschaltung des zweiten Fehlers bei Erdung der Körper innerhalb eines IT-Netzes über verschiedene Erder **(Bild 7-41 b)**. Für die Abschaltbedingung wird die Grundidee des TT-Netzes maßgebend; genauer: Die Bedingungen, die in Abschnitt 7 < 6.1.5.6 > genannt sind. Als Schutzeinrichtungen sind Überstrom-, Fehlerstrom- und in Sonderfällen Fehlerspannungs-Schutzeinrichtungen zulässig.
Die beiden letztgenannten Ausführungsarten waren bisher in der Bundesrepublik Deutschland nicht üblich.
Je nach Anzahl der Erder in einem IT-Netz sind bei zwei Fehlern die Verhältnisse
entweder mit dem TN-Netz oder mit dem TT-Netz vergleichbar. Anschaulich
wird das in Bild 7-41 an den verschiedenen Wegen des Fehlerstroms: Bei einem
einzigen Erder für alle Körper fließt der Fehlerstrom über den Schutzleiter wie

im TN-Netz; bei verschiedenen Erdern fließt der Fehlerstrom über Erde wie im TT-Netz.

7 < 6.1.5.5 >   Bei einem Erder für alle Körper innerhalb eines IT-Netzes (Bild 7-41 a) führen zwei Fehler zu Verhältnissen wie im TN-Netz, und es ist die Abschaltbedingung des TN-Netzes nach Abschnitt 7 < 6.1.3.3 > einzuhalten:

$$Z_s \cdot I_a \leq U_0$$

Anders als im TN-Netz ist U_0 im IT-Netz üblicherweise die Nennspannung U_n des Netzes; lediglich in den Sonderfällen mit ausgeführtem Neutralleiter gilt:

$$U_0 = \frac{U_n}{\sqrt{3}}$$

Für die Schleifenimpedanz Z_s gilt eine Vereinfachung. Streng genommen müßte für die Auslegung jeder Schutzeinrichtung die größtmögliche Schleifenimpedanz angesetzt werden. Sie tritt zwischen dem äußersten Punkt des Schutzbereichs der Überstromschutzeinrichtung und – darauf bezogen – dem Punkt mit der größten Schleifenimpedanz innerhalb des gesamten IT-Netzes auf. Bei zahlreichen Stromkreisen innerhalb eines IT-Netzes wird diese Bedingung schwer handhabbar. Daher hat man vereinbart, lediglich die Schleifenimpedanz anzusetzen, die sich ergibt, wenn man den ersten Körperschluß im äußersten Punkt des Schutzbereichs einer Schutzeinrichtung und den zweiten unmittelbar hinter der Stromquelle annimmt (**Bild 7-42**). Die Impedanz der Stromquelle (des Transformators) wird in dieser Modellvorstellung zur Auslegung der Schutzeinrichtungen im IT-Netz nicht berücksichtigt. Diese Vereinfachungen sind vertretbar, da zwei Fehler an den jeweils ungünstigsten Stellen als sehr unwahrscheinlich anzusehen sind.

7 < 6.1.5.6 >   Werden die Körper in einem IT-Netz über unterschiedliche Erder geerdet (Bild 7-41 b), so ergeben sich bei zwei Fehlern Verhältnisse wie im TT-Netz. Für die Abstimmung der Schutzeinrichtungen auf die Erder gelten daher die aufgeführten Bedingungen des TT-Netzes.

7 < 6.1.5.7 >   Damit ein Isolationsfehler möglichst schnell beseitigt werden kann, darf sich eine Isolationsüberwachungseinrichtung nicht nur darauf beschränken, den Isolationszustand zu ermitteln, sondern sie muß auch auf einen Fehler aufmerksam machen, z. B. durch ein akustisches oder optisches Signal, ohne daß es zur Abschaltung kommt. So kann der erste Fehler bei betrieblich günstiger Gelegenheit beseitigt werden, bevor ein zweiter auftritt und zu einer Abschaltung führt.
Natürlich wirkt sich dieser Vorteil des IT-Netzes hauptsächlich in Anlagen aus, die dauernd mit Personal besetzt sind und wo das Signal dann auch rechtzeitig bemerkt wird. Deswegen kommt es in der Praxis üblicherweise in der Industrie zur Anwendung.

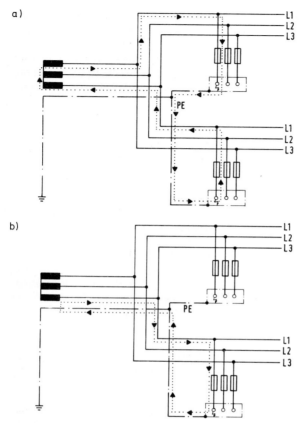

Bild 7-42. Fehlerschleife (►...►) zur Auslegung einer Überstromschutzeinrichtung im IT-Netz
a) tatsächlich auftretende Fehlerschleife
b) bei der Planung anzusetzende Fehlerschleife

7 <6.1.5.8>. Auch wenn anders als bisher im Schutzleitungssystem alle Schutzeinrichtungen im IT-Netz zugelassen sind, so wird wohl die Isolationsüberwachungseinrichtung in der Bundesrepublik Deutschland die übliche Schutzeinrichtung im IT-Netz bleiben. Sie dürfte wohl auch in Zukunft selbst dann eingesetzt werden, wenn sie von den Sicherheitsanforderungen her nicht erforderlich ist, weil die Abschaltung im Fehlerfall von anderen Schutzeinrichtungen wahrgenommen wird. Schließlich lassen sich die besonderen Vorteile des IT-Netzes nur mit Isolationsüberwachungseinrichtungen nutzen.
Die übrigen Schutzeinrichtungen nehmen erst den zweiten Fehler wahr und schalten ihn ab, ohne auf den ersten Fehler aufmerksam zu machen und Zeit

zu dessen Beseitigung zu lassen. Sie sind wie im TN- oder TT-Netz anzuwenden – je nach Anzahl der unabhängigen Erder für die Körper innerhalb eines IT-Netzes. Lediglich bei Fehlerstrom-Schutzeinrichtungen ist eine Besonderheit zu beachten: Eine Fehlerstrom-Schutzeinrichtung löst schon beim ersten Fehler aus, wenn gilt **(Bild 7-43)**:

$$I_{\Delta n} \le I_{dv}$$

Darin bedeuten:

$I_{\Delta n}$ Nennfehlerstrom einer Fehlerstrom-Schutzeinrichtung

I_{dv} Fehlerstrom des IT-Netzes im Falle des ersten Fehlers vernachlässigbarer Impedanz zwischen einem Außenleiter und dem Schutzleiter; jedoch nur der Anteil, der von Bereichen des IT-Netzes herrührt, die nicht von der betrachteten Fehlerstrom-Schutzeinrichtung geschützt werden.

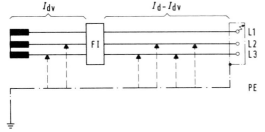

Bild 7-43. Wirksamer Fehlerstrom I_{dv} bei Einsatz einer Fehlerstrom-Schutzeinrichtung im IT-Netz

Anders ausgedrückt: Eine Fehlerstrom-Schutzeinrichtung im IT-Netz nimmt nur die Ableitströme I_{dv} zwischen sich und der Stromquelle als Fehlerstrom wahr – also die Ableitströme außerhalb der von ihr geschützten Stromkreise.

7 < 6.1.5.9 > Fehlerstrom-Schutzeinrichtungen im IT-Netz können so ausgelegt werden, daß im ersten Fehlerfall keine Abschaltung eintritt. Daher muß beim zweiten Fehler eine Abschaltung zustande kommen. Dabei können beide Fehler in dem Anlagenbereich liegen, der von der Fehlerstrom-Schutzeinrichtung geschützt wird. In diesem Fall fließt zwar ein zweipoliger Kurzschlußstrom, aber die Fehlerstrom-Schutzeinrichtung nimmt ihn nicht als Fehlerstrom wahr. Deshalb muß für eine derartige Fehlerkonstellation eine weitere Schutzeinrichtung vorhanden sein, die die Abschaltung übernimmt. In der Regel dürften das die ohnehin zum Überstromschutz erforderlichen Überstromschutzeinrichtungen sein.
Anlagen mit kurzen Leitungslängen können nicht mit einer Fehlerstrom-Schutzeinrichtung geschützt werden, weil im ersten Fehlerfall wegen der geringen

Ausdehnung der Anlagen kein ausreichender Ableitstrom fließt und die Fehler-strom-Schutzeinrichtung auch im Doppelfehlerfall nicht anspricht. Einen Aus-weg böte eine hochohmige Erdung des Sternpunktes.

7<6.1.6> Zusätzlicher Potentialausgleich
Die Grundidee für den Schutz bei indirektem Berühren durch zusätzlichen Po-tentialausgleich läßt sich folgendermaßen skizzieren:
  Jeder Körper wird über Potentialausgleichsleiter mit anderen Kör-pern und fremden leitfähigen Teilen verbunden, die innerhalb seines Handbereichs liegen. Querschnitt und Leitungsführung müssen so gewählt werden, daß innerhalb des Handbereichs für den Fall eines Körperschlusses keine gefährlichen Berührungsspannungen über-brückt werden können **(Bild 7-44)**. Der zusätzliche Potentialaus-gleich kann eine eigenständige Schutzmaßnahme bei indirektem Berühren oder eine Ergänzung des Hauptpotentialausgleichs sein, wie er im Zuge von Schutzmaßnahmen durch Abschaltung oder Meldung angewendet wird.

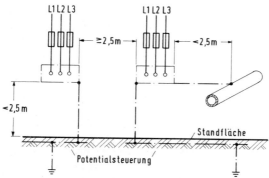

Bild 7-44. Schutz durch zusätzlichen Potentialausgleich bei leitfähiger Standfläche

7 < 6.1.6.1 >   Der zusätzliche Potentialausgleich ist für folgende Fälle gedacht:
– Anlagen oder Teile von Anlagen im TN- oder TT-Netz, in denen die Abschalt-bedingungen nicht eingehalten werden können.
– Anlagen oder Teile von Anlagen im IT-Netz, sofern nur eine Isolationsüberwa-chungseinrichtung angewendet wird. Hier entspricht der zusätzliche Poten-tialausgleich dem Potentialausgleich, der bisher von VDE 0100/5.73 im § 11 für das Schutzleitungssystem gefordert worden ist.
– Teile von Anlagen, in denen eine niedrigere Grenze der dauernd zulässigen Berührungsspannung als in der gesamten übrigen mit einem Schutz durch Abschaltung versehenen Anlage sinnvoll wäre, z. B. Baderäume, Schwimm-bäder, Standbereich von Tieren. Wo dies wegen besonderer Gefährdung auf-

grund der Umgebungsbedingung der Fall ist, wird in ergänzenden Anforderungen, z. B. in der Gruppe 700 der Normenreihe DIN 57 100/VDE 0100, ein zusätzlicher Potentialausgleich gefordert. In diesen ergänzenden Anforderungen wird dann auch ein eventuell von Abschnitt 7 < 6.1.6 > abweichender Umfang des zusätzlichen Potentialausgleichs festgelegt.

In der Praxis dürfte der zusätzliche Potentialausgleich hauptsächlich in Anlagenteilen mit erhöhter Gefährdung zum Einsatz kommen, wo er von anderen Normen verbindlich gefordert wird. Ein weiterer wichtiger Einsatzbereich wird wohl im IT-Netz zusammen mit Isolationsüberwachungseinrichtungen sein. Dagegen ist keine nennenswerte Verbreitung des zusätzlichen Potentialausgleichs als Alternative zu den Abschaltbedingungen im TN- und TT-Netz zu erwarten. In diesen Netzen lassen sich Probleme mit den Abschaltbedingungen immer durch Einsatz von Fehlerstrom-Schutzeinrichtungen lösen. Dies ist sicherlich einfacher als die Anwendung des zusätzlichen Potentialausgleichs.

7 < 6.1.6.2 > Welche Körper und fremden leitfähigen Teile als gleichzeitig berührbare Teile gelten, ergibt sich aus den Festlegungen über den Schutz durch Abstand (Bild 7-20) und den Handbereich (Bild 7-21). Dabei muß berücksichtigt werden, daß auch eine leitfähige Standfläche als fremdes leitfähiges Teil gilt. Sie kann durch Potentialsteuerung in den zusätzlichen Potentialausgleich einbezogen werden; sei es durch eigens dazu verlegte Steuererder wie Betonstahlmatten, sei es durch Anbindung der Körper an ohnehin vorhandene metallische Rohrleitungssysteme und Gebäudekonstruktionsteile.

Streng genommen ist die Wirksamkeit des zusätzlichen Potentialausgleichs an die Verwendung ortsfester Verbrauchsmittel gebunden. Beim Einsatz ortsveränderlicher Verbrauchsmittel werden die Anforderungen nicht immer eingehalten sein. So kann durch die beliebige Länge der beweglichen Anschlußleitung entweder eine größere Distanz als der Handbereich überbrückt oder das ortsveränderliche Verbrauchsmittel außerhalb des Bereiches genutzt werden, in dem der zusätzliche Potentialausgleich ausgeführt ist. Damit kann die Wirksamkeit dieser Schutzmaßnahme aufgehoben werden, wenn ein Gerät der Schutzklasse I vorausgesetzt wird. Soweit ortsveränderliche Geräte jedoch voraussichtlich weit überwiegend in der Schutzklasse II ausgeführt sind, wird ihre Anwendung in den kritischen Fällen zu einem vergleichsweise kleinen Restrisiko, das in Kauf genommen werden kann.

7 < 6.1.6.3 > Für den zusätzlichen Potentialausgleich sind gesonderte Festlegungen über den Querschnitt des Potentialausgleichsleiters in Abschnitt 9 < 9.1 > (Teil 540 von DIN 57 100/VDE 0100) getroffen. In TN- und TT-Netzen kann dieser Potentialausgleichsleiter als Ergänzung, in IT-Netzen als Ersatz des Schutzleiters angesehen werden.

7 < 6.1.6.4 > Unter der eingangs aufgeführten Grundidee des zusätzlichen Potentialausgleichs war der Unterschied zum Hauptpotentialausgleich pau-

schal angesprochen worden. Durch das zahlenmäßige Bemessungskriterium wird er hier im Detail festgelegt. Der Spannungsfall am Potentialausgleichsleiter zwischen zwei gleichzeitig berührbaren Teilen, der als Berührungsspannung U_B von einem Menschen überbrückt werden kann, muß folgender Bedingung genügen:

$$U_B \leq U_L$$

Die höchstzulässigen Werte für U_L sind in Abschnitt 7 < 6.1.1.4 > beschrieben. Die Berührungsspannung U_B nimmt beim größtmöglichen Strom ihren Maximalwert an. Trotzdem ist nur der Strom I_a für die Rechnung anzusetzen, der zu einer Abschaltung bei 0,2 s bzw. 5 s führt (siehe 7 < 6.1.3.3 >). Sollten in der Praxis höhere Ströme auftreten, so werden die Abschaltzeiten kürzer und somit trotz steigender Berührungsspannung U_B die Sicherheit höher. Die größte Gefährdung tritt also nicht beim höchsten denkbaren Spannungsfall auf, sondern bei

$$U_B = R \cdot I_a$$

I_a wird meist der Abschaltstrom einer Überstromschutzeinrichtung sein; denn derartige Schutzeinrichtungen sind im Hinblick auf den Überstromschutz ohnehin vorhanden. Damit werden I_a wie U_L zu vorgegebenen Werten, so daß nur der Widerstand R zwischen gleichzeitig berührbaren Teilen als veränderbare Größe bleibt. Daher wird das Dimensionierungskriterium für den zusätzlichen Potentialausgleich angegeben als:

$$R \leq \frac{U_L}{I_a}$$

Diese Bedingung ist sehr leicht zu erfüllen, wenn man von einer direkten Verbindung zwischen zwei gleichzeitig berührbaren Körpern bzw. fremden leitfähigen Teilen ausgeht (Bild 7-45a). Dann stellt R den Widerstand einer höchstens 2,5 m langen Potentialausgleichsleitung dar. Für ein Rechenbeispiel soll ferner angenommen werden:

– Ein Potentialausgleichsleiter von 2,5 mm^2 Cu zwischen zwei Verbrauchsmitteln, die mit einer gL-Sicherung von 200 A bzw. 16 A Nennstrom abgesichert sind. Das entspricht bei einer Leitertemperatur von 160 °C[27]) einem Widerstandswert von R = 27 mΩ für eine 2,5 m lange Leitung.
– Der 5 s Abschaltstrom einer 200-A-gL-Sicherung ist I_a = 1500 A. Daraus folgt

$$\frac{U_L}{I_a} = 33 \text{ m}\Omega$$

---

[27]) Als Leitertemperatur ist die Höchsttemperatur gewählt, die zur Bestimmung des Materialbeiwerts k in Abschnitt 9 < 5.1.2 > angesetzt ist.

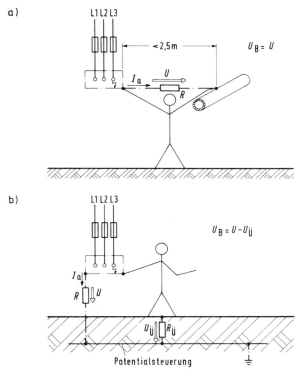

Bild 7-45. Zur Prüfung des zusätzlichen Potentialausgleichs
a) bei isolierter Standfläche
b) bei leitfähiger Standfläche

So ergibt sich 27 m$\Omega \leq$ 33 mΩ

Wegen des kleinen Querschnitts und des recht hohen 5 s Abschaltstroms ist das Beispiel schon recht ungünstig gewählt. Trotzdem wird das Dimensionierungsziel sehr sicher erfüllt. Daneben ist nach Abschnitt 9 < 5.1.2 > zu prüfen, ob der Potentialausgleichsleiter nicht thermisch überlastet wird. Dazu ist nicht der 5 s Abschaltstrom der verwendeten Schutzeinrichtung, sondern der vollkommene Kurzschlußstrom entsprechend der wirksamen Schleifenimpedanz im Fehlerfall und die zugehörige Abschaltzeit zu berücksichtigen. Für das begonnene Rechenbeispiel sollen als vollkommener Kurzschlußstrom 2000 A und die Abschaltzeit der 200 A-gL-Sicherung von 1,0 s angenommen werden. Daraus

ergibt sich gemäß $S = \dfrac{\sqrt{I^2 \cdot t}}{K}$ ein erforderlicher Kupferquerschnitt von

$S = 14 \text{ mm}^2$ für einen separat verlegten Potentialausgleichsleiter. An diesem Beispiel wird deutlich, daß bei Berechnung des notwendigen Querschnitts beide Kriterien – der höchstzulässige Spannungsfall und die thermische Belastbarkeit – zu berücksichtigen sind. Zusätzlich müssen die Mindestquerschnitte nach Abschnitt 9 < 9.1 > im Hinblick auf den mechanischen Schutz eingehalten werden. Ohne Rechenaufwand und damit einfacher läßt sich der Querschnitt des Potentialausgleichsleiters nach Tabelle 7 des Teils 540 von DIN 57 100/VDE 0100 bestimmen. Als größte Querschnitte sind 120 mm² Stahlband bzw. 16 mm² Kupfer nach Abschnitt 9 < 5.1.1 > möglich, wenn der zusätzliche Potentialausgleich in einem IT-Netz mit einer Isolationsüberwachungseinrichtung angewendet wird.

Zweifel an der Wirksamkeit des zusätzlichen Potentialausgleichs können vorwiegend in folgenden Fällen entstehen:
– Gleichzeitig berührbare Körper bzw. fremde leitfähige Teile sind auf größeren Umwegen miteinander verbunden.
– Bei leitfähigen Standflächen ist unklar, ob sie in ausreichendem Maße in den zusätzlichen Potentialausgleich einbezogen sind.

Besonders der letztgenannte Fall bringt Schwierigkeiten bei der Prüfung des zusätzlichen Potentialausgleichs. Leitfähige Standorte haben in der Regel eine deutlich schlechtere Leitfähigkeit als Metalle. Somit muß der Widerstand $R_{\ddot{U}}$ zwischen den metallischen Steuererdern und der Standfläche berücksichtigt werden (**Bild 7-45b**). Meistens wird ein Fehlerfall zu einem deutlichen Spannungsfall $U_{\ddot{U}}$ am Übergangswiderstand $R_{\ddot{U}}$ führen. Dann ist die vorgenannte Prüfbedingung gemäß Bild 7-45 a für den zusätzlichen Potentialausgleich als zu großzügige Abschätzung anzusehen. In derartigen Fällen ist es zweckmäßig, die Spannung zwischen Standfläche und berührbarem Körper bzw. fremdem leitfähigem Teil direkt zu messen, die bei einem Körperschluß auftritt. Diese Spannung ist wie eine Berührungsspannung nach DIN 57 141/VDE 0141 Abschnitt 7.5 zu messen. Danach ist unter anderem ein Spannungsmesser mit einem inneren Widerstand von etwa 1 kΩ zu verwenden. Ferner soll die Meßelektrode zur Nachbildung der Füße eine Fläche von insgesamt 400 cm² haben und mit einer Mindestkraft von insgesamt 500 N (≈ 50 kp) auf dem Boden aufliegen.

Die unmittelbare Messung der Berührungsspannung kann nur in einer fertiggestellten Anlage ausgeführt werden. Dann könnten bei ungünstigen Meßergebnissen aufwendige Änderungen erforderlich werden. Das dürfte die Anwendung des zusätzlichen Potentialausgleichs wohl auf Anlagen beschränken, die bei Planung überschaubar sind.

7 < 6.1.7 > *Schutzeinrichtungen*

In den nachfolgenden Unterabschnitten werden die Schutzeinrichtungen unter zwei Aspekten beschrieben:
– Ihrem Funktionsprinzip und
– den Kenndaten über ihr Schaltverhalten.

7 < *6.1.7.1* > *Überstromschutzeinrichtungen*

7.6.1.7.1.1 Neozed, Diazed und NH-Sicherungen nach DIN 57 636/VDE 0636

Sicherungen nach DIN 57 636/VDE 0636 sind sehr einfach aufgebaut. In Quarzsand eingebettet liegt der sogenannte Schmelzleiter mit sehr genau definierten Schmelzeigenschaften. Der Schmelzvorgang ist abhängig von der Stromhöhe und der Dauer des Stromflusses. Beim Schmelzen entsteht ein Lichtbogen, so daß sich das flüssige bzw. gasförmige Metall mit dem Quarzsand verbindet und dadurch eine Isolationsstrecke hergestellt wird.
Sicherungen nach VDE 0636 werden nach zwei Kriterien unterteilt:
– Betriebsklasse zur Beschreibung der Abschaltkennlinie[28]),
– Bauart.
Die Betriebsklasse ist durch zwei Buchstaben, z. B. gL, gekennzeichnet. Der erste gibt die Funktionsklasse, der zweite das zu schützende Objekt an.
Die Funktionsklasse legt fest, welchen Strombereich ein Sicherungseinsatz ausschalten kann. Man unterscheidet zwei **Funktionsklassen (Bild 7-46)**:

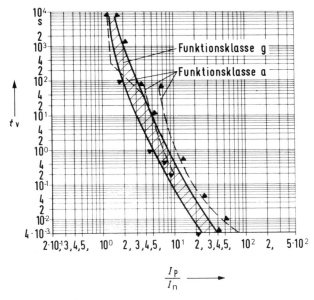

$$\frac{I_p}{I_n} \longrightarrow$$

Bild 7-46. Übersicht über den prinzipiellen Verlauf der Zeit-Strom-Bereiche von Sicherungen der Funktionsklassen a und g nach DIN 57 636/VDE 0636

---

[28]) Die Angabe der Betriebsklasse ersetzt die früheren Kennlinienbezeichnungen träg, träg-flink und flink.

124

– Funktionsklasse g:
Ganzbereichsicherungen (general purpose fuses)
Sicherungseinsätze, die Ströme bis wenigstens zu ihrem Nennstrom dauernd
führen und Ströme vom kleinsten Schmelzstrom bis zum Nennabschaltstrom
abschalten können.
– Funktionsklasse a:
Teilbereichsicherungen (accompanied fuses)
Sicherungseinsätze, die Ströme bis wenigstens zu ihrem Nennstrom dauernd
führen und Ströme oberhalb eines bestimmten Vielfachen ihres Nennstromes
bis zum Nennabschaltstrom abschalten können.
Wird eine Sicherung der Funktionsklasse a mit Überlastströmen beansprucht,
wie dies nur bei Ausfall des vorgesehenen Überlastschutzorgans passieren darf,
so sind diese Sicherungen unter Umständen nicht in der Lage, den Überlast-
strom abzuschalten. Dann wird die Sicherung übermäßig erwärmt, bis sie explo-
diert. Eventuell bleibt dann ein Lichtbogen bestehen.
Sicherungen der Funktionsklasse g sind für den Überlast- und Kurzschluß-
Schutz konzipiert, während Sicherungen der Funktionsklasse a nur den Kurz-
schluß-Schutz sicherstellen.
Die Abschaltkennlinien werden neben den Funktionsklassen nach ihrer Eignung
für bestimmte Schutzobjekte unterschieden. Folgende **Schutzobjekte** sind fest-
gelegt:
L: Kabel- und Leitungsschutz
M: Schaltgeräteschutz
R: Halbleiterschutz
B: Bergbau-Anlagenschutz

Hieraus ergeben sich folgende **Betriebsklassen:**
gL: Ganzbereichs-Kabel- und Leitungsschutz
aM: Teilbereichs-Schaltgeräteschutz
aR: Teilbereichs-Halbleiterschutz
gR: Ganzbereichs-Halbleiterschutz
gB: Ganzbereichs-Bergbau-Anlagenschutz
Üblicherweise werden Sicherungen der Betriebsklasse gL verwendet.
Bei den **Bauarten** werden drei Ausführungsformen unterschieden:
– NH-System,
– D-System (Diazed),
– DO-System (Neozed).
Das NH-System ist nicht berührungssicher für das Wechseln des Sicherungs-
einsatzes konstruiert (**Bild 7-47**). Ferner besteht keine Nennstrom-Unverwech-
selbarkeit; das NH-System setzt deshalb die Bedienung durch Fachleute voraus.
Das D- und DO-System (**Bild 7-48**) umfaßt Schraubsicherungen, die auch von
Laien bedient werden dürfen. Deshalb sind diese Systeme so gebaut, daß bei ih-
rer Bedienung Schutz gegen direktes Berühren und Nennstrom-Unverwechsel-
barkeit gegeben sind.

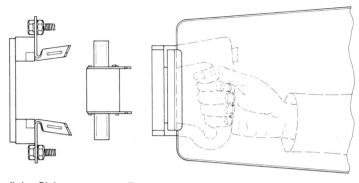

links: Sicherungsunterteil
Mitte: Sicherungseinsatz
rechts: Aufsteckgriff mit Armschutz

Bild 7-47. Aufbau des NH-Systems

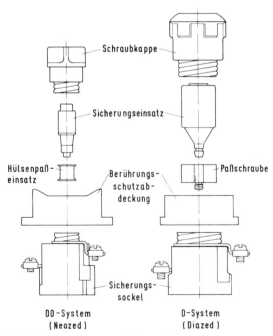

Schraubkappe

Sicherungseinsatz

Hülsenpaß-
einsatz

Berührungs-
schutzab-
deckung

Paßschraube

Sicherungs-
sockel

DO-System
(Neozed)

D-System
(Diazed)

Bild 7-48. Aufbau von DO- und D-System

Tabelle 7-3. Grenzbedingungen für den Sicherungswechsel unter Last für Nennspannungen bis 1000 V nach Entwurf DIN 57 105 Teil 1 A 1 /VDE 0105 Teil 1 A1

Sicherungs-system	Sicherungswechsel unter Last erlaubt			
	bei Nennspannung [V]	bis/über Strom-stärke [A]	durch Laien	durch Elektrofachkräfte/ elektrotechnisch unterwiesene Personen
DO, D	bis 380 ~	bis 63	ja	ja
		über 63	nein	nein
D	über 380 ~	bis 16	nein	ja
		über 16	nein	nein
NH	bis 380 ~	bis 400	nein	ja
		über 400	nein	nein
	über 380 ~ bis 660 ~	bis 35	nein	ja
		über 35	nein	nein
	über 660 ~	über 0	nein	nein
DO, D	bis 24 =	über 0	ja	ja
DO	über 24 = bis 60 =	bis 6	nein	ja
	über 60 = bis 110 =	bis 2	nein	ja
	über 110 =	über 0	nein	nein
D	über 24 = bis 60 =	bis 16	nein	ja
	über 60 = bis 110 =	bis 5	nein	ja
	über 110 = bis 750 =	bis 1	nein	ja
	über 750 =	über 0	nein	nein
NH	bis 24 =	über 0	nein	ja
	über 24 = bis 60 =	bis 100	nein	ja
	über 60 = bis 110 =	bis 15	nein	ja
	über 110 =	über 0	nein	nein

Beim Sicherungswechsel unter Last besteht ungünstigstenfalls die Gefahr, daß ein Lichtbogen entsteht. Daher sind zur Zeit durch den Entwurf DIN 57 105 Teil 1 A1/VDE 0105 Teil 1 A1 Höchstwerte bei den Sicherungs-Nennstromstärken in Diskussion, oberhalb derer ein Sicherungswechsel unter Last nicht erlaubt ist. Diese Grenzwerte **(Tabelle 7-3)** unterscheiden sich je nach Sicherungssystem, Nennspannung, Wechsel- bzw. Gleichspannung und danach, ob der Sicherungswechsel nur durch elektrotechnisch unterwiesene Personen oder auch durch Laien vollzogen werden darf. Wenn diese Grenzwerte als Weißdruck und damit gültige Norm veröffentlicht sind, müssen sie bereits bei der Planung und beim Bau von Niederspannungsanlagen berücksichtigt werden; d. h. bei unzulässigem Sicherungswechsel unter Last sind zusätzlich Schalteinrichtungen mit Lastschaltvermögen vorzusehen, wie z. B. Sicherungslastschalter. Bei Schraubsicherungen, die von Laien bedient werden können, wäre das dann schon bei Nennstromstärken von mehr als 63 A erforderlich.

Wichtigste Größe einer Sicherung für die Bemessung des Schutzes bei indirektem Berühren ist ihre Abschaltzeit-Stromkennlinie. Für Leitungsschutzsicherungen, also Sicherungen der Betriebsklasse gL, sind diese Kennlinien in **Bild 7-49** dargestellt. Die ebenfalls angegebenen kleinsten Schmelzzeit-Stromkennlinien sind lediglich für Selektivitätsbetrachtungen gedacht: Sie geben die Zeit-Strom-Wertepaare an, unterhalb derer der Schmelzleiter einer Sicherung nicht schmilzt.

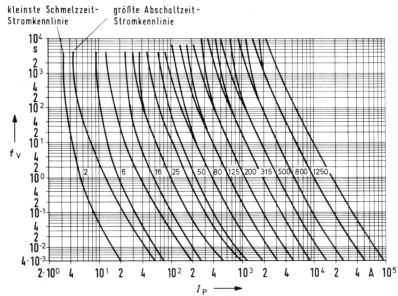

Bild 7-49a. Zeit-Strom-Bereiche für Leitungsschutz (gl) -Sicherungen nach DIN 57 636/VDE 0635

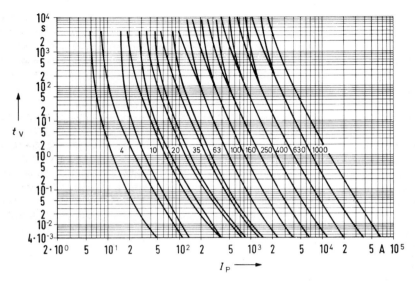

Bild 7-49b. Zeit-Strom-Bereich für Leitungsschutz (gl)-Sicherungen nach DIN 57 636/VDE 0636

Die Kennlinien werden im virtuellen (scheinbaren) Zeitmaßstab angegeben. Das ist eine Zeit, die rechnerisch aus dem Verlauf eines abgeschalteten Stroms – genauer gesagt aus dem zugehörigen Stromwärmewert $\int_0^{t_a} i^2 \cdot dt$ – bestimmt wird. Sie ist definiert als

$$t_v = \frac{\int_0^{t_a} i^2 \cdot dt}{I_p^2}.$$

$t = 0$: Beginn des Kurzschlusses
$t = t_a$: Abschaltung des Kurzschlusses
I_p prospektiver Kurzschlußstrom[29])

Über den virtuellen Zeitmaßstab wird der Vergleich von Abschaltströmen mit unterschiedlichen Kurvenformen im Hinblick auf ihre Stromwärmewirkung möglich, wie es beispielhaft in **Bild 7-50** dargestellt ist. Hier sind zwei Stromverläufe mit gleichen realen Abschaltzeiten, aber unterschiedlichen virtuellen Zeiten dargestellt.

---

29) Nach DIN 57 636/VDE 0636 gilt:
„Der prospektive Kurzschlußstrom ist der Effektivwert der netzfrequenten Wechselstromkomponente, der im Falle eines unmittelbar hinter der Sicherung auftretenden Kurzschlusses bei gegebener Spannung und bei gegebenen Netzbedingungen zu erwarten ist, wenn man sich die Sicherung durch ein Glied vernachlässigbarer Impedanz ersetzt denkt."

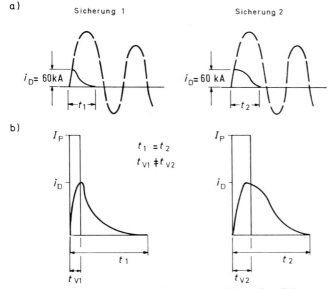

Bild 7-50. Zusammenhang von realen und virtuellen Zeiten
a) Kurzschluß-Stromverlauf bei $I_P = 100$ kA
b) Umwandlung der Kurzschluß-Stromimpulse in Rechteckimpulse mit Impulshöhe von I_P und gleichem $I^2 \cdot t$-Wert

Für Zeiten über 100 ms, die für die maximal zulässigen Abschaltzeiten von 0,2 s bzw. 5 s für den Schutz bei indirektem Berühren von Bedeutung sind, unterscheiden sich realer und virtueller Zeitmaßstab dann aber praktisch nicht mehr.

7.6.1.7.1.2 Geräteschutzsicherungen nach DIN 57 820 Teil 1 /VDE 0820 Teil 1

Geräteschutzsicherungen **(Bild 7-51)** sind nach demselben Grundprinzip wie solche gemäß DIN 57 636/VDE 0636 aufgebaut. Im Hinblick auf ihr deutlich geringeres Schaltvermögen können sie sehr viel kleiner gebaut werden. In vielen Fällen kann sogar der Quarzsand wegfallen.
Wie der Name schon sagt, sind Geräteschutzsicherungen in erster Linie für den Einsatz in elektrischen Verbrauchsmitteln vorgesehen, also nicht für den Einsatz in elektrischen Installationsanlagen. Schon die Bauform läßt die mangelnde Eig-

Bild 7-51. Geräteschutzsicherung bestehend aus: Verschlußkappe, Sicherungseinsatz und Halter

nung erkennen. Daneben ist es aber in erster Linie das sehr niedrige Kurzschluß-schaltvermögen, das einen Einsatz in Installationsanlagen unzweckmäßig erscheinen läßt. Nur wenige Ausführungsarten können höhere Ströme als 100 A abschalten. Höhere Kurzschlußströme muß dann die vorgeschaltete Überstromschutzeinrichtung abschalten. Das ist üblicherweise nur dann vertretbar, wenn der Schutzbereich einer Geräteschutzsicherung lediglich auf ein einzelnes Gerät begrenzt ist. Dann kann die Verwendung einer Geräteschutzsicherung zum Schutz bei indirektem Berühren in Einzelfällen durchaus sinnvoll sein. Als Beispiel läßt sich ein fest installiertes Verbrauchsmittel im TN-Netz nennen, das am Ende einer sehr langen schutzisolierten Leitung angeschlossen ist. Die Länge ist so groß, daß die Sicherung am Anfang der Leitung die Abschaltbedingung von 5 s nicht einhält. In diesem Ausnahmefall kann es evtl. zweckmäßig sein, eine ohnehin vorhandene Geräteschutzsicherung als Schutzeinrichtung zum Schutz bei indirektem Berühren zu verwenden.

Bei Geräteschutzsicherungen stehen die Kennliniencharakteristika superflink (FF), flink (F), mittelträge (M), träge(T) und superträge (TT) zur Auswahl. Den Kennlinienverlauf von superträgen und -flinken Sicherungen zeigt **Bild 7-52** für die Produkte eines namhaften Herstellers.

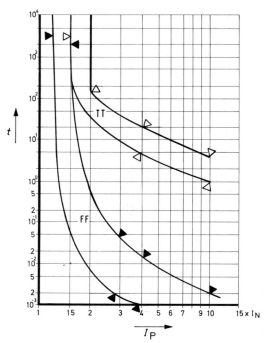

Bild 7-52. Kennlinien von Geräteschutzsicherungen mit superträger bzw. superflinker Charakteristik (TT bzw. FF)

7.6.1.7.1.3   Leitungsschutzschalter nach DIN 57 641 Teil 1 / VDE 0641 Teil 1
Leitungsschutzschalter, in der Praxis auch als Sicherungsautomaten bezeichnet, sind als Alternative zur Sicherung konzipiert und orientieren sich daher in ihren Kennlinien an denen von Sicherungen der Betriebsklasse gL. Im Überlastbereich wird die Kennlinie durch einen thermisch verzögerten Auslöser bestimmt, der als Bimetall ausgeführt wird **(Bild 7-53)**. Die Kennlinie des Kurzschlußbereichs legt der elektromagnetische (unverzögerte) Auslöser fest; er wird durch eine Magnetspule realisiert. Im Bereich geringer Überströme leitet einer der beiden Auslöser die Öffnung der Schaltkontakte über ein Schaltschloß ein, daß der mechanischen Sperrung und Freiauslösung des Schalters dient. Bei hohen Kurzschlußströmen geschieht das über einen Schlaganker. Der entstehende Licht-

a)

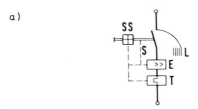

```
T - thermisch verzögerter Auslöser
E - elektromagnetischer Auslöser
SS - Schaltschloß mit Schaltkontakten
S - Schlaganker
L - Lichtbogenlöscheinrichtung
```

b)

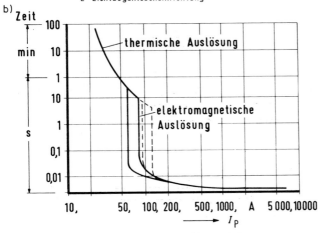

Bild 7-53.   Funktion eines Leitungsschutzschalters
a) Prinzipschaltbild
b) Auslösekennlinie für den Typ L mit $I_n = 16$ A und $U_n = 380$ V bzw. $U_n = 60$ V
—— bei Wechselstrom   – – – – bei Gleichstrom

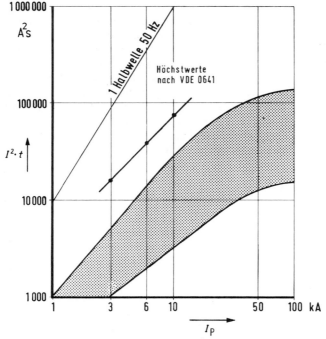

Bild 7-54. Abschaltkennlinie eines Leitungsschutzschalters im Wirkungsbereich des elektromagnetischen Auslösers

bogen wird in der Lichtbogenlöscheinrichtung gelöscht, und damit ist der Strom abgeschaltet.bei elektromagnetischer Auslösung ist die größte Kraftwirkung des elektrischen Stroms maßgeblich, sie geht näherungsweise vom Spitzenwert des Stromes aus. Daher verschiebt sich die Kennlinie für elektromagnetische Auslösung bei Gleichstrom zu höheren Stromwerten; etwa um den Faktor $\sqrt{2}$.

Im Bereich hoher Ströme könnte man aus der Zeit-Strom-Auslösekennlinie nur sehr ungenau ermitteln, welche thermische Belastung für einen Leiter aus dem abgeschalteten Stromverlauf entsteht. Das ergibt sich sehr viel genauer aus den Abschaltwerten der $I^2 \cdot t$-Strom-Kennlinie nach **Bild 7-54.** Man kann diese Kennlinie als Fortsetzung der Auslösekennlinie im Bereich hoher Kurzschlußströme verstehen. Im Zusammenhang mit dem Berührungsschutz sind die $I^2 t$-Werte für die Dimensionierung des Schutzleiters von Interesse (siehe Abschnitt 9 <5.1.2>).

Durch DIN 57 641 Teil 1/VDE 0641 Teil 1 ist nur eine Auslösekennlinie, die L-Charakteristik, genormt. Da in DIN/VDE-Normen vorzugsweise nur auf Normen innerhalb desselben Gesamtwerks verwiesen wird, sind andere Charakte-

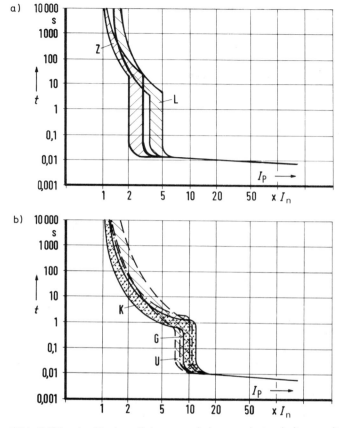

Bild 7-55. Auslösekennlinien von Leitungsschutzschaltern mit $16\,A \leq I_n \leq 25\,A$ Wechselstrom
a) Charakteristiken L und Z
b) Charakteristiken G, K, U

ristiken nicht aufgeführt. Unabhängig davon dürfen natürlich auch die marktgängigen Charakteristiken G, K, U und Z verwendet werden **(Bild 7-55)**. Dabei müssen selbstverständlich die gegenüber der L-Charakteristik geänderten Daten beachtet werden.

7.6.1.7.1.4 Leistungsschalter mit Überstromauslöser nach VDE 0660 Teil 1

Leistungsschalter werden mit den verschiedensten Auslösern hergestellt. Sollen sie als Überstromschutzeinrichtungen für den Schutz bei indirektem Berühren eingesetzt werden, sind lediglich thermisch verzögerte und elektromagne-

134

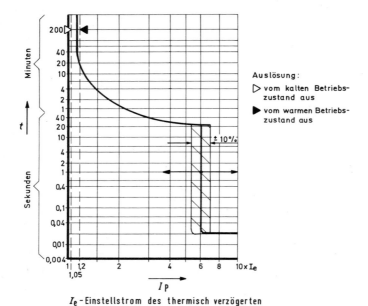

Auslösung:

▷ vom kalten Betriebs-
zustand aus

▶ vom warmen Betriebs-
zustand aus

I_e-Einstellstrom des thermisch verzögerten
Auslösers (Überlastauslösers)

Bild 7-56. Typische Auslösekennlinie eines Leistungsschalters mit Überstromauslöser nach DIN 57 660/VDE 0660

tische Auslöser von Bedeutung. In **Bild 7-56** ist der zugehörige Kennlinienverlauf eines solchen Leistungsschalters nach VDE 0660 dargestellt. Beide Auslöser sind unabhängig voneinander einstellbar.
Beim Einsatz in einem Verteilungsnetz muß im Falle eines Körperschlusses mindestens ein Fehlerstrom in Höhe des 1,2fachen Einstellwertes I_e vom thermisch verzögerten Auslöser fließen. Im Unterschied dazu lassen sich die Abschaltzeiten in Verbraucheranlagen von 0,2 s bzw. 5 s nur mit dem elektromagnetischen Auslöser realisieren. Unter Rücksicht auf die zulässige Toleranz muß im Falle eines vollkommenen Körperschlusses mindestens der 1,1fache Wert des Einstellstroms vom elektromagnetischen Auslöser fließen. Bei einem Einstellwert von 6 x I_e wie in Bild 7-56 ist dann ein Fehlerstrom von 6,6 x I_e erforderlich.

7 < 6.1.7.2 > Fehlerstrom-Schutzeinrichtungen

Fehlerstrom-Schutzeinrichtungen haben als Auslöseorgan einen Summenstromwandler **(Bild 7-57)**. Über ihn fließen die Ströme aller Außenleiter und des Neutralleiters, damit aus ihnen die Summe unter Berücksichtigung der Phasenlage gebildet wird (geometrische Summe). Im ungestörten Normalbetrieb ist die Summe 0 A, wenn die Ableitströme vernachlässigbar sind. Im Fehlerfall entspricht die Summe dem Fehlerstrom. Überschreitet der Fehlerstrom den Nenn-

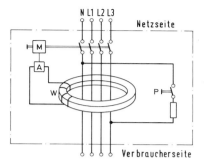

N L1 L2 L3   Netzseite

Verbraucherseite

A   Auslöser
M   Mechanik des Schalters
P   Prüfeinrichtung
W   Summenstromwandler

Bild 7-57. Prinzipieller Aufbau eines FI-Schutzschalters

fehlerstrom $I_{\Delta n}$ einer Fehlerstrom-Schutzeinrichtung kommt es zur Auslösung. Ungünstigstenfalls kann die Auslösung auch schon bei $0,5 \times I_{\Delta n}$ stattfinden, da die zulässige Fertigungstoleranz im Bereich von $0,5...1 \times I_{\Delta n}$ liegt. Vorzugswerte für den Nennfehlerstrom sind: 0,03 A; 0,3 A; 0,5 A; 1 A. Den prinzipiellen Verlauf einer Auslösekennlinie zeigt **Bild 7-58**. Sie gilt nur für Wechselströme. Da Fehlerstrom-Schutzeinrichtungen auf dem Induktionsprinzip beruhen, sind sie in Gleichspannungsnetzen nicht einsetzbar. Die Veränderung des Auslöseverhaltens bei Gleichstromkomponenten ist in Abschnitt $7 < 3.6 >$ behandelt. Unabhängig von einem Fehlerstrom können Fehlerstrom-Schutzeinrichtungen bei hohen Spannungsimpulsen auslösen; damit ist beispielsweise bei Gewitter zu rechnen.
Zu Fehlerstrom-Schutzeinrichtungen zählen folgende Betriebsmittel:
– Fehlerstrom-Schutzschalter nach DIN 57 664 Teil 1/VDE 0664 Teil 1 für Nennströme bis 63 A.
– Fehlerstrom-Schutzschalter bzw. Leistungsschalter mit Fehlerstromrelais nach VDE 0660 Teil 1 für Nennströme über 63 A; jedoch schon für Nennströme über 25 A, wenn zusätzlich zur Fehlerstrom- auch eine Überlastauslösung vorhanden ist.
Nicht zu den Fehlerstrom-Schutzeinrichtungen zählen bisher Leitungsschutzschalter mit Differenzstromauslöser, z. B. solche gemäß DIN 57 641 Teil 4/VDE 0641 Teil 4/...82, Entwurf 1. Der Unterschied zwischen einer Differenzstromauslösung und einer Fehlerstromauslösung liegt in der technischen Ausführung des Auslöseorgans. Eine Fehlerstromauslösung muß auch bei Ausfall eines beliebigen Außenleiters und/oder des Neutralleiters funktionsfähig sein. Da diese Bedingung für Differenzstromauslöser nicht gilt, werden sie üblicherweise mit elektronischen Verstärkern ausgeführt. Im Unterschied dazu

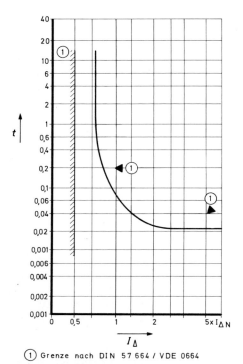

① Grenze nach DIN 57 664 / VDE 0664

Bild 7-58. Typischer Verlauf der Auslösekennlinie eines FI-Schutzschalters

werden Fehlerstromauslöser nur aus passiven Bauelementen aufgebaut. Deshalb wird einer Fehlerstromauslösung üblicherweise eine höhere Zuverlässigkeit und Lebensdauer beigemessen. Nur sie darf bisher als Schutzeinrichtung für den Schutz bei indirektem bzw. bei direktem Berühren angesehen werden. Eine Differenzstromeinrichtung kann lediglich als ergänzende Schutzmaßnahme angesehen werden, wenn die notwendige Sicherheit schon über eine andere Schutzeinrichtung gewährleistet ist. Allerdings ist diese Bewertung mit dem Rosadruck DIN IEC 64(CO)107/VDE 0100 Teil 530 zur Diskussion gestellt worden.

Eine Sonderstellung nehmen Fehlerstromrelais ein, wie sie bei Nennströmen über 63 A zum Einsatz kommen. Sie gelten als Fehlerstrom-Schutzeinrichtungen, obwohl sie bei Ausfall eines Außenleiters funktionsunfähig werden können. Diese Ausnahme wird verständlich, wenn man bedenkt, daß Fehlerstromrelais üblicherweise nur in solchen Installationsanlagen eingesetzt werden, die einer regelmäßigen Wartung durch Fachleute unterliegen. Damit darf man Fehlerstromrelais eine ähnliche Zuverlässigkeit wie Fehlerstrom-Schutzschaltern zuordnen.

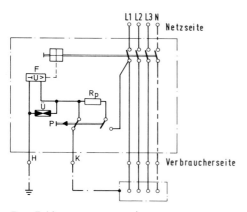

L1 L2 L3 N Netzseite

Verbraucherseite

F   Fehlerspannungsspule
H   Hilfserdungsleiteranschluß
K   Schutzleiteranschluß
P   Prüfeinrichtung
R   Prüfwiderstand
Ü   Überspannungsschutz

Bild 7-59. Prinzipschaltbild eines Fehlerspannungs-Schutzschalters

7<6.1.7.3> Fehlerspannungs-Schutzeinrichtungen
Fehlerspannungs-Schutzeinrichtungen basieren auf folgendem Funktionsprinzip **(Bild 7-59)**:
> Die Fehlerspannung zwischen Körpern und Bezugserde wird über eine Fehlerspannungsspule gemessen. Bei Erreichen der Auslösespannung kommt es zur Auslösung. Sie stellt sich nur ein, wenn der Erdungswiderstand klein genug ist und ein ausreichender Spannungsfall an der Fehlerspannungsspule zustande kommt.

Für die Auslösung ergeben sich nach VDE 0663/10.65 folgende Werte:
– Bei einer Fehlerspannung von 25 V und einem Erdungswiderstand von 200 Ω beträgt die Auslösezeit höchstens 0,2 s.
– Bei einer Fehlerspannung von 50 V und einem Erdungswiderstand von 500 Ω liegt die Auslösezeit in der Größenordnung von 0,2 s.

Diese Bedingungen gelten auch für Leistungsschalter mit Fehlerspannungsauslösung nach VDE 0660.
Fehlerspannungs-Schutzeinrichtungen sind sowohl für Gleich- als auch für Wechselspannungen erhältlich.

7<6.1.7.4> Isolationsüberwachungseinrichtungen
Isolationsüberwachungseinrichtungen gehen auf folgendes Funktionsprinzip zurück **(Bild 7-60)**:

Eine Isolationsüberwachungseinrichtung arbeitet durch das Zusammenwirken von drei Teilfunktionen:
– Sie überlagert dem zu überwachenden Netz einen Strom anderer Frequenz; im Wechselspannungsnetz Gleichstrom, im Gleichspannungsnetz Wechselstrom. Die Höhe des eingespeisten Stroms wird vom Isolationszustand des Netzes bestimmt.
– Sie erfaßt die Höhe des von ihr eingespeisten Stroms.
– Sie gibt in Abhängigkeit von der Höhe des von ihr eingespeisten Stroms eine optische Anzeige über den Isolationszustand des Netzes, gegebenenfalls auch ein akustisches Signal bei Unterschreiten des notwendigen Isolationszustandes.

In DIN 57 413 Teil 2/VDE 0413 Teil 2 werden nur Isolationsüberwachungseinrichtungen für Wechselspannungsnetze beschrieben. Daneben werden aber auf dem Markt auch äquivalente Geräte für Gleichspannungsnetze angeboten.

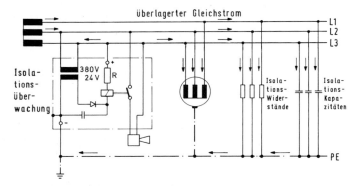

Bild 7-60. Funktionsprinzip einer Isolationsüberwachungseinrichtung

7 <6.1.8> Spannungsbegrenzung bei Erdschluß eines Außenleiters
Dieser Abschnitt ersetzt die bisherige Forderung nach VDE 0100/5.73 § 15. Ein Erdschluß im Niederspannungsnetz hat folgende Rückwirkung: Die Spannung der erdschlußfreien Außenleiter gegenüber dem idealen Erdpotential könnte im Extremfall bis auf $U_n = 380$ V steigen. Die Spannung Außenleiter gegen Neutralleiter bleibt davon natürlich unbeeinflußt. Durch Erdung der Stromquelle ist die Außenleiterspannung gegen Erde auf maximal 248,8 V und die Spannung am PEN- bzw. Neutralleiter auf maximal 50 V zu begrenzen (Bild 7-29b). Somit führt ein Erdschluß auch zu einer erhöhten Beanspruchung der Isolationsstrecken; jedoch bleibt in den DIN/VDE-Normen für Betriebsmittel meist unklar, mit welcher maximalen Spannung die Isolation längere Zeit beansprucht werden darf. Diese Unklarheit entsteht durch die Angabe von Prüfspannungen ohne Bezug auf den Erdschlußfall. Allerdings ist bei einer Reihe von Betriebsmitteln, z. B. bei elektrischen Geräten für den Hausgebrauch und ähnliche Zwek-

ke mit der Schutzklasse I nach DIN 57 700 Teil 1/VDE 0700 Teil 1, dieselbe Prüfspannung 1250 V sowohl für die Isolation zweier aktiver Teile mit einer Spannungsdifferenz von 380 V als auch für die Isolation eines aktiven Teils (220 V) von einem Körper gefordert. Aber auch bei Betriebsmitteln mit geringeren Prüfspannungen würde selbst eine kurzzeitige Erhöhung der Außenleiterspannung gegen Erde auf Werte über 250 V nicht den Schutz gegen gefährliche Körperströme in Frage stellen; lediglich die Lebensdauer des Isolationswerkstoffs könnte reduziert werden. Das gilt insbesondere für Betriebsmittel, die noch nach älteren Normen gefertigt und seit Jahren in Gebrauch sind. Dieser rein wirtschaftliche Nachteil muß durch Begrenzung der Außenleiterspannung auf etwa 250 V so gut wie ausgeschlossen werden; denn die gegebenenfalls vorschnelle Alterung von Betriebsmitteln entsteht auch bei allen anderen Betriebsmitteln desselben Netzes und somit auch außerhalb der Anlage, in der der Erdschluß aufgetreten ist. Damit besonders im Bereich der öffentlichen Stromversorgung ein Erdschluß in einer Anlage so gut wie keine Beeinträchtigungen anderer Kundenanlagen nach sich zieht, muß der Gesamterdungswiderstand auf die geforderten Werte begrenzt sein.
Warum die Spannungsbegrenzung bei Erdschluß eines Außenleiters nicht für IT-Netze gilt, ist ausführlich in Abschnitt 5 dargestellt.
Bei Netzen mit den Nennspannungen 500 V und 660 V entsteht kein Problem durch erhöhte Außenleiterspannung gegen Erde, da die Isolierung von Betriebsmitteln auf die Nennspannung ausgelegt ist.
Die Bedeutung der Spannungsbegrenzung für einen PEN- bzw. Schutzleiter im TN-Netz ist in Abschnitt 7 < 6.1.3.2 > erläutert.
Bei besonders ungünstigen Erdungsverhältnissen, etwa bei kieshaltigem oder felsigem Untergrund, ist ein Gesamterdungswiderstand des Netzes von maximal 2Ω selbst mit erheblichem Aufwand nicht zu erreichen. An solchen Stellen ist aber auch mit höheren Erdübergangswiderständen an möglichen Erdschlußstellen zu rechnen. Als Orientierungswert für R_E können die Erdungswiderstände von Fundamenterdern in Einfamilienhäusern des betrachteten Netzes herangezogen werden. Mit dieser Annahme für den kleinsten zu erwartenden Erdübergangswiderstand liegt man bei Ermittlung vom erforderlichen Erdungswiderstand R_B des Netzes nach vorgenannter allgemeiner Gleichung immer auf der sicheren Seite.

7 < 6.2. > *Schutzisolierung*

Die Schutzmaßnahme Schutzisolierung beruht auf folgender Grundidee:
Die Isolierung zum Schutz gegen direktes Berühren wird um eine zusätzliche Isolierung ergänzt bzw. so verstärkt, daß ein Isolationsfehler und damit eine gefährliche Berührungsspannung so gut wie ausgeschlossen werden können (**Bild 7-61**). Anders ausgedrückt, die besonders hohe Güte der Isolierung verhindert sowohl ein direktes als auch indirektes Berühren. Damit ist Schutzisolierung praktisch auch ein Schutz gegen indirektes Berühren. Schutzisolierung wird

140

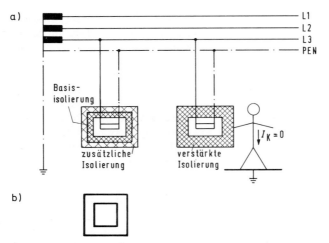

Bild 7-61. Schutzisolierung
a) Prinzip
b) Symbol für Schutzisolierung nach DIN 40 014 (Schutzklasse II)

also zu einer Alternative für Schutzmaßnahmen bei indirektem Berühren mit Meldung oder Abschaltung und wird somit ebenfalls zu den Schutzmaßnahmen bei indirektem Berühren gezählt.

7 < 6.2.1 > Schutzisolierung läßt sich auf zwei Arten erreichen:
– Anwendung von fabrikfertigen Geräten mit Schutzisolierung. Sie werden meist als Geräte der Schutzklasse II bezeichnet.
– Aufbringen von Isolierung im Zuge der Errichtung, so daß insgesamt eine Isolierung entsteht, die der Güte der Schutzisolierung entspricht.
Die letztgenannte Ausführungsart der Schutzisolierung ist erstmalig in DIN 57100/VDE 0100 aufgenommen. Wie sie ausgeführt werden muß, steht im Mittelpunkt des Abschnittes 7 < 6.2 >.

7 < 6.2.1.1 > Elektrische Betriebsmittel, die fabrikationsfertig schutzisoliert ausgeführt sind, erfordern keine weiteren Maßnahmen durch die Errichtung. Lediglich bei Betriebsmitteln, die erst im eingebauten Zustand schutzisoliert sind wie Leitungsschutzschalter, müssen die erforderlichen Abdeckungen angebracht werden.

7 < 6.2.1.2 > Alternativ zur Anwendung von fabrikfertigen schutzisolierten elektrischen Betriebsmitteln kann bei Betriebsmitteln mit alleiniger Basisisolierung eine Schutzisolierung hergestellt werden, indem vom Errichter eine zusätzliche

Isolierung aufgebracht wird. Sie muß so bemessen werden, daß insgesamt eine Isolierung mit mindestens zwei Schichten entsteht, die vergleichbaren fabrikfertigen schutzisolierten Betriebsmitteln gleichwertig ist. Die Schichtung der Isolierung erhöht die Sicherheit gegen Zerstörung.

7 < 6.2.1.3 > Für Sonderfälle besteht eine weitere Alternative zur Anwendung von schutzisolierten elektrischen Betriebsmitteln: Die Schutzisolierung kann durch eine verstärkte Isolierung der aktiven Teile hergestellt werden. Hierbei handelt es sich um eine einlagige Isolierung. Deren mechanische Schädigung ist im Prinzip eher möglich als die einer mindestens zweilagigen Isolierung wie bei der Ausführung als Basis- und zusätzlicher Isolierung. Deshalb darf die verstärkte Isolierung nur dann angewendet werden, wenn z. B. die Geometrie eines Betriebsmittels Basis- und zusätzliche Isolierung nicht zuläßt.

7 < 6.2.2 > und 7 < 6.2.3 > Die Forderung IP 2 X entspricht den Anforderungen zum Schutz gegen direktes Berühren durch Abdeckungen oder Umhüllungen gemäß Abschnitt 7 < 5.2.1 >. Natürlich gelten zusätzlich auch Abschnitt 7 < 5.2.2 > und 7 < 5.2.3 > sinngemäß.

7 < 6.2.4 > Bei der Auswahl einer ausreichenden Isolierstoffstärke für die zusätzliche bzw. verstärkte Isolierung kann man sich üblicherweise an ähnlichen schutzisolierten Betriebsmitteln orientieren. In solchen Fällen kann man auf eine Spannungsprüfung verzichten.

7 < 6.2.5 > Schutzisolierung zielt darauf ab, gefährliche Berührungsspannungen zu verhindern. Deshalb müssen alle berührbaren metallenen Teile durch Schutzisolierung von aktiven Teilen getrennt sein. Dies gilt auch für Befestigungsschrauben, wie es **Bild 7-62** zeigt.

7 < 6.2.6 > Manche Abdeckungen innerhalb der Schutzisolierung lassen sich ohne Hilfsmittel öffnen wie z. B. die Türen eines Zählerschranks. Dann gilt der geöffnete Bereich auch für den Laien als zugänglich. Darum muß in diesem Bereich ein Berührungsschutz durch eine Isolierstoffabdeckung der Schutzart IP 2 X bestehen. Auch wenn es hier nicht ausdrücklich gesagt ist, so darf man

Bild 7-62. Befestigungsschrauben innerhalb der zusätzlichen Isolierung
– unzulässig bei metallischen Schrauben
– zulässig bei Schrauben aus isolierendem Werkstoff

142

davon ausgehen, daß diese Isolierstoffabdeckung lediglich als Basisisolierung ausgeführt werden muß.

Befinden sich hinter dieser Isolierstoffabdeckung Betätigungselemente in der Nähe von berührungsgefährlichen Teilen, so gelten sie nur als Fachleuten zugänglich. Schließlich ist die Isolierstoffabdeckung nur mit Hilfsmitteln entfernbar. Für diesen Berich ist dann DIN 57 106 Teil 100/VDE 0106 Teil 100 anzuwenden. (siehe auch Bild 7-19b).

7 < 6.2.7 > Leitfähige Teile innerhalb eines schutzisolierten Betriebsmittels, die nicht zu den aktiven Leitern oder Schutzleitern zählen, dürfen nicht an Schutzleiter angeschlossen werden, d. h. sie müssen potentialfrei bleiben. Das gilt beispielsweise für Hutschienen innerhalb von schutzisolierten Stromkreisverteilern (Installationskleinverteiler nach DIN 57 606/VDE 0606). Damit sollen Kurzschlüsse bei Montagearbeiten unter Spannung vermieden werden. Sie könnten entstehen, wenn man z. B. mit einem Schraubendreher abrutscht und dabei ein aktives Teil und ein geerdetes kurzschließt. Davon ausgenommen sind Schutzleiterklemmen. Sie werden erforderlich, wenn Schutzleiter durchgeschleift werden müssen. Als Beispiel läßt sich die Schutzleiterschiene in schutzisolierten Stromkreisverteilern nennen.

Werden leitfähige Teile innerhalb der Umhüllung an einen Schutzleiter angeschlossen, so gilt das Betriebsmittel nicht mehr als ein Betriebsmittel der Schutzklasse II, sondern als ein Betriebsmittel der Schutzklasse I. Konsequenterweise sind dann auch alle leitfähigen Teile als Körper an den Schutzleiter anzuschließen. Außerdem sind zur Vermeidung späterer Mißverständnisse die Symbole zu ändern.

7 < 6.2.8 > Neben den Maßnahmen zum Berührungsschutz dürfen die betrieblichen Belange nicht vergessen werden. So muß trotz zusätzlicher bzw. verstärkter Isolierung z. B. auch eine ausreichende Wärmeabfuhr gewährleistet sein.

7 < 6.2.9 > Hier gelten besonders die Ausführungen unter 7 < 6.2.5 > und 7 < 6.2.7 >.

7 < 6.3 > Schutz durch nichtleitende Räume
Die Schutzmaßnahme Schutz durch nichtleitende Räume beruht auf folgender Grundidee:

Es werden elektrische Betriebsmittel vorausgesetzt, die einen vollständigen Schutz gegen direktes Berühren, aber keinen Schutz bei indirektem Berühren haben. Er kommt erst durch Anordnung der Betriebsmittel in so großem Abstand voneinander und zu fremden leitfähigen Teilen zustande, daß eine Person auch im Fehlerfall nur ein potentialbehaftetes leitfähiges Teil berühren kann (**Bild 7-63**).

Schutz durch nichtleitende Räume ist eine vollwertige Maßnahme zum Schutz bei indirektem Berühren. Die Anordnung der Betriebsmittel unterliegt jedoch

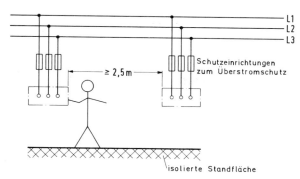

Bild 7-63. Schutz durch nichtleitende Räume

starken Einschränkungen, so daß dieser Schutzmaßnahme in der Praxis nur eine untergeordnete Bedeutung zufällt. Schutz durch nichtleitende Räume tritt weitgehend an die Stelle der bisherigen Standortisolierung nach VDE 0100/5.73.

7 < 6.3.1 > Die Anforderung geht von Betriebsmitteln der Schutzklasse I aus. Sinngemäß sind damit natürlich auch Betriebsmittel mit alleiniger Basisisolierung gemeint. Nicht gleichzeitig berührbar sind sie, wenn die Bedingungen nach Abschnitt 6.3.3 von Teil 410 erfüllt sind. Durch die Einschränkung „unter normalen Umständen" brauchen z. B. bewegliche Betriebsmittel nicht berücksichtigt zu werden, die unter Umständen über Verlängerungsleitungen aus anderen Räumen versorgt werden und nur im Ausnahmefall im Bereich der Schutzmaßnahme Schutz durch nichtleitende Räume eingesetzt werden.

7 < 6.3.2 > Das Verbot des Schutzleiteranschlusses wird hier nur insoweit angesprochen, als damit eine Verbindung zu einem Erder oder anderen geerdeten Teilen hergestellt wird. Eine Quasi-Schutzleiterverbindung zum Zwecke des Potentialausgleichs ist hier nicht gemeint; denn eine Kombination der Schutzmaßnahmen Schutz durch nichtleitende Räume und Schutz durch erdfreien, örtlichen Potentialausgleich nach Abschnitt 7 < 6.4 > ist durchaus möglich. Dieser Potentialausgleich wird meistens dann notwendig, wenn auch ortsveränderliche Verbrauchsmittel in den Schutz durch nichtleitende Räume einbezogen werden sollen und der Mindestabstand nicht in jedem Fall sichergestellt ist. Hier sind nur solche ortsveränderlichen Verbrauchsmittel gemeint, die aus dem Wirkungsbereich dieser Schutzmaßnahme versorgt und hier auch überwiegend eingesetzt werden.

Der verminderte Mindestabstand von 1,25 m außerhalb des Handbereichs ist an folgende Vorstellung geknüpft: Dieser Bereich wird meist durch eine Leiter zugänglich; eine Hand wird zur Sicherung des Standortes gebraucht, so daß nur Entfernungen von etwa einer Armlänge überbrückt werden können. Wenn die

Hindernisse aus leitfähigem Material hergestellt sind, so müssen sie in jedem Fall isoliert aufgestellt werden, damit sie im Fehlerfall kein Potential annehmen können.

7 <6.3.4> Die Forderung nach dauerhafter Wirksamkeit ist im Zusammenhang mit Abschnitt 7 <6.3.1> zu sehen. Danach sind nur die „normalen Umstände" zu berücksichtigen. Damit Schutz durch nichtleitende Räume langfristig wirksam sein kann, muß eine regelmäßige Kontrolle durch einen Fachmann sichergestellt sein. Nur so kann gewährleistet werden, daß auch nach fachfremden Änderungen der Anlage die Schutzwirkung erhalten bleibt. Wegen dieses Kontrollaufwandes kommt diese Schutzmaßnahme für die Hausinstallation im Privatbereich und für ähnliche Anlagen nicht in Betracht.

Wie ortsveränderliche Verbrauchsmittel am besten in die Schutzmaßnahme einbezogen werden können, war schon in Abschnitt 7 < 6.3.2 > dargestellt worden.

7 <6.3.5> Schutz durch nichtleitende Räume läßt eine beliebige Fehlerspannung ohne zeitliche Begrenzung zu. Daher darf die Fehlerspannung auf keinen Fall in Bereiche übertragen werden, in denen die Voraussetzungen dieser Schutzmaßnahme nicht mehr erfüllt sind.

7 <6.4> Schutz durch erdfreien, örtlichen Potentialausgleich

Die Schutzmaßnahme Schutz durch erdfreien, örtlichen Potentialausgleich geht von folgender Grundidee aus:

> In einem nichtleitenden Raum werden alle gleichzeitig berührbaren Körper und fremden leitfähigen Teile durch einen erdfreien Potentialausgleichsleiter verbunden. Damit nehmen sie beim Einfachfehler gleiches Potential an. Wegen des nichtleitenden Raumes kann auch keine gefährliche Berührungsspannung zur Erde hin auftreten. Lediglich beim Doppelfehler in unterschiedlichen Außenleitern ist eine Berührungsspannung denkbar. Dieser Fehler ist dadurch berücksichtigt, daß durch die vorhandenen Schutzeinrichtungen zum Überstromschutz eine Abschaltung eintritt **(Bild 7-64)**. Anders als

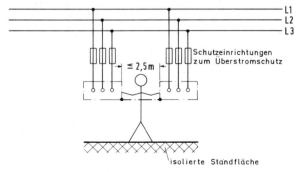

Bild 7-64. Schutz durch erdfreien, örtlichen Potentialausgleich

der Hauptpotentialausgleich ist der erdfreie, örtliche Potentialausgleich keine Ergänzung einer Schutzmaßnahme durch Abschaltung oder Meldung, sondern eine eigenständige Schutzmaßnahme bei indirektem Berühren ähnlich wie der zusätzliche Potentialausgleich gemäß Abschnitt 7 < 6.1.6 >.
Da die Bedingungen für nichtleitende Räume lediglich in wenigen Fällen erfüllt werden, kann diese Schutzmaßnahme nur in Ausnahmefällen Bedeutung erlangen.

7 < 6.4.1 > Welche Teile als gleichzeitig berührbar gelten, ist in Abschnitt 7 < 6.3.3 > festgelegt.

7 < 6.4.2 > Erdfreier, örtlicher Potentialausgleich setzt isolierenden Fußboden und isolierende Wände voraus. Daher ist bei dieser Schutzmaßnahme die zulässige Fehlerspannung weder in der Höhe, noch in der Zeitdauer begrenzt. Darum muß eine Weiterleitung dieser Fehlerspannung in andere Bereiche verhindert werden. Deshalb ist auch eine Erdung des Potentialausgleichs zu unterlassen.

7 < 6.4.3 > An den erdfreien, örtlichen Potentialausgleich können eine Vielzahl elektrischer Betriebsmittel angeschlossen sein. Damit muß eine relativ hohe Wahrscheinlichkeit dafür angenommen werden, daß am Potentialausgleich eine Fehlerspannung besteht. Sie darf auch an der Grenze des isolierenden Raumes nicht zu einer Berührungsspannung führen. Das läßt sich durch folgende Maßnahme erreichen: Der erdfreie, örtliche Potentialausgelich wird so verlegt, daß er für mögliche Standorte außerhalb des isolierenden Raumes außerhalb des Handbereiches liegt.

7 < 6.5 > *Schutztrennung*
Die Schutzmaßnahme Schutztrennung geht im Kern auf folgende Grundidee zurück:
Ein einzelnes Verbrauchsmittel bzw. eine räumlich eng begrenzte elektrische Anlage wird auf besonders sichere Weise von anderen aktiven Teilen galvanisch getrennt und potentialfrei gehalten, z. B. durch einen Trenntransformator. Dadurch kann im ersten Fehlerfall keine gefährliche Berührungsspannung entstehen. Je nach Anzahl der Verbrauchsmittel, die von einer Stromquelle versorgt werden, ist Schutztrennung für unterschiedliche Zwecke gedacht. Sofern nur ein einzelnes Verbrauchsmittel versorgt wird, ist das Auftreten von zwei Körperschlüssen so gut wie ausgeschlossen (**Bild 7-65a**). Deshalb wird die Schutztrennung mit einem Verbrauchsmittel je Stromquelle als besonders hochwertige Schutzmaßnahme eingestuft, die bei außergewöhnlich gefahrenträchtigen Umgebungsbedingungen vorgeschrieben wird. Dieser erhöhte Schutzwert geht verloren, wenn mehrere Verbrauchsmittel von einer Stromquelle

versorgt werden. Unter diesen Bedingungen liegt die Bedeutung der Schutztrennung in ihrer Unabhängigkeit von Erdern **(Bild 7-65b)**. Dies ist beispielsweise beim Einsatz von ortsveränderlichen Notstromaggregaten von Vorteil.

Die Unterteilung der Schutztrennung in zwei Schutzmaßnahmen mit unterschiedlichen Schutzwert ist nicht neu. Auch in VDE 0100/5.73 war die Schutztrennung für mehrere Verbrauchsmittel je Stromquelle behandelt worden allerdings nicht in § 14 „Schutztrennung", sondern in § 53 „Ersatzstromversorgungsanlagen".

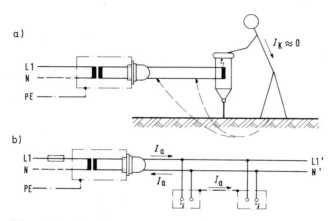

Bild 7-65. Schutztrennung
a) mit erhöhtem Schutzwert bei einem Verbrauchsmittel je Stromquelle
b) als unabhängige Schutzmaßnahme bei mehreren Verbrauchsmitteln je Stromquelle

7 <6.5.1> Bei einem einzigen Körper- bzw. Erdschluß wird der mögliche Körperstrom in erster Linie durch den Ableitstrom der Leitungen bestimmt. Der Ableitstrom nimmt mit wachsender Leitungslänge und Nennspannung zu. Man darf daher das Produkt aus Leitungslänge und Nennspannung als Maß für den Ableitstrom ansehen. Wenn 100 000 V·m nicht überschritten werden, liegen der Ableit- und somit auch der mögliche Körperstrom bei ungefährlichen Werten. Bei einer Nennspannung von 380 V ist dann für drei- oder vieradrige Drehstromleitungen eine Länge von 263 m zulässig, für Wechselstromleitungen 454 m.

Neben der Höhe des Ableitstroms ist die Übersichtlichkeit von Bedeutung, damit ein Körper- bzw. Erdschluß vor Auftreten eines weiteren Fehlers bemerkt wird. Deshalb muß die Leitungslänge auf 500 m begrenzt sein. Sinnvollerweise wird man diese Anforderung nur auf Schutztrennung mit einem Verbrauchsmittel pro Stromquelle beziehen. Lediglich für diese Variante der Schutztrennung besteht kein Schutz im Falle von zwei Erd- bzw. Körperschlüssen in verschiedenen Leitern.

7 < 6.5.1.1 > Trenntransformatoren nach VDE 0550 Teil 3 haben folgende oberen Grenzdaten:
- Nenn-Eingangsspannung   500 V
- Nennleistung
  - ● Drehstrom   10 kVA
  - ● Wechselstrom   4 kVA
- Nenn-Ausgangsstrom   16 A
- Frequenz   500 Hz

Wesentliches Merkmal von Trenntransformatoren ist die besonders hochwertige Isolierung zwischen Eingangs- und Ausgangsstromkreis; die Prüfspannung beträgt 4 kV bei Trenntransformatoren der Schutzklasse I bzw. 5 kV bei Trenntransformatoren der Schutzklasse II. Für vergleichbare Kleintransformatoren ohne besonders hochwertige Trennung gelten Prüfspannungen von 2,5 kV bzw. 3,5 kV. Trenntransformatoren werden mit dem Symbol der getrennten Wicklungen nach **Bild 7-66** kenntlich gemacht. Nach ihrem Verhalten bei Kurzschluß werden unterschieden
- unbedingt kurzschlußfeste Transformatoren
- und bedingt kurzschlußfeste Transformatoren.

 ⊖⊙	Trenntransformator
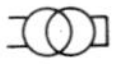 ⊐⊂⊃⊃	unbedingt kurzschlußfester Transformator
 ⊖	bedingt kurzschlußfester Transformator

Bild 7-66. Symbole für Trenntransformatoren nach VDE 0550

Die Art der Kurzschlußfestigkeit wird durch die Zeichen nach Bild 7-66 markiert. Unbedingt kurzschlußfest heißt, daß der Strom im Kurzschlußfall durch den inneren Spannungsfall begrenzt wird. Bedingt kurzschlußfest sind Transformatoren mit einer eingebauten Kurzschlußschutzeinrichtung.
Motorgeneratoren werden üblicherweise nur dann eingesetzt, wenn Spezialwerkzeuge eine andere Frequenz als 50 Hz notwendig machen. Dabei muß zwischen Motor- und Generatorwicklungen eine gleichwertige Isolierung wie zwischen Ein- und Ausgangsstromkreis eines Trenntransformators bestehen.
Als andere Stromquellen mit einer gleichwertigen Sicherheit können solche nach 7 < 4.1.2.4 > angesehen werden, wie sie auch bei Schutzkleinspannung eingesetzt werden.
Ortsveränderliche Trenntransformatoren sind im Vergleich zu ortsfesten einer erhöhten mechanischen Beanspruchung unterworfen, die bei einem Gerät der

Schutzklasse I eventuell zur Schutzleiterunterbrechung führen könnte. Damit diese Gefahr ausgeschlossen ist, wird bei ortsveränderlichem Anschluß ein schutzisolierter Trenntransformator gefordert. Ortsfeste Stromquellen dürfen wohl als Gerät der Schutzklasse I ausgeführt sein, allerdings müssen Eingangs- und Ausgangsstromkreis gegenüber dem Körper durch eine Isolierung getrennt sein, die den Prüfbedingungen für Schutzisolierung nach Abschnitt 7 < 6.2 > genügt. Damit sollen Körperschlüsse so gut wie ausgeschlossen werden, weil sie durch eine Sichtprüfung nicht zu erkennen sind.

Für den Fall, daß eine derartige Stromquelle mehrere Verbrauchsmittel versorgt, dürfen deren Körper nicht mit dem der Stromquelle verbunden werden. So soll die Unabhängigkeit der Schutzmaßnahme Schutztrennung gewahrt bleiben. Mögliche Fehlerspannungen am Schutzleiter des versorgenden Netzes sollen nicht auf den Potentialausgleichsleiter der Schutzmaßnahme Schutztrennung übertragen werden.

7 < 6.5.1.2 > Eine wesentliche Grundlage für die Funktion der Schutztrennung ist die Potentialfreiheit der aktiven Teile. Deshalb dürfen sie nicht verbunden werden mit potentialbehafteten Teilen wie aktiven Teilen anderer Stromkreise, Erde etc.

Damit die Potentialfreiheit erhalten bleibt, müssen die aktiven Teile sehr sorgfältig isoliert werden. Dies gilt besonders für Betriebsmittel wie Schütze, an die Stromkreise mit der Schutzmaßnahme Schutztrennung und auch geerdete Stromkreise angeschlossen werden. Die geforderte Isolierung entspricht der Schutzisolierung.

7 < 6.5.1.3 > Bewegliche Leitungen sind häufig einer hohen mechanischen Beanspruchung ausgesetzt, die das Auftreten eines Erdschlusses begünstigt. Darum müssen bewegliche Leitungen im Grunde überall für eine jederzeitige Sichtkontrolle zugänglich sein.

7 < 6.5.1.4 > Die elektrische Trennung zu aktiven Teilen mit anderen Schutzmaßnahmen läßt sich am leichtesten bei getrennter Leitungsführung der Stromkreise mit Schutztrennung realisieren. Wenn davon abgewichen werden muß, sind zweckmäßigerweise schutzisolierte Mehraderleitungen wie NYM für jeden einzelnen Stromkreis zu verlegen. Bei Rohrverlegung reichen bis $U_n = 660$ V Aderleitungen H07V-... . Stromkreise mit Schutztrennung und andere Stromkreise gemeinsam in einer Mehraderleitung wie NYM sind wegen der geringen Prüfspannung von 2 kV für die Isolierung zwischen zwei Leitern nicht zulässig.

7 < 6.5.1.5 > Ein wichtiger Vorteil der Schutztrennung liegt in ihrer Unabhängigkeit von anderen Schutzmaßnahmen. Damit dieser Vorteil nicht verlorengeht, ist eine absichtliche Verbindung mit Erde bzw. Schutzleitern und Körpern, die in eine andere Schutzmaßnahme einbezogen sind, nicht zulässig.

7 < 6.5.2 > Hier wird klargestellt, daß die Schutztrennung nur dann einen erhöhten Schutzwert hat, wenn je Stromquelle nur ein einziges Verbrauchsmittel versorgt wird.

7 < 6.5.2.1 > Zur Abgrenzung gegenüber dem folgenden Abschnitt ist die Forderung von 7 < 6.5.1.5 > wiederholt worden.

7 < 6.5.2.2 > Vom allgemeinen Erdungsverbot für Körper in Stromkreisen der Schutztrennung sind Körper im Bereich von metallisch leitenden Standorten ausgenommen. Hier läßt sich durch einen „besonderen Leiter'' mit der Funktion eines Schutzleiters selbst für den Fall eines zweiten Fehlers eine gefährliche Berührungsspannung ausschließen **(Bild 7-67)**. Dieser Quasi-Schutzleiter ist natürlich nicht bei Geräten der Schutzklasse II erforderlich, die zum mechanischen Schutz der Isolierung eine metallische Umhüllung haben.

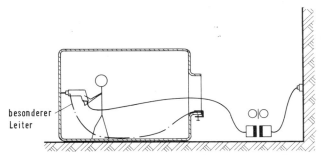

besonderer
Leiter

Bild 7-67. Anwendung des besonderen Leiters bei der Schutztrennung in einem Kessel

7 < 6.5.3 > Eine Stromquelle für die Schutztrennung darf mehrere Verbrauchsmittel versorgen. Dann ist allerdings der erhöhte Schutzwert der Schutztrennung nicht mehr gegeben. Damit darf sie in dieser Ausführung nicht in den Fällen angewendet werden, in denen sie neben anderen Schutzmaßnahmen wie Schutzkleinspannung zwingend vorgeschrieben ist.
Bei Versorgung mehrerer Verbrauchsmittel müssen ihre Körper mit einem ungeerdeten Potentialausgleichsleiter verbunden werden. Bei gleichzeitig zwei Körperschlüssen muß eine Abschaltung erfolgen wie bei Schutzmaßnahmen mit Abschaltung. Damit rückt die Schutztrennung in die Nähe der Schutzmaßnahmen im IT-Netz. Es bestehen folgende wesentliche Unterschiede:

– Die Anforderungen an die Stromquelle für Schutztrennung sind höherwertig.
– Der Potentialausgleichsleiter im Zuge der Schutztrennung darf nicht geerdet werden. Dadurch ist eine Unabhängigkeit von Erdern und anderen Schutzmaßnahmen gegeben.
– **Alle** Körper, die von einer Stromquelle versorgt werden, müssen mit **einem** Potentialausgleichsleiter verbunden werden.

Schutztrennung für mehrere Verbrauchsmittel und Schutzmaßnahmen im IT-Netz haben den gleichen Schutzwert. Insofern steht es allein im Ermessen des Betreibers zu entscheiden, welche der beiden Schutzmaßnahmen angewendet werden soll.

7 < 7 > Verwendung von Fehlerspannungs-Schutzeinrichtungen

Die Verwendung einer Fehlerspannungs-Schutzeinrichtung stellt im Unterschied zu anderen Schutzeinrichtungen besondere Anforderungen an die Verlegung von Schutz- bzw. Erdungsleiter und an die Errichtung des Anlagenerders im TN-, TT- oder IT-Netz. Dieser Erder wird im Zusammenhang mit Fehlerspannungs-Schutzeinrichtungen als Hilfserder bezeichnet. Der Hilfserder muß so errichtet werden, daß er von anderen Erdern unbeeinflußt ist **(Bild 7-68)**. Als andere Erder sind in erster Linie natürliche Erder[30]) der zu schützenden Verbraucheranlage gemeint. Sie können im Fehlerfall die volle Fehlerspannung der fehlerhaften Verbrauchsmittel annehmen. Überträgt sie sich auch auf den Hilfser-

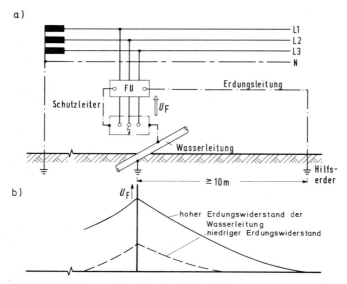

a)

b)

Bild 7-68. Notwendiger Abstand eines Hilfserders zu anderen Erdern (hier: Wasserleitung)
a)   Anordnung der Erder
b)   Potentialverlauf

---

30) In Teil 200 von DIN 57 100/VDE 0100 ist definiert: „Natürlicher Erder ist ein mit Erde oder Wasser unmittelbar oder über Beton in Verbindung stehendes Metallteil, dessen ursprünglicher Zweck nicht die Erdung ist, das aber als Erder wirkt."

der, so nimmt die Fehlerspannungsspule keine Fehlerspannung wahr, und die notwendige Abschaltung unterbleibt. Deshalb muß der Hilfserder so angeordnet werden, daß er auch im Fehlerfall näherungsweise auf dem Potential 0 V liegt.

7 < 7.1 > Damit die Fehlerspannungsspule eine eventuelle Fehlerspannung erfaßt, muß sie zwischen den Schutzleiter der zu schützenden Körper und den Hilfserder mit einem Erdpotential von näherungsweise 0 V geschaltet werden (Bild 7-68).

7 < 7.2 > Im allgemeinen stellt Teil 540 von DIN 57 100/VDE 0100 es dem Errichter frei, einen Erdungsleiter zu isolieren oder blank zu verlegen. Von dieser allgemeinen Regel muß bei Verlegung der Erdungsleitung von einer Fehlerspannungs-Schutzeinrichtung zu einem Hilfserder abgewichen werden. Diese Erdungsleitung ist immer isoliert zu verlegen, damit eine leitende Verbindung zum Schutzleiter und zu den verbundenen Körpern bzw. fremden leitfähigen Teilen parallel zur Fehlerspannungsspule ausgeschlossen ist. Eine solche Verbindung würde verhindern, daß die Fehlerspannungsspule im Fehlerfall eine Fehlerspannung wahrnimmt.

7 < 7.3 > Der Schutzleiter zwischen den zu schützenden Körpern und der Fehlerspannungsspule darf nicht mit Körpern in Verbindung kommen, die durch andere Fehlerspannungs-Schutzeinrichtungen oder sonstige Schutzeinrichtungen geschützt werden. Andernfalls kommt es im Fehlerfall zu Fehlauslösungen bei den Fehlerspannungs-Schutzschaltern, in deren Schutzbereich keine fehlerhaften Betriebsmittel sind. Derartige Fehlauslösungen senken die betriebliche Zuverlässigkeit und erschweren die Fehlersuche. Daher ist es zweckmäßig, auch den Schutzleiter immer isoliert zu verlegen und Verbindungen zwischen Schutzleitern zu unterlassen, die unterschiedlichen Schutzeinrichtungen zugeordnet sind. Nur so läßt sich Selektivität zwischen verschiedenen Fehlerspannungs-Schutzeinrichtungen erzielen.

7 < 7.4 > Wenn Verbrauchsmittel mit einer guten Zwangserdung, z. B. Warmwassergeräte mit einer Verbindung zur Waserleitung, von Fehlerspannungs-Schutzschaltern geschützt werden sollen, lösen sie eventuell nicht einmal bei vollkommenem Körperschluß aus. Durch den niedrigen Erdungswiderstand der Zwangserdung kann die Fehlerspannung dann vielleicht unter dem Auslösewert liegen (vergleiche Bild 7-68). In einem derartigen Fall ist der Berührungsschutz zwar gewährleistet, aber es ist eine Überlastung des Schutzleiters denkbar. Um sie auszuschließen, muß sich der Schutzleiterquerschnitt am Betriebsmittel mit der größten Absicherung orientieren. Sein halber Außenleiterquerschnitt ist für alle Schutzleiter notwendig. Damit wird in ausreichendem Maße sichergestellt, daß der Fehlerstrom von den vorhandenen Überstromschutzeinrichtungen abgeschaltet wird, bevor es beispielsweise zu einer brandgefährlichen Überlastung kommt.

7 <7.5> Eingangs ist schon auf die Notwendigkeit hingewiesen worden, den Hilfserder außerhalb des Einflußbereichs von anderen Erdern zu verlegen. Dazu ist ein Abstand von mindestens 10 m erforderlich (Bild 7-68).

7 <7.6> Im Störungsfall kann ein Neutralleiter im TN- oder TT-Netz höhere Spannungen als U_L annehmen. Kommt es dann hinter einer Fehlerspannungs-Schutzeinrichtung zu einem Körperschluß des Neutralleiters, so muß auch er zusammen mit den Außenleitern abgeschaltet werden.

7 <8> Ausnahmen

Hier werden wenige Fälle aufgeführt, in denen auf den Schutz gegen direktes Berühren bzw. auf den Schutz bei indirektem Berühren verzichtet werden kann. Die Begründung dafür ist in einer fehlenden technischen Ausführbarkeit bzw. in einem erwiesenermaßen niedrigen Risiko gegeben.
Erstmals aufgenommen worden sind Mindestabmessungen für Betriebsmittel, unterhalb derer ein Schutz bei indirektem Berühren nicht erforderlich ist. Dies gilt nur, wenn der Schutzleiter nicht ohne weiteres angeschlossen werden kann.
Die aufgeführten Ausnahmefälle lassen sich natürlich auch auf fremde leitfähige Teile übertragen, wenn es darum geht zu beurteilen, ob sie in den zusätzlichen Potentialausgleich einbezogen werden müssen oder nicht.

8 Aufgaben von Erdung, Schutzleiter, Potentialausgleich und Potentialsteuerung

Mit Teil 410 von DIN 57 100/VDE 0100 sind die Schutzmaßnahmen gegen gefährliche Körperströme vollständig überarbeitet worden. Dabei hat die Bedeutung des Potentialausgleichs eine stärkere Betonung erfahren. Außerdem sind für besondere Fälle neue Arten des Potentialausgleichs eingeführt worden. Zum besseren Verständnis werden nachstehend zunächst ihre unterschiedlichen Aufgaben im Zusammenhang dargestellt und gegenüber den Funktionen von Erdung und Schutzleiter abgegrenzt. Gleichzeitig wird damit eine Einleitung und eine Übersicht auf Teil 540 von DIN 57 100/VDE 0100 gegeben.

8.1 Erdung

Durch Erdung werden elektrisch leitfähige Teile leitend mit dem Erdreich verbunden. Erdung kann sowohl innerhalb des Verteilungsnetzes als auch in Verbraucheranlagen erforderlich werden. In beiden Fällen ist der Erder in erster Linie für Schutzmaßnahmen bei indirektem Berühren notwendig; daneben aber auch für betriebliche Zwecke.

Der **Anlagenerder** geht auf folgende Grundidee zurück:
Der Körper eines elektrischen Betirebsmittels wird elektrisch leitend mit dem Erdreich verbunden (**Bild 8-1**). Damit nehmen Körper und Standorte um den Erder, von denen aus ein Mensch diesen Körper berühren könnte, auch im Falle eines Körperschlusses näherungsweise das gleiche Potential an, und eine gefährliche Berührungsspannung wird vermieden. Durch Schutzleiterverbindungen und Potentialausgleich wird der Bereich, in dem Standort und Körper im Fehlerfall ungefähr gleiches Potential haben, von der unmittelbaren Umgebung des Erders auf den Gesamtbereich einer elektrischen Verbraucheranlage ausgedehnt. Ferner fällt dem Anlagenerder die Aufgabe zu, den Fehlerstrom im Falle eines Körperschlusses auf Werte zu bringen, die zur Auslösung einer Schutzeinrichtung wie Fehlerstrom- Schutzschalter oder Sicherung führen.
Diese Grundidee kommt bei den heute üblichen Netzformen noch am deutlichsten im TT-Netz zum Ausdruck, in den übrigen Netzformen hat sie einige Abwandlungen erfahren.

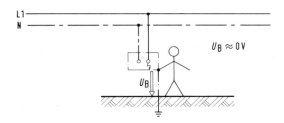

Bild 8-1. Zur Grundidee der Anlagenerdung

Ein **Netzerder** läßt sich von seiner Funktion her folgendermaßen verstehen:
– Zum Schutz bei indirektem Berühren:
  ● Im TN-Netz Begrenzung der Fehlerspannung am PEN-Leiter auf möglichst niedrige Werte für den Fall des Kurz- bzw. Erdschlusses.
  ● Im TT-Netz Vergrößerung des Erdschlußstroms zur Erleichterung der Abschaltung von Schutzeinrichtungenin Verbraucheranlagen.
– Zu Betriebszwecken, d. h. zur Verringerung der Spannungsbeanspruchung von elektrischen Betriebsmitteln im Störungsfall:
  ● In Verbindung mit Überspannungsableitern Schutz gegen Überspannung bei atmosphärischen Entladungen.
  ● Spannungsbegrenzung bei Erdschluß eines Außenleiters im TN- und TT-Netz. Damit wird die Spannung der erdschlußfreien Außenleiter auf etwa 250 V bei $U_n = 380$ V begrenzt (siehe auch Abschnitt 7 < 6.1.8 > und Bild 7-29).

154

8.2 Schutzleiter

Schutzleiter haben in erster Linie die Aufgabe, Körper verschiedener Betriebsmittel miteinander zu verbinden. Damit werden die Körper im Falle eines Körperschlusses auf näherungsweise gleiches Potential gebracht, und als Berührungsspannung wird nur ein Teil der Fehlerspannung wirksam (Bilder 7-23 und 7-24). Außerdem sorgt der Schutzleiter für eine nahezu widerstandslose Verbindung zu einem Erder bzw. PEN-Leiter, so daß im Falle eines vollkommenen Körperschlusses ein ausreichend hoher Fehlerstrom zur Auslösung der vorhandenen Schutzeinrichtung fließt.

8.3 Potentialausgleich und Potentialsteuerung als Ergänzung von Schutzmaßnahmen durch Abschaltung oder Meldung

Durch den **Hauptpotentialausgleich** werden an zentraler Stelle einer Anlage fremde leitfähige Teile, vorwiegend Rohrleitungssysteme, untereinander und über den Schutzleiter auch mit Körpern verbunden. Infolgedessen nehmen die fremden leitfähigen Teile und damit ebenso Standflächen sowie Wände im Wirkungsbereich des Hauptpotentialausgleichs bei Körperschluß eines Betriebs-

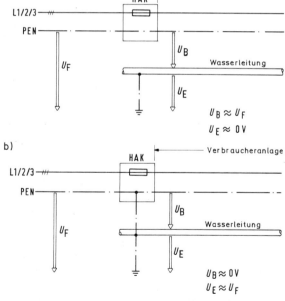

Bild 8-2. Berührungsspannung innerhalb einer Verbraucheranlage des TN-Netzes durch eine externe Fehlerspannung am PEN-Leiter
a) ohne Hauptpotentialausgleich
b) mit Hauptpotentialausgleich

mittels ebenfalls eine Fehlerspannung an. Sie unterscheidet sich nur durch den Spannungsfall am Schutzleiter von der Fehlerspannung am Körper des körperschlußbehafteten Betriebmittels. Damit wird die Höhe der möglichen Berührungsspannung vermindert und die Gefahr verringert. Ferner bietet der Hauptpotentialausgleich auch Schutz in den Fällen, in denen die Schutzmaßnahmen durch Abschalten oder Meldung allein nicht greifen können oder durch Defekte unwirksam geworden sind. Derartige Fälle hängen mit der Netzform und der Schutzeinrichtung zusammen; sie sind mit folgenden Konstellationen verbunden:

– Fehlerspannung U_F am PEN-Leiter durch Kurz- oder Erdschluß außerhalb der betrachteten Verbraucheranlage größer als die zulässige Berührungsspannung U_L **(Bild 8-2)**.
– Erdschluß innerhalb einer Verbraucheranlage des TN- oder TT-Netzes, in der Überstromschutzeinrichtungen auch zum Berührungsschutz verwendet werden **(Bild 8-3)**.

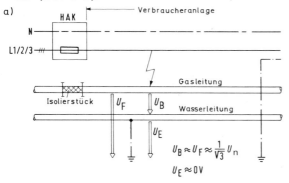

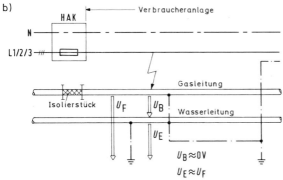

Bild 8-3. Berührungsspannung durch Erdschluß in einer Verbraucheranlage des TT-Netzes
a) ohne Hauptpotentialausgleich
b) mit Hauptpotentialausgleich

- Körperschluß in einer Verbraucheranlage bei gleichzeitigem Ausfall der Fehlerstrom-Schutzeinrichtung innerhalb des TT-Netzes **(Bild 8-4)**.

Im IT-Netz wirkt der Hauptpotentialausgleich wie im TN-S- oder TT-Netz – je nachdem, ob alle Körper insgesamt mit einem Erder oder gruppenweise mit verschiedenen Erdern verbunden sind.

Der Hauptpotentialausgleich wird nur an einer Stelle innerhalb einer Verbraucheranlage ausgeführt. Außerdem gibt es keine Anforderung an den höchstzulässigen Spannungsfall, der zwischen fremden leitfähigen Teilen innerhalb des Hauptpotentialausgleichs auftreten darf. Daher kann sich die Berührungsspannung bei einem Fehler innerhalb der betrachteten Verbraucheranlage durchaus deutlich von 0 V unterscheiden. Damit ist um so eher zu rechnen, je größer die Entfernung und je kleiner der Schutzleiterquerschnitt bis zum Anbindungspunkt des Hauptpotentialausgleichs sind. Die pauschale Bemessung des Hauptpotentialausgleichs hat sich jedoch in der Praxis als völlig ausreichend erwiesen; zumindest in den Räumen, in denen das normale Gefahrenpotential anzusetzen ist, so z. B. in trockenen Räumen.

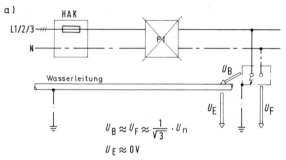

$$U_B \approx U_F \approx \frac{1}{\sqrt{3}} \cdot U_n$$

$$U_E \approx 0\,V$$

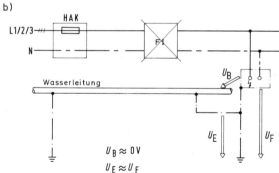

$$U_B \approx 0\,V$$

$$U_E \approx U_F$$

Bild 8-4. Berührungsspannung innerhalb des TT-Netzes bei Ausfall einer Fehlerstrom-Schutzeinrichtung
a) ohne Hauptpotentialausgleich
b) mit Hauptpotentialausgleich

An Orten mit erhöhtem Risiko wird ein örtlicher, sogenannter **zusätzlicher Potentialausgleich** gefordert. Durch den zusätzlichen Potentialausgleich werden die Körper elektrischer Betriebsmittel in unmittelbarer Nähe des Aufstellungsortes mit fremden leitfähigen Teilen verbunden. So wird im Fehlerfall die mögliche Berührungsspannung innerhalb des zusätzlichen Potentialausgleichs sehr niedrig gehalten. Dadurch konnte an Orten erhöhter Gefährdung auf eine Begrenzung von U_L (siehe Abschnitt 7 < 4.1.1 >) auf 25 V bzw. auf noch niedrigere Werte oder auf die Forderung zur Anwendung der Schutzkleinspannung verzichtet werden. Hier ist deshalb in Ergänzung zum Hauptpotentialausgleich ein zusätzlicher Potentialausgleich an folgenden Orten erforderlich:

– Baderäume nach VDE 0100 § 49,
– Schwimmbäder nach DIN 57 100 Teil 702/VDE 0100 Teil 702,
– landwirtschaftliche Betriebsstätten nach DIN 57 100 Teil 705/VDE 0100 Teil 705,
– medizinisch genutzte Räume nach DIN 57 107/VDE 0107; hier spricht man vom besonderen Potentialausgleich.

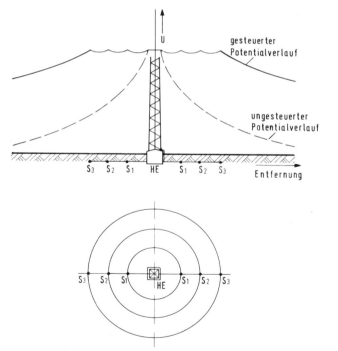

Bild 8-5. Wirkung einer Potentialsteuerung
a) Potentialverlauf
b) Lage der Steuererder S_1 bis S_3

a)

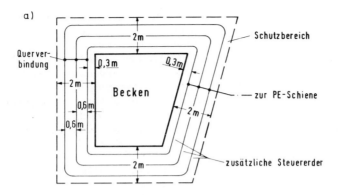

Querverbindung

2m — Schutzbereich

0,3m   0,3m

2m

Becken — zur PE-Schiene

0,6m

0,6m

2m

2m — zusätzliche Steuererder

b)

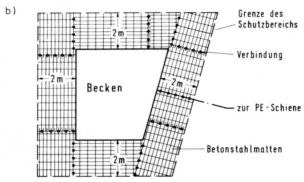

Grenze des Schutzbereichs

2m

Verbindung

2m   Becken   2m

zur PE-Schiene

Betonstahlmatten

2m

Bild 8-6. Ausführungsbeispiele für die Potentialaussteuerung um ein Schwimmbecken
a) mit zusätzlichen Steuererdern
b) mit Betonstahlmatten

An manchen Orten muß die Wirksamkeit des zusätzlichen Potentialausgleichs durch **Potentialsteuerung** verbessert werden. Das ist z. B. in Schwimmbädern und landwirtschaftlichen Betriebsstätten der Fall. Potentialsteuerung bringt eine Standfläche aus schlecht leitendem Material, z. B. Steinzeug, Beton, Erdreich, auf näherungsweise gleiches Potential bzw. ändert den Potentialverlauf gezielt. Dadurch tritt bei Erd- bzw. Körperschluß keine gefährliche Schritt- bzw. Berührungsspannung auf. Das Prinzip veranschaulicht **Bild 8-5**, die Ausführung in einem Schwimmbad **Bild 8-6**. Zweckmäßigerweise werden dazu Betonstahlmatten verwendet, die unter der Standfläche verlegt sind. Sie müssen untereinander und mit dem Schutzleiter verbunden werden.

8.4 Potentialausgleich als vollwertige Schutzmaßnahme bei indirektem Berühren

Zum Potentialausgleich als vollwertige Schutzmaßnahme bei indirektem Berühren sind zu zählen:
- Zusätzlicher Potentialausgleich nach Teil 410, Abschnitt 6.1.6, von DIN 57 100/VDE 0100, sofern er die Bedingungen für das automatische Abschalten bei Schutzmaßnahmen durch Abschaltung oder Meldung ersetzt.
- Erdfreier örtlicher Potentialausgleich nach Teil 410, Abschnitt 6.4, von DIN 57 100/VDE 0100.
- Potentialausgleich bei Schutztrennung mit mehreren Verbauchsmitteln je Stromquelle nach Teil 410, Abschnitt 6.5, von DIN 57 100/VDE 0100.

Das Kennzeichen des Potentialausgleichs als vollwertiger Schutzmaßnahme besteht darin, daß der zugehörige Potentialausgleichsleiter in erster Linie Körper von elektrischen Betriebsmitteln miteinander verbindet. Ergänzt der Potentialausgleich eine Schutzmaßnahme bei indirektem Berühren, so sind es vorwiegend fremde leitfähige Teile. Außerdem muß der Potentialausgleich als vollwertige Schutzmaßnahme nach der Berührungsspannung bzw. bei Schutztrennung für mehrere Verbrauchsmittel je Stromquelle nach der Abschaltzeit im Fehlerfall dimensioniert werden. Hiervon ausgenommen ist lediglich der erdfreie örtliche Potentialausgleich.

9 Erläuterungen zu DIN 57 100 Teil 540/VDE 0100 Teil 540 „Auswahl und Errichtung elektrischer Betriebsmittel; Erdung; Schutzleiter, Potentialausgleichsleiter"

Analog zu Abschnitt 7 wird der Zusammenhang zwischen Normanforderung von DIN 57 100 Teil 540/VDE 0100 Teil 540 und Erläuterungen durch eine ähnliche Abschnittsnumerierung hergestellt. Die jeweils zu erläuternde Abschnittsnummer wird im folgenden Text in spitzen Klammern wiederholt und der Ziffer 9 nachgestellt.

9 <1> Anwendungsbereich

Für Teil 540 gilt derselbe Anwendungsbereich wie für die gesamte Normenreihe DIN 57 100/VDE 0100. Inhaltlich steht dieser Teil in engem Zusammenhang mit Teil 410 „Schutzmaßnahmen; Schutz gegen gefährliche Körperströme"; denn Teil 540 behandelt, auf welche Weise so wesentliche Elemente vieler Schutzmaßnahmen wie Erdungsanlage, Schutzleiter und Potentialausgleichsleiter bemessen und errichtet werden müssen. Daneben ist auch VDE 0190/5.73 „Bestimmungen für das Einbeziehen von Rohrleitungen in Schutzmaßnahmen von Starkstromanlagen mit Nennspannungen bis 1 000 V" in folgenden Aspekten zu berücksichtigen:

160

– Verwendbarkeit von Wasserrohrnetzen und -verbrauchsleitungen als Erder bzw. Schutzleiter.
– Prüfung des Potentialausgleichs.
– Maßnahmen beim Trennen von elektrisch leitenden Rohrleitungen.

9 < 2 > Begriffe

Die wichtigsten Begriffe im Zusammenhang mit Erdung, Potentialausgleich und Schutzleiter werden in **Bild 9-1** beispielhaft veranschaulicht. Dort bezeichnet R_A den Erdungswiderstand des Erders; das ist die Summe vom Ausbreitungswiderstand des Erders und vom Widerstand der Erdungsleitung. Der Ausbreitungswiderstand gibt den Widerstand des Erdreichs zwischen Erder und

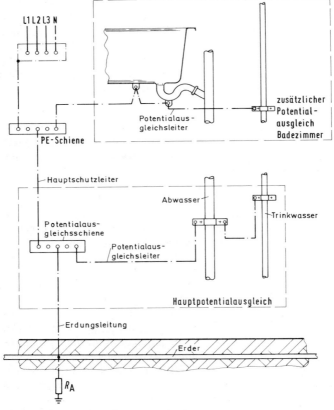

Bild 9-1. Beispiel für Erder, Erdungsleitung, Potentialausgleich und Schutzleiter in der Hausinstallation

Bezugserde an. Bezugserde stellt einen gedachten widerstandslosen Leiter im Erdreich dar und wird mit dem Erdungszeichen ⏚ symbolisiert. Vereinbarungsgemäß ist der Bezugserde das Potential 0 V zugeordnet. Üblicherweise ist der Widerstand der Erdungsleitung gegenüber dem Ausbreitungswiderstand vernachlässigbar. Daher ist es für Belange der Praxis ausreichend, Ausbreitungs- und Erdungswiderstand gleichzusetzen.

9<2.1> Funktionserdung ist ein Begriff aus der Nachrichtentechnik, der vergleichbar ist mit dem Begriff Betriebserdung aus der Energietechnik. In der vorletzten Fassung von VDE 0800 Teil 2 aus dem Jahr 1973 war anstelle von Funktionserdung der Begriff Fernmeldebetriebserdung verwendet worden. Damit wird noch deutlicher, wie eng die Begriffe Funktionserdung und Betriebserdung miteinander verwandt sind. In beiden Fällen wird die Erdung zum Betrieb von elektrischen Betriebsmitteln erforderlich. Allerdings sind in Nachrichten- und Energietechnik unterschiedliche Betriebszustände erfaßt. Während in der Nachrichtentechnik der Betrieb unter Normalbedingungen gemeint ist, denkt man in der Energietechnik an den Betrieb im Falle eines Erdschlusses oder von atmosphärischen Überspannungen. Beispielsweise fällt die Erdung eines Telefonnetzes unter den Oberbegriff Funktionserdung; die Antennenerdung dient zum Schutz vor atmosphärischen Überspannungen.

9<3> Allgemeine Anforderungen

Hier wird darauf hingewiesen, daß bei der Errichtung von Erdungsanlagen, Schutzleitern, PEN-Leitern und Potentialausgleichsleitern neben den Belangen der Sicherheit auch betriebliche Zwecke berücksichtigt werden müssen.

9<4> Erdungsanlage

Teil 200 von DIN 57 100/VDE 0100 bezeichnet als Erdungsanlage Erder in einem örtlich abgetrennten Bereich, die leitend miteinander verbunden sind. Im Unterschied dazu will die Überschrift hier, die Anforderungen an Erder, Erdungsleitungen und Potentialausgleichsschiene schlagwortartig zusammenfassen. Einleitend gibt Abschnitt 9<4> einen sehr allgemein gehaltenen Überblick auf die grundlegenden Anforderungen an Erdungsanlagen, die in den Unterabschnitten 9<4.1> bis 9<4.4> im einzelnen ausgeführt sind:
– Der Erdungswiderstand muß nach den Schutz- und auch Betriebszwecken sowie unter Berücksichtigung korrosiver Einflüsse für eine ausreichende Lebensdauer bemessen sein.
– Der Werkstoff und der Querschnitt eines Erders müssen so ausgewählt werden, daß der Abtrag durch elektrochemische Korrosion möglichst gering ist. Ferner sind die mechanischen Beanspruchungen zu berücksichtigen.
– Die Erdungsanlage muß auf die ungünstigste Stromstärke ausgelegt sein, die bei den vorgesehenen Schutz- und Betriebszwecken zu erwarten ist. Sie

macht sich in erster Linie durch thermische Beanspruchung der Leiter bemerkbar, also durch eine erhöhte Leitertemperatur, die gegebenenfalls die Festigkeit der Leiter oder gar den Brandschutz beeinträchtigt. In Ausnahmefällen sind die Ausdehnung infolge erhöhter Temperaturen oder die Kraftwirkung von Erdschlußströmen mit sehr hohen Amplituden – insbesondere von Blitzstoßströmen – zu berücksichtigen.

Erderwerkstoffe müssen so ausgewählt werden, daß sie andere Metallteile im Erdreich nicht in unzulässiger Weise durch elektrochemische Korrosion schädigen. Deshalb kann z. B. Kupfer als Erderwerkstoff oft nicht eingesetzt werden.

9 < 4.1 > Erder

Ein Erder setzt sich aus metallisch leitfähigen Teilen zusammen, die eine gut leitende Verbindung zum Erdreich herstellen. Dazu sind sie entweder unmittelbar oder mittelbar z. B. über Beton in Erdreich eingebettet. Nach Art der Verlegung werden mehrere Erderformen unterschieden. Als Oberflächenerder kommen neben dem Strahlenerder in erster Linie Vierstrahlen-, Ring- und Maschenerder **(Bild 9-2)** zur Anwendung.

links: Vierstrahlenerder
Mitte: Ringerder
rechts: Maschenerder

Bild 9-2. Oberflächenerder

9 < 4.1.2 > Der Ausbreitungswiderstand wird bestimmt von der Geometrie des Erders und vom spezifischen Erdwiderstand ρ_E des umgebenden Erdreichs. Während die Geometrie des Erders recht genau erfaßt werden kann, läßt sich der spezifische Erdwiderstand nur in grober Annäherung berücksichtigen. Er ist je nach Bodenart, Körnung, Druck, Feuchtigkeit, Frost und damit auch je nach Jahreszeit sehr verschieden. Außerdem stellt sich im allgemeinen mit zunehmender Tiefe eine deutliche Änderung des spezifischen Erdwiderstandes ein. Üblicherweise sind diese Daten für einen konkreten Einzelfall nur in grober Näherung bekannt. Daher kann die Rechnung nur zu Orientierungswerten führen, die von Fall zu Fall durch Messung bestätigt werden müssen.

Meist ist es ausreichend, den Ausbreitungswiderstand näherungsweise nach **Tabelle 9-1** zu berechnen. Dabei zeigt sich, daß der Querschnitt eines Erders kaum einen Einfluß auf seinen Ausbreitungswiderstand hat und für die Näherungsrechnung vernachlässigt werden kann. Sollte ausnahmsweise eine genauere Berechnung notwendig werden, kann man auf die Angaben von W. Koch zurückgreifen.

Tabelle 9-1. Näherungsformeln zur Berechnung des
Ausbreitungwiderstandes für verschiedene
Erderformen

Erderform	Ausbreitungswiderstand (Näherungswert)
Strahlenerder (Oberflächenerder)	$\dfrac{2 \cdot \rho_E}{l}$
Staberder (senkrechter Tiefenerder)	$\dfrac{\rho_E}{l}$
Fundamenterder, Ringerder	wie Strahlenerder; dabei gilt der Umfang des Fundamenterders als Erderlänge l
Maschenerder	$\dfrac{\rho_E}{2 \cdot d}$
Plattenerder, senkrecht	$\dfrac{\rho_E}{4,5 \sqrt{a \cdot b}}$

ρ_E spezifischer Erdwiderstand
l Länge des Erders
d Durchmesser eines Kreises mit gleicher Fläche wie der Maschenerder
a,b Kantenlängen einer rechteckigen Platte

Der Wert des spezifischen Erdwiderstandes läßt sich gemäß **Tabelle 9-2** abschätzen. Dabei sollte man sich, um auf der sicheren Seite zu liegen, an den oberen Werten orientieren.

Tabelle 9-2. Spezifischer Erdwiderstand für verschiedene
Bodenarten nach DIN 57 141/VDE 0141

Bodenart	Spezifischer Erdwiderstand ρ_E in $[\Omega \cdot m]$
Moorboden	5 ... 40
Lehm, Ton, Humus	20 ... 200
Sand	200 ... 2500
Kies	2000 ... 3000
verwittertes Gestein (Gebirge)	meist unter 1000
Granit, Grauwacke	2000 ... 3000

Bei Fundamenterdern darf so gerechnet werden, als wenn der Leiter im umgebenden Erdreich verlegt wäre.

164

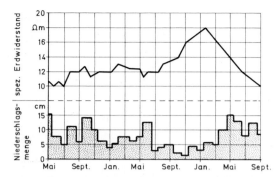

Bild 9-3. Abhängigkeit des spezifischen Erdwiderstands von der Niederschlagsmenge nach Geist und Wanser

Der spezifische Erdwiderstand schwankt je nach Niederschlagsmenge und Frost; dies insbesondere an der Erdoberfläche. Wie stark die Widerstandswerte in einem Zeitbereich von etwa 2 Jahren streuen, zeigen beispielhaft die Meßergebnisse von Geist und Wanser in Bild 9-3. Damit die deutliche Widerstandserhöhung durch Frost ausgeschlossen bleibt, ist der Erder möglichst in frostfreier Tiefe zu verlegen, also mindestens 0,5 bis 1 m tief. Der Einfluß eines schwankenden Feuchtigkeitsgehaltes läßt sich nicht völlig ausschließen. Er muß daher bei der Festlegung des erforderlichen Erdungswiderstandes entsprechend berücksichtigt werden.

9 < 4.1.2.1 > Der Einfluß von Frost und von extremen Feuchtigkeitsschwankungen auf den Erdungswiderstand wird in der Regel ausgeschlossen, wenn Oberflächenerder mindestens 0,5 bis 1 m tief verlegt werden.
Werden mehrere Erder für eine Erdungsanlage verlegt, ist die gegenseitige Beeinflussung des Potentialverlaufs möglichst klein zu halten (Bild 9-4). Nur bei einem unbeeinflußten Potentialverlauf wird der Erdungswiderstand eines Einzelerders auch bei Parallelschaltung zu anderen Erdern voll wirksam. Andernfalls

a)

b)

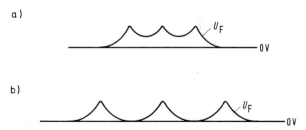

Bild 9-4. Potentialverlauf von drei Staberdern nebeneinander
a) bei gegenseitiger Beeinflussung durch zu geringen Abstand
b) unabhängig voneinander

kommt ein größerer Erdungswiderstand zustande – je nach dem Grad der gegenseitigen Beeinflussung. Daher empfiehlt es sich, einen Winkel von mindestens 60° zwischen zwei benachbarten Strahlen eines Mehrfach-Strahlenerders einzuhalten. Bei parallel geführten Strahlenerdern sollte der gegenseitge Abstand 5 m nicht unterschreiten.

9 < 4.1.2.3 > Fundamenterder werden als geschlossene Ringerder in den Fundamenten der Außenmauern eines Gebäudes eingebettet. Zur Verbindung mit der Potentialausgleichsschiene wird eine Anschlußfahne herausgeführt **(Bild 9-5)**. Der besondere Vorteil eines Fundamenterders liegt im besonders hochwertigen Korrosionsschutz, den feuerverzinkter Stahl durch vollständige Umhüllung mit Beton erhält. Wird zum Schutz gegen Grundwasser eine Fundamentwanne erforderlich, so ist der Fundamenterder in einer Betonschicht zwischen Isolierung und Erdreich anzuordnen.

An den Stellen, an denen der Fundamenterder mit Erdreich direkt in Berührung kommt, besteht die Gefahr erhöhter elektrochemischer Korrosion; denn zwischen Stahl in Erdreich und Stahl in Beton bildet sich eine elektrochemische Spannung aus. Daher muß sorgfältig darauf geachtet werden, daß der Fundamenterder vollständig von Beton umhüllt ist. Das läßt sich am einfachsten durch

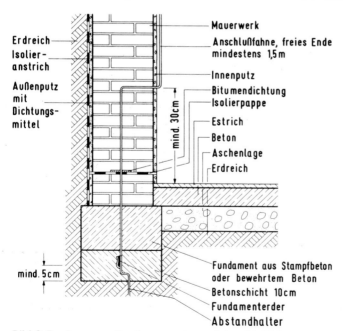

Bild 9-5. Lage von Fundamenterder und Anschlußfahne in einem Fundament (Quelle: RWE BAU-HANDBUCH 1983/84)

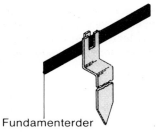

Fundamenterder

Bild 9-6. Beispiel für einen Abstandhalter aus Bandstahl 40 x 3 mm
(Quelle: RWE BAU-HANDBUCH 1983/84)

Abstandhalter sicherstellen, die den Fundamenterder während des Betonierens in einer definierten Lage oberhalb des Erdreichs halten **(Bild 9-6)**. Die Betondikke sollte mindestens 5 cm betragen.
Verbindungen zwischen einzelnen Teilen des Fundamenterders können über Keil- und Federverbinder oder durch Verrrödeln hergestellt werden. An Dehnungsfugen muß die Verbindung innerhalb des Gebäudes, aber außerhalb des Betons über Dehnungsbügel ausgeführt werden **(Bild 9-7)**.
Erhält ein zu errichtendes Gebäude auch eine Blitzschutzanlage, so ist es am wirtschaftlichsten, den Fundamenterder so auszuführen, daß er auch als Erder für die Blitzschutzanlage geeignet ist. Dazu sind lediglich unbedeutende Ergänzungen notwendig, wie sie in Abschnitt 9 < 4.4.2 > beschrieben sind.

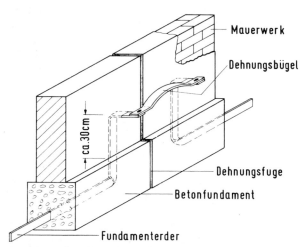

Bild 9-7. Überbrückung von Dehnungsfugen
(Quelle: Vogt, VDE-Schriftenreihe Band 35)

9 < 4.1.3 > Entscheidend für die Funktion eines Erders ist ein elektrisch möglichst gut leitender Kontakt zum Erdreich. Dadurch ist auch eine korrosive Einwirkung des Erdreichs auf den Erder gegeben. Sie kann zwar nicht vollständig ausgeschlossen, wohl aber in der Geschwindigkeit deutlich verlangsamt werden. Das ist durch eine geeignete Werkstoffauswahl erreichbar. Dabei sind zwei Arten der Korrosion zu berücksichtigen:
– Eigenkorrosion
– und elektrochemische Korrosion, häufig auch Kontaktkorrosion genannt.
Daß auch elektrochemische Korrosion angesprochen ist, wird im Zusammenhang mit Abschnitt 9 < 4 > deutlich. Damit wird diese Korrosionsart erstmals in einer Ausgabe von VDE 0100 behandelt. Dies liegt an der erhöhten Bedeutung, die sie durch veränderte Bautechniken erlangt hat. Mit der zunehmenden Verbreitung der Stahlbetonbauweise von Kellergeschossen und der Ausführung neuer Wasserrohrnetze in Kunststoff werden verbleibende Wasser- und Gasleitungen aus Eisen oder Stahl immer häufiger einer vorschnellen Korrosion ausgesetzt. Durch die Errichtung zusätzlicher Erder für elektrische Anlagen sollten derartige Schadensentwicklungen möglichst nicht beschleunigt werden. Welche Maßnahmen am zweckmäßigsten sind, wird zur Zeit teilweise noch kontrovers diskutiert. Daher erscheint es um so wichtiger, die physikalisch-chemischen Grundlagen der elektrochemischen Korrosion zu behandeln und den derzeitigen Diskussionsstand über die Konsequenzen für die Praxis darzustellen.

9.4.1.3.1 Eigenkorrosion

Eigenkorrosion bezeichnet die chemische Reaktion eines metallenen Werkstoffes mit seiner Umgebung, z. B. die Rostbildung von Eisen durch den Einfluß der Atmosphäre. Je nach Feuchtigkeit, pH-Wert (neutral, sauer, alkalisch) und anderen Umwelteinflüssen verläuft die Eigenkorrosion unterschiedlich stark. Außerdem ist die Anfälligkeit der in Frage kommenden Erderwerkstoffe ungleich. Die Eigenkorrosion wird auf ein vertretbares Maß reduziert, wenn folgende Erderwerkstoffe gewählt werden:

– Feuerverzinkter Stahl,
– Stahl mit Kupferauflage,
– Kupfer,
– Kupfer mit Bleiummantelung.
– und – für den Niederspannungsbereich erst seit kurzem in der Diskussion – verzinntes Kupferseil.

Bei Verwendung dieser Erderwerkstoffe sind nach DIN 57 185 Teil 1/VDE 0185 Teil 1 im Zuge der Errichtung folgende Maßnahmen gegen Eigenkorrosion zu ergreifen:
– Erder aus feuerverzinktem Stahl, die die Erdoberfläche durchstoßen, müssen oberhalb und unterhalb davon auf 0,3 m gegen Korrosion geschützt werden. Dazu eignet sich eine Umhüllung wie z. B. Korrosionsschutzbinde oder Bitumenmasse.

Tabelle 9-3 Mindestabmessungen und zugehörige Dauerstrombelastbarkeit von Erdern

Werkstoff	Erderform	Mindest-querschnitt in [mm²]	Mindest-dicke in [mm]	Sonstige Mindest-abmessungen bzw. einzuhalt. Bedingungen	Zulässiger Dauerstrom nach DIN 57 141/VDE 0141 in [A]
Stahl bei Verlegung im Erdreich, feuerverzinkt mit einer Mindestzinkauf-lage von 70 µm	Band	100	3		350
	Rundstahl	78 (entspricht 10 mm Ø)		Bei zusammengesetzten Tieferdern: Mindestdurchmesser des Stabes: 20 mm	230
	Rohr			Mindestdurchmesser: 25 mm Mindestwandstärke: 2 mm	300
	Profilstäbe	100	3		350

Tabelle 9-3 Fortsetzung

Werkstoff	Erderform	Mindest-querschnitt in [mm²]	Mindest-dicke in [mm]	Sonstige Mindest-abmessungen bzw. einzuhalt. Bedingungen	Zulässiger Dauerstrom nach DIN 57 141/VDE 0141 in [A]
Stahl mit Kupferauflage	Rundstahl	für Stahlseele: 50 für Kupfer-auflage 20 % des Stahl-querschnitts, mindestens jedoch 35		Bei zusammengesetzten Tieferdern: Mindestdurchmesser des Stabes: 15 mm. Die Verbindungsstellen müssen so ausgeführt sein, daß sie in ihrer Korrosions-beständigkeit der Kupferauf-lage gleichwertig sind.	300
Kupfer	Band	50	2		700
	Seil	35		Mindestdrahtdurchmesser: 1,8 mm Bei Bleiummantelung Mindestdicke des Mantels: 1 mm	330 200 bei Bleiummantelung
	Rundkupfer	35			330
	Rohr			Mindestdurchmesser: 20 mm Mindestwandstärke: 2 mm	800

Bei ausgedehnten Erdern aus blankem Kupfer oder Stahl mit Kupferauflage ist darauf zu achten, daß sie von unterirdischen Anlagen aus Stahl, z. B. Rohrleitungen und Behältern, möglichst metallisch getrennt gehalten werden.
Andernfalls können die Stahlteile einer erhöhten Korrosionsgefahr ausgesetzt sein.

– Mit Blei ummantelte Erder dürfen nicht unmittelbar in Beton gebettet werden. Das kann mit einer Umhüllung gegen Korrosion sichergestellt werden.

– Verbindungsstellen im Erdreich und solche zwischen unterschiedlichen Metallen in Beton, z. B. feuerverzinktes Eisen und Kupfer, müssen nach der Montage durch eine Umhüllung gegen Korrosion geschützt werden.

– Beim Verfüllen von Gräben und Gruben, in denen Erder verlegt sind, dürfen Schlacke, Kohleteile und Bauschutt nicht unmittelbar mit dem Erder in Berührung kommen.

– Erdungsleitungen an Ein- und Austrittsstellen bei Putz, Mauerwerk und Beton müssen so verlegt werden, daß an den Leitungen ablaufendes Wasser nicht in die Wände eindringen kann (Tropfnasen).

Die notwendigen Mindestabmessungen von Erdern im Hinblick auf korrosive und auch auf mechanische Beanspruchungen gehen aus **Tabelle 9-3** (Anhang A zu DIN 57 100 Teil 540/VDE 0100 Teil 540) hervor; sie gibt ebenfalls den zulässigen Dauerstrom an, der nach DIN 57 141/VDE 0141 über den jeweiligen Erderquerschnitt fließen darf.

Der Strom, der im ungünstigsten Fall über einen Erder fließt, richtet sich im TT-Netz nach der Schleifenimpedanz eines Fehlerstromkreises über einen Außenleiter und Erde (Bild 7-38) bzw. im TN-Netz nach dem Verhältnis der PEN-Leiterimpedanz zum Widerstand der Erdschleife (Bild 7-38). Zur Bestimmung der strommäßigen Beanspruchung von Erdern sind also immer die Erdungswiderstände von zwei Erdern zu berücksichtigen – der an der Eintrittsstelle des Erdungsstromes I_E und der an der Austrittsstelle. Schätzt man beide Erdungswiderstände mit je 1 Ω ab, also mit praktisch kaum erreichbaren Werten, so kann im TT-Netz höchstens ein Erdungsstrom $I_E = 110$ A bei $U_n = 380$ V fließen. Das liegt so deutlich unter den zulässigen Stromwerten nach Tabelle 9-3, daß selbst bei $U_n = 660$ V die Erder noch nicht überlastet sind. Dieses Ergebnis läßt sich ebenso beim TN-Netz ableiten; denn im Fall eines Körperschlusses fällt ja nur die Hälfte der Außenleiterspannung gegen Erde längs der Erdschleife ab, sofern man gleiche Querschnitte für Außen- und PEN-Leiter voraussetzt. Damit ist der Erdungsstrom im Vergleich zum TT-Netz mit gleichem Widerstand der Erdschleife nur etwa halb so groß.

Es ist also so gut wie ausgeschlossen, daß ein Erder mit den Abmessungen nach Tabelle 9-3 bei Nennspannungen $U_n \leq 660$ V überlastet wird.

9.4.1.3.2 Elektrochemische Korrosion

Zusätzlich zur Eigenkorrosion muß bei der Auswahl von Erderwerkstoffen auch die elektrochemische Korrosion berücksichtigt werden. Zur Auswahl geeigneter Gegenmaßnahmen ist es notwendig, ihr physikalisch-chemisches Grundprinzip zu kennen.

Die elektrochemische Korrosion geht auf die **Lösungstension** von Metallen in Elektrolyten zurück. Damit wird folgendes physikalisch-chemische Phänomen bezeichnet:

Ein elektrisch neutraler Metallstab wird in einen Elektrolyten eingeführt, also in ein ionenleitendes Medium wie z. B. wässrige Lösungen, Erdboden, Salzschmelzen. Dadurch lösen sich aus dem Metallstab Metallatome; sie treten als Ionen – positiv geladene Teilchen –
in den Elektrolyten ein, und die zur elektrischen Neutralität fehlenden Elektronen bleiben im Metallstab. Dieser Prozeß vollzieht sich
solange, bis ein Gleichgewichtszustand erreicht ist. Damit wird eine
weitere Auflösung des Metallstabes verhindert. Durch das Heraus-
lösen der Metallionen vollzieht sich also eine Ladungstrennung, so
daß zwischen Metallstab und Elektrolyt eine elektrische Spannung
entsteht.
Diese Spannung läßt sich mit einer zweiten Elektrode messen. Auch an der
Meßelektrode vollzieht sich eine Ladungstrennung wie am Metallstab, so daß
die Spannung zwischen Metallstab und Elektrolyt nicht unmittelbar gemessen
werden kann. Lediglich der Unterschied, der zwischen den Spannungen vom
Elektrolyten zum Metallstab bzw. zur Meßelektrode besteht, kann gemessen
werden (**Bild 9-8**). Je nach Wahl der Meßelektrode werden unterschiedliche

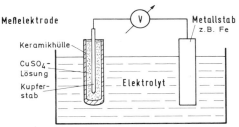

Bild 9-8. Messung der Ruhepotentiale von Metallen φ_{ME} mit einer $Cu/CuSO_4$-Elektro-
de

Spannungen gemessen; auch die Wahl der Elektrolyten hat einen wesentlichen
Einfluß. Daher ist es notwendig, bei jeder Spannungsangabe Elektrolyt und
Meßeleketrode zu nennen. Es ist allgemein üblich, diese Spannung als Potential
zu bezeichnen; dabei wird das Potential der jeweiligen Meßelektrode willkürlich
auf 0 V festgelegt. Das Potential des Metallstabes (Me) wird als Ruhepotential
φ_{Me} bezeichnet. Bei gleicher Meßelektrode und gleichem Elektrolyten nimmt jedes Metall ein anderes Potential an; damit wird es für jedes Metall zu einer cha-
rakterisierenden Größe. Ordnet man die Metalle nach ihrer Potentialhöhe, so
spricht man von der Spannungsreihe der Metalle; unter definierten Bedingungen[31]) ergeben sich die Normal- bzw. Standardpotentiale nach **Tabelle 9-4**.

---

[31]) Das Normalpotential eines Metalls wird in einer 1-molaren Lösung ihrer Ionen als Elektrolyten gemessen. Als Meßelektrode dient die Normal-Wasserstoffelektrode. Metall und Meßelektrode sind
auf gleicher Temperatur. Die Normal-Wasserstoffelektrode besteht aus platiniertem Blech, das
von Wasserstoff mit 1 atm Druck umspült wird und in eine 1-molare Chlorwasserstofflösung ein-
taucht.

Tabelle 9-4 Spannungsreihe der Metalle

Werkstoff		Normalpotential φ_{Me} in [V]
Kalium	K	–2,92
Kalzium	Ca	–2,76
Natrium	Na	–2,71
Magnesium	Mg	–2,38
Aluminium	Al	–1,71
Mangan	Mn	–1,03
Zink	Zn	–0,76
Chrom	Cr	–0,56
Eisen	Fe	–0,41
Cadmium	Cd	–0,40
Nickel	Ni	–0,23
Zinn	Sn	–0,14
Blei	Pb	–0,13
Wasserstoff	H	0,00
Kupfer	Cu	+0,34
Silber	Ag	+0,80
Gold	Au	+1,42

Positive Potentiale entsprechen einer geringeren Elektronendichte im Metallstab als in der Meßelektrode; bei negativen Potentialen ist es umgekehrt. Metalle mit den positiven Potentialwerten bezeichnet man als edel, solche mit den negativeren als unedel.

Der Elektrolyt zur Messung der Normalpotentiale unterscheidet sich erheblich vom Erdreich, wie man es in der Umgebung von Erdern erwarten kann. Außerdem ist die Normal-Wasserstoffelektrode in der Praxis – für Feldmessungen etwa – nur schwer handhabbar. Deshalb hat man die Ruhepotentiale φ_{Me} für Erderwerkstoffe unter praxisähnlichen Bedingungen zusammengestellt; als Elektrolyt dient Erdreich, und als Meßelektrode wird eine gesättigte Kupfer/Kupfersulfat ($Cu/CuSO_4$)-Elektrode gemäß Bild 9-8 verwendet. Unter diesen Bedingungen ergeben sich die Ruhepotentiale φ_{Me} in **Tabelle 9-5**.

Aus Tabelle 9-5 ergeben sich zwei wichtige Schlußfolgerungen, die für die elektrochemische Korrosion von Bedeutung sind:

– Eisen (Stahl) – mit Beton umhüllt – hat im Erdreich näherungsweise das gleiche Potential wie Kupfer.

Tabelle 9-5. Ruhepotentiale für Erderwerkstoffe im Erdreich[32]) und Linearabtrag

Erderwerkstoff	Ruhepotential φ_{Me} in [V]	Linearabtrag pro Jahr in [mm] bei $J_{Korr} = 1 \frac{mA}{dm^2}$
Zink	−1,15	0,15
verzinktes Eisen	−0,7 ... −1,0	wie Zink bzw. Eisen
Kupfer	0,0 ... −0,2	0,12
Blei	−0,5 ... −0,85	0,30
Eisen (Stahl)	−0,5 ... −0,95	
Eisen, verrostet	−0,4 ... −0,6	
Eisen in Humusboden	−0,6 ... −0,8	0,12
Eisen in sauberem Sand	−0,4 ... −0,5	
Eisen in Beton	−0,1 ... −0,3	
verzinktes Eisen in Beton	−0,62	wie Zink bzw. Eisen

– Verzinktes Eisen (Stahl) – mit Beton umhüllt – liegt im Erdreich sehr nahe an dem Potential für Eisen (Stahl).
Die Ruhepotentiale nach Tabelle 9-5 dürfen nur als grobe Orientierungswerte angesehen werden, da der Oberflächenzustand des Erdermaterials und die Zusammensetzung des Erdreichs zu deutlichen Änderungen führen können; in Ausnahmefällen wechselt sogar die Polarität. Maßgeblichen Einfluß auf Potentialgröße und Polarität haben die Belüftung, die Konzentration chemischer Bestandteile und der pH-Wert des Bodens.
Sind zwei Stäbe aus unterschiedlichen Metallen sowohl metallisch als auch elektrolytisch leitend miteinander verbunden (**Bild 9-9**), so bildet sich wegen ihrer unterschiedlichen Ruhepotentiale ein Strom aus. Eine derartige Anordnung

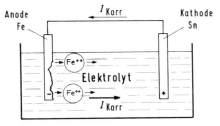

Bild 9-9. Korrosionselement

32) Angabe nach Erläuterungen in DIN 57 100 Teil 540/VDE 0100 Teil 540 bzw. für verzinktes Eisen in Beton nach Celebrowski

bezeichnet man allgemein als Galvanisches Element, im Zusammenhang mit Korrosionserscheinungen als Korrosionselement. Die technische Nutzanwendung erfährt das Prinzip des Galvanischen Elements in Batterien. Bei einem Korrosionselement ist in erster Linie der Stromfluß im Elektrolyten interessant. Deshalb kommt es zu der leicht mißverständlichen Festlegung, daß die negative Elektrode als Anode und die weniger negative Elektrode als Kathode bezeichnet wird. Diese Definitionen sind mit Rücksicht auf die Stromrichtung im Elektrolyten festgelegt worden. Durch diesen Bezug steht die Namensgebung mit der üblichen Verwendung dieser Begriffe in Einklang: Aus der Anode tritt der Gleichstrom aus, und in die Kathode tritt er ein.

Die Metallionen der Anode werden in Richtung auf die Kathode beschleunigt, so daß die Ionenkonzentration um die Anode zu sinken droht. Da die Lösungstension der Anode eine bestimmte Ionenkonzentration erzwingt, müssen laufend Metallatome der Anode als Ionen in Lösung gehen. Und zwar in dem Maße, wie Ionen auf die Kathode hin beschleunigt werden. Durch die Ionenbewegung geschieht zweierlei: Es entsteht ein Stromfluß, und die Anode wird abgetragen; beides ist ursächlich miteinander verknüpft. Die Schädigung der Anode kann bis zu ihrer vollständigen Auflösung führen. Dieser Vorgang wird als elektrochemische Korrosion bezeichnet. Der Massenverlust der Anode Δm infolge des Korrosionsstroms I_{Korr} mit der Stromflußdauer t läßt sich nach den Faradayschen Gesetzen berechnen:

$$\Delta m = \frac{M}{v} \cdot \frac{1}{F} \cdot I_{Korr} \cdot t$$

Darin bedeuten:
M Atommasse (Molekularmasse) des Anodenmaterials in g
v Chemische Wertigkeit des Anodenmaterials
F = 96 480 A $\cdot$ s (Faraday-Konstante)

Die Gleichspannunspotentiale von Metallen nach den Tabellen 9-4 und 9-5 sind nur im stromlosen Zustand gültig. Durch Stromfluß ändert sich das Potential. Die Größe der Änderung richtet sich in starkem Maße nach der Oberflächenbeschaffenheit der Metalle und nach der Art des Elektrolyten. Die stromabhängige Potentialänderung – oft als Polarisation bezeichnet – zeigt beispielhaft **Bild 9-10** für ein Korrosionselement nach Bild 9-9. Bei einem Korrosionselement wird der Stromfluß allein durch die Potentialdifferenz zwischen Anode und Kathode hervorgerufen. Deshalb müssen die Beträge von anodischem und kathodischem Strom gleich groß sein. Aus dieser Bedingung ergibt sich der Korrosionsstrom I_{Korr} und das Mischpotential φ_M. Dieses Potential ist als einziges bei ausreichender Entfernung zum Korrosionselement meßbar; eine Unterscheidung zwischen anodischem und kathodischem Potential ist dann nicht mehr möglich. Die Potentialdifferenz $\varphi_M - \varphi_{Fe}$ und $\varphi_M - \varphi_{Sn}$ werden als Polarisationswiderstand definiert.

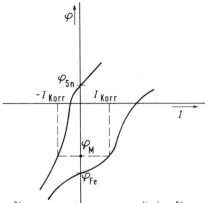

Bild 9-10. Polarisationskurven zur Bestimmung von Korrosionsstrom I_{Korr} und Mischpotential φ_M

Nicht nur die Ruhepotentiale φ_{Fe} und φ_{Sn}, sondern gegebenenfalls weitere chemische Reaktionen zwischen Elektroden und Elektrolyt bestimmen die Höhe des Korrosionsstroms. Dadurch kann sich eine ausgeprägte Zeitabhängigkeit entsprechend **Bild 9-11** einstellen, wie sie von Heim gemessen worden ist. Die Wirkung eines Korrosionselements stellt sich auch zwischen unterschiedlichen Erdern ein, die z. B. über PEN-Leiter, Erdungsleitungen oder metallene Rohrleitungen miteinander verbunden sind. Dabei übernimmt das feuchte Erdreich die Funktion des Elektrolyten. Das Korrosionselement bildet sich sowohl bei Erdern aus unterschiedlichen Metallen in gleichartigem Erdreich als auch bei gleichen Metallen in unterschiedlichen Bodenqualitäten aus. Maßgeblich für die

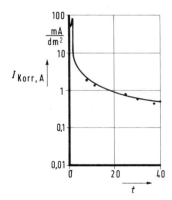

Bild 9-11. Beispiel für die Zeitabhängigkeit der anodischen Korrosionsstromdichte (Quelle: Heim)

Geschwindigkeit der elektrochemischen Korrosion ist die Stromdichte $J_{Korr, A}$ an dem anodischen Erder.

$$J_{Korr, A} = \frac{I_{Korr}}{S_A} = \frac{\varphi_K - \varphi_A}{r_A + r_K \dfrac{S_A}{S_K}}$$

Darin bedeuten:

φ_K Ruhepotential der Kathode[33])
φ_A Ruhepotential der Anode[33])
r_A Spezifischer anodischer Polarisationswiderstand $(r_A = R_A \cdot S_A)$
r_K Spezifischer kathodischer Polarisationswiderstand $(r_K = R_K \cdot S_K)$
S_A Fläche des anodischen Eders
S_K Fläche des kathodischen Erders

Manchmal ist in der Praxis folgende Beziehung erfüllt:

$$r_A \ll r_K \frac{S_A}{S_K}$$

Dann läßt sich die anodische Korrosionsstromdichte vereinfacht angeben als

$$J_{Korr, A} \approx \frac{\varphi_K - \varphi_A}{r_K} \cdot \frac{S_K}{S_A}$$

Aus dieser Gleichung ist die oft genannte „Flächenregel" abgeleitet; danach wächst die Anodenstromdichte und somit die Korrosionsgeschwindigkeit in dem Maße, wie das Verhältnis von Kathoden- zu Anodenfläche wächst. In der Praxis ist es jedoch oft schwierig – wenn nicht gar unmöglich – festzustellen, inwieweit die strenge Proportionalität bei einer konkreten Erderanordnung und dem vorhandenen Elektrolyten gilt. Deshalb kann die Flächenregel nur als grobe Orientierung etwa in folgendem Sinne verstanden werden: Je kleiner die anodische Erderoberfläche bezogen auf die kathodische ist, desto eher **können** Korrosionsprobleme auftreten. Damit ist es in derartigen Fällen wichtig, die Korrosionsgeschwindigkeit abzuschätzen.
Die Korrosionsgeschwindigkeit läßt sich nach dem Linearabtrag Δs beurteilen. Er gibt an, wie die Stärke des anodischen Erderwerkstoffs durch eine gegebene Stromdichte pro Jahr abgetragen wird. Der Linearabtrag läßt sich aus dem Massenverlust Δm nach den Faradayschen Gesetzen berechnen als:

$$\Delta s = \frac{\Delta m}{S_A \cdot \gamma}$$

γ Dichte

---

[33]) Meßbar nach Trennung der metallenen Verbindung zwischen anodischem und kathodischem Erder.

Aus dem Vergleich zwischen Linearabtrag und der Materialstärke des Erders läßt sich die Lebensdauer grob abschätzen. Dabei ist eine gleichmäßige Verteilung der Stromdichte vorausgesetzt. Orientierungswerte über den Linearabtrag nach einem Jahr sind in Tabelle 9-5 für die üblichen Erderwerkstoffe angegeben; dabei ist eine Korrosionsstromdichte $J_{Korr, A} = 1$ mA/dm^2 angesetzt. In der Praxis ist die Bedingung einer gleichmäßigen Stromdichte nicht immer erfüllt. An Stellen mit örtlich erhöhten Werten bildet sich durch die deutlich größere Korrosionsgeschwindigkeit Lochfraß aus. Das ist vor allem bei Rohrleitungen mit isolierenden Anstrichen oder Umhüllungen der Fall. Bei ihrer Verlegung lassen sich Schäden der Isolierung nicht vollständig vermeiden, so daß sich an diesen kleinen Flächen Lochfraß ausbildet. Diese Korrosionsart läßt sich in ihrer Geschwindigkeit kaum abschätzen.

Bei Erdungsanlagen für Gleichspannungsnetze kommt ein zusätzlicher Faktor hinzu: Der Spannungsfall durch einen betriebsmäßig fließenden Erdstrom zwischen zwei Erdern. Wenn dieser Spannungsfall sich zur ohnehin vorhandenen elektrochemischen Potentialdifferenz addiert, vergrößert sich die Korrosionsgeschwindigkeit. Gegebenenfalls erforderliche Gegenmaßnahmen beschreibt DIN 57 150/VDE 0150.

Die vorausgegangenen grundlegenden Betrachtungen über elektrochemische Korrosion haben gezeigt, daß sie sich einer genauen rechnerischen Behandlung entzieht, wohl aber können eine Kombination von Rechnung und Messung zu wichtigen Orientierungsgrößen führen. Für die Auswahl von Erderwerkstoffen erscheint daher folgende Vorgehensweise zweckmäßig:
– Der Werkstoff für einen neu zu errichtenden Erder sollte so ausgewählt werden, daß möglichst keine elektrochemischen Potentialdifferenzen zu bestehenden Erdern auftreten.
– Lassen sich Potentialdifferenzen durch unterschiedliche Materialien oder Bodenqualitäten nicht ausschließen und müssen hohe Folgeschäden durch übermäßige Korrosion erwartet werden, sollte erwogen werden, ob die Messung des Korrosionsstroms sinnvoll ist. Dabei ist seine Zeitabhängigkeit gemäß Bild 9-11 zu beachten.
– Anhand des gemessenen Korrosionsstroms kann der Linearabtrag des Erders und damit seine Lebensdauer grob abgeschätzt werden.
– Ist eine Messung des Korrosionsstroms nicht möglich, z. B. bei ausgedehnten Anlagen mit unterschiedlichen Erdern, kann das Flächenverhältnis Hinweise auf die Korrosionsgeschwindigkeit geben.
Muß bei einem Erder bzw. bei erdverlegten metallenen Anlagen trotz sorgfältiger Materialauswahl eine vorschnelle Korrosion befürchtet werden, so können folgende Maßnahmen gegen eine vorschnelle Zerstörung ergriffen werden:
– Soweit zulässig, Unterbrechung der metallenen Verbindung zwischen unterschiedlichen Erdern durch ein Isolierstück. Dies wird z. B. seit 1972 für Gas-Hausanschlußleitungen vorgeschrieben.
– Bei besonder kostspieligen Folgeschäden durch Korrosion z. B. im Bereich von Kraftwerken besteht die Möglichkeit des kathodischen Korrosionsschut-

zes, wie er nur in ganz wenigen Ausnahmefällen angewendet wird. Sein Grundprinzip ist in Abschnitt 9.4.1.3.3 beschrieben.

Eine Vielzahl von Korrosionsproblemen der Erder ergeben sich im Bereich der Hausinstallation. Hier speziell durch die zunehmende Stahlbetonbauweise für Kellergeschosse und durch die Ausführung von immer mehr Wasserversorgungsnetzen in Kunststoffrohren. Dadurch sind verbleibende Rohrleitungen aus Eisen – gegebenenfalls auch feuerverzinkt oder mit einer isolierenden Umhüllung – einer verstärkten elektrochemischen Korrosion ausgesetzt; das liegt an dem ungünstigsten Flächenverhältnis zwischen anodischen Rohrleitungen und kathodischen Stahlbetonfundamenten. In ihrer Nähe ist die Werkstoffauswahl für Erder wie z. B. für Netzzwecke von besonderer Bedeutung: Einerseits sollen sie nicht im Vergleich zu den Fundamenterdern als Anode wirken, andererseitig sollen sie keine weitere Kathode für die Rohrleitungen sein. Diese Problematik war Anlaß für ein umfangreiches Forschungsprojekt, dessen Ergebnis durch Heim veröffentlicht worden ist. Danach ergab sich das etwas überraschende Ergebnis: Blankes Kupfer, zinnbeschichtetes Kupfer und bleiummanteltes Kupfer sind in ihrer elektrochemischen Korrosionswirkung auf Stahl oder feuerverzinkten Stahl so gut wie nicht zu unterscheiden; dabei ist ein deckschichtbildender Elektrolyt vorausgesetzt, wie er in der Praxis üblicherweise vorhanden ist. Als Deckschichten werden Oberflächenüberzüge von Metallen bezeichnet, die Korrosionsvorgänge hemmen. Derartige Schichten können sich auch während des Korrosionsablaufs durch chemische Reaktion zwischen Metall und Elektrolyt bilden.

Tabelle 9-5 zeigt, daß die Erderwerkstoffe Blei und verzinktes Eisen sich nur unwesentlich in ihrem Ruhepotential unterscheiden. Diese Abweichung wird in der Fachwelt unterschiedlich bewertet. So ist die Verwendung von feuerverzinktem Stahl in der Nähe von Fundamenterdern und Rohrleitungen aus Eisen zur Zeit umstritten. Zweckmäßiger – besonders durch die jüngsten Forschungsergebnisse von Heim – dürfte die Verwendung von blankem Kupfer sein.

Weiter ins einzelne ausgeführt werden mögliche Korrosionsschutzmaßnahmen in DIN 57 151/VDE 0151 „Werkstoffe und Mindestmaße von Erdern bezüglich der Korrosion"; dieser Norm-Entwurf dürfte in Kürze veröffentlicht werden.

9.4.1.3.3 Kathodischer Korrosionsschutz

Der elektrochemischen Korrosion sind lediglich solche Metalle ausgesetzt, die gegenüber ihrer Umgebung die Funktion einer Anode einnehmen. Ein vollständiger Schutz ist dann gegeben, wenn durch äußere Eingriffe die Anode zur Kathode gemacht wird. Dieses Prinzip ist Grundlage des kathodischen Korrosionsschutzes. Es gibt zwei Möglichkeiten, aus einem anodischen Erder einen kathodischen zu machen:

– Die bisher anodisch wirkende, erdverlegte metallene Anlage wird mit zusätzlichen Erdern, sogenannten Opferanoden, verbunden. Die Opferanoden haben im Vergleich zur erdverlegten metallenen Anlage ein negativeres Potential, so daß die ursprünglich anodische Anlage zur Kathode und damit vor Korrosion

a)

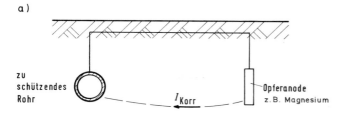

b)

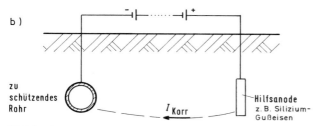

Bild 9-12. Kathodischer Korrosionsschutz
a) durch eine Opferanode
b) durch eine äußere Gleichspannungsquelle

geschützt wird **(Bild 9-12a)**. So wird die korrosive Schädigung auf die Opferanoden verlagert; sie werden „geopfert". Sie müssen deshalb in regelmäßigen Abständen durch neue ersetzt werden. Üblicherweise werden Opferanoden in Magnesium bzw. Magnesium-Legierungen ausgeführt.

– Über die anodisch wirkende, erdverlegte metallene Anlage wird ein Gleichstrom durch eine Spannungsquelle aufgeprägt, so daß ein Gleichstrom vom Elektrolyten in die metallene Anlage übertritt und sie zur Kathode wird **(Bild 9-12b)**.
Hinweise zur Ausführung des kathodischen Korrosionsschutzes werden in den Empfehlungen der Arbeitsgemeinschaft für Korrosionsfragen (AfK) gegeben.

9 < 4.1.4 > Der Erdungswiderstand hängt nur in sehr geringem Maße vom Erderquerschnitt ab (Tabelle 9-1). Darum ändert sich der Erdungswiderstand erst dann nennenswert, wenn größere Teile des Erders vollständig korrodiert sind oder durch Korrosion vom restlichen Erder abgetrennt werden. Gegen derartige Korrosionsfolgen bieten Erder mit den Abmessungen nach Tabelle 9-3 meist eine ausreichende Sicherheit.

9 < 4.1.5 > Gemäß VDE 0190/5.73 dürfen neu errichtete elektrische Verteilungsnetze nur ausnahmsweise Wasserrohrnetze der Wasserversorgungsunternehmen als Erder oder Schutzleiter verwenden. Ausnahmen sind nur nach

180

vorheriger Vereinbarung zwischen Elektrizitäts- und Wasserversorgungsunternehmen möglich. Dazu ist natürlich die Eignung des Wasserrohrnetzes für die elektrotechnischen Zwecke Voraussetzung. Wasserverbrauchsleitungen[34]) dürfen im Unterschied dazu generell als Erder verwendet werden, wenn sie den Abmessungen nach Tabelle 9-3 entsprechen.

9 < 4.1.6 > Neben Wasserleitungsnetzen dürfen keine anderen Rohrleitungssysteme z. B. für Gas oder Fernwärme als Erder für Schutzzwecke verwendet werden. Das heißt: Der Erdungswiderstand eines Erders und der mit ihm verbundenen natürlicher Erder allein muß für die vorgesehenen Schutzzwecke ausreichend bemessen sein, ohne daß die Erderwirkung von Gasrohrleitungen und ähnlichem mitberücksichtigt wird. Damit muß der Erdungswiderstand, sofern er durch Messung ermittelt wird, gemessen werden, bevor über den Hauptpotentialausgleich nach Teil 410 von DIN 57 100/VDE 0100 eine Verbindung zwischen Gasrohrleitungen und der Erdungsanlage geschaffen ist. So bleibt die Wirksamkeit der Erdungsanlage auch in den Fällen erhalten, in denen die metallischen Gasrohrleitungsnetze später durch Isoliermuffen oder ähnlichem elektrisch von der Erdungsanlage getrennt werden. Dies ist gemäß den Technischen Regeln für Gas-Installationen, TRGI 1972, beim Übergang vom Gasverteilungsnetz zur Gasverbraucheranlage von vornherein notwendig und wird vor allem praktiziert, um die elektrochemische Korrosion zu mindern. Außerdem soll verhindert werden, daß Erdungsströme zu Zündquellen an Gasleitungen werden.

9 < 4.1.7 > Die Wirksamkeit einer Erdungsanlage muß auch erhalten bleiben, wenn außerhalb der Anlage Veränderungen vorgenommen werden. Das gilt ebenfalls für Kabel, sofern die Erderwirkung ihrer metallenen Umhüllung bei der Auslegung einer Erdungsanlage berücksichtigt wird. Deshalb muß die Verwendung von Kabeln zu Erdungszwecken mit seinem Besitzer und seinem Betreiber vereinbart sein.

9 < 4.2 > Erdungsleitungen

Als Erdungsleitung gilt nach Teil 200 von DIN 57 100/VDE 0100 die Verbindung zwischen einem zu erdenden Anlagenteil (Körper) und einem Erder. Ist die Erdungsleitung im Erdreich blank verlegt, so zählt sie zum Erder. Mit dieser Definition ist eine strenge Abgrenzung zum Schutzleiter nicht möglich. Es erscheint zweckmäßig, eine Abgrenzung zwischen Erdungsleitung und Schutzleiter an die (Haupt)potentialausgleichsschiene vorzunehmen (Bild 9-1). Damit wird die Verbindung zwischen Erder und Potentialausgleichsschiene zur Erdungsleitung und die zwischen Potentialausgleichsschiene und Körper zum Schutzleiter.

---

[34]) Nach VDE 0190/5.73 gilt folgende Definition: „Wasserverbrauchsleitungen sind Rohrleitungen hinter Wasserzählern oder Hauptabsperrvorrichtungen – in Fließrichtung gesehen – im Grundstück."

9 < 4.2.1 >   Die enge Beziehung zwischen Erdungsleitung und Schutzleiter zeigt sich auch bei der Dimensionierung des Querschnitts. Sofern eine Erdungsleitung außerhalb des Erdreichs verlegt wird, ist sie querschnittsmäßig wie ein Schutzleiter nach Abschnitt 9 < 5.1 > auszulegen, was mechanische Beanspruchung und Belastung durch Fehlerströme anbelangt. Für Erdungsleitungen innerhalb des Erdreichs ist zusätzlich die erhöhte Korrosionsgefahr bei der Querschnittswahl zu berücksichtigen. Deshalb sind für Erdungsleitungen teilweise höhere Mindestquerschnitte als für Schutzleiter erforderlich (siehe Tabelle 1 in Teil 540 von DIN 57 100/VDE 0100). Als mechanisch geschützt darf eine Erdungsleitung im Erdreich angesehen werden, wenn sie beispielsweise in einem ausreichend stabilen Rohr verlegt ist. Bei mechanischem Schutz und Leiterisolierung läßt die Norm auch eine Erdungsleitung aus Aluminium zu. Trotzdem ist davon abzuraten, weil es sehr schwierig ist, die Verbindungsstelle zwischen Erder und Aluminiumleiter dauerhaft gegen Feuchtigkeit und damit gegen Korrosion zu schützen. Schließlich ist Aluminium wegen seiner erhöhten Korrosionsanfälligkeit auch als Erderwerkstoff ungeeignet.

9 < 4.2.2 >   Verbindungsstellen innerhalb des Erdreichs zwischen verschiedenen Erderausläufern oder zwischen Erder und Erdungsleitung sind erhöhter Korrosionsgefahr ausgesetzt; sei es, daß die Korrosionsschutzschicht eines Erders z. B. die Zinkauflage eines Bandeisens beschädigt wird, oder sei es, daß unterschiedliche Metalle miteinander verbunden werden. In jedem Fall ist es zweckmäßig, die Verbindungsstelle sorgfältig gegen Feuchtigkeit z. B. durch Korrosionsschutzbinde zu schützen. Noch besser ist es, eine Erdungsanlage so zu konzipieren, daß die notwendigen Verbindungsstellen möglichst außerhalb des Erdreichs anfallen.

9 < 4.2.3 >   Als Trennstelle kann auch ein übliche Schraubverbindung angesehen werden.

9 < 4.2.4 >   Damit der Korrosionsgrad von Erdungsleitungen beurteilt werden kann, müssen sie außerhalb des Erdreichs mindestens leicht zugänglich sein. Zum Schutz gegen Korrosion ist es in aller Regel ausreichend, einen geeigneten Werkstoff und die Mindestquerschnitte nach Tabelle 1 dieser Norm zu wählen. Als geeignete Werkstoffe bieten sich z. B. Kupfer – möglichst in isolierender Umhüllung – und feuerverzinktes Eisen an.
Wenn durch die Art der Verlegung nicht mit einer übermäßigen Korrosionsbeanspruchung zu rechnen ist, darf der Querschnitt einer Erdungsleitung außerhalb der Erde wie der eines Schutzleiters nach Abschnitt 9 < 5.1 > bemessen werden.

9 < 4.3 >   Haupterdungs- bzw. Potentialausgleichsschiene

Eine Haupterdungs- bzw. Potentialausgleichsschiene (**Bild 9-13**) dient in erster Linie zur Ausführung des Hauptpotentialausgleichs (**Bild 7-25**), wie er nach

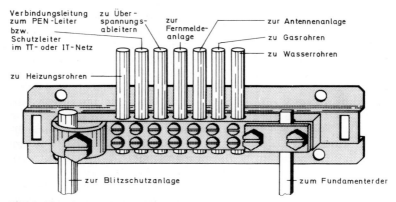

Verbindungsleitung zum PEN-Leiter bzw. Schutzleiter im TT- oder IT-Netz — zu Überspannungsableitern — zur Fernmeldeanlage — zur Antennenanlage — zu Gasrohren — zu Wasserrohren

zu Heizungsrohren

zur Blitzschutzanlage — zum Fundamenterder

Bild 9-13. Potentialausgleichschiene
(Quelle: RWE BAU-HANDBUCH 1983/84)

Teil 410 Abschnitt 6.1.2 von DIN 57 100/VDE 0100 bei Schutzmaßnahmen durch Meldung oder Abschaltung generell gefordert wird.

9 < 4.3.1 >   Zu Erdungsleitungen für Funktionserdung sind beispielsweise Leitungen zur Antennenerdung zu zählen.

9 < 4.3.2 >   Als Vorrichtungen zum Abtrennen der Erdungsleitungen werden üblicherweise die Klemmverbindungen an der Potentialausgleichsschiene verwendet. Ein Lösen dieser Klemmverbindungen bleibt im ungestörten Betriebsfall unbemerkt. Deshalb soll es möglichst nur in dem Bewußtsein geschehen, daß diese Verbindung notwendig ist für den sicheren Betrieb der elektrischen Anlage. Darum darf die Verbindung nur mit Werkzeug lösbar sein, was in der Regel dem Fachmann vorbehalten bleibt, der sich der Tragweite der Handlung bewußt ist.

9 < 4.4 >   Verbindung mit Erdungsanlagen anderer Systeme
Mehrere Erdungsanlagen in engem räumlichen Zusammenhang, z. B. für die verschiedenen Aufgaben innerhalb eines Gebäudes, sind nicht ohne gegenseitige Beeinflussung zu verwirklichen (Bild 9-4). Daher ist man in aller Regel bestrebt, die Erdungsanlage der Niederspannungsinstallation so auszuführen, daß sie auch die Erfordernisse der anderen Systeme erfüllt. Dabei müssen gefährliche Rückwirkungen zwischen den einzelnen Systemen ausgeschlossen werden.

9 < 4.4.2 >   Blitzschutzanlagen
Nach Abschnitt 6.1.2 aus Teil 410 von DIN 57 100/VDE 0100 ist es notwen-

dig, die Erdungsanlage zum Blitzschutz mit der Potentialausgleichsschiene und somit auch mit einer gegebenenfalls vorhandenen Erdungsanlage der Niederspannungsinstallation zu verbinden. Auf diese Weise wird weitgehend der Blitzschutz-Potentialausgleich nach DIN 57 185/VDE 0185 hergestellt. Das ist die Voraussetzung für die wesentliche Erleichterung, daß der Blitzschutzerder einen beliebigen Ausbreitungswiderstand haben darf.

Am einfachsten ist es, den Fundamenterder eines Gebäudes auch als Blitzschutzerder zu verwenden. Dafür wird nur eine unbedeutende Ergänzung zur sonst üblichen Ausführung erforderlich: Je Ableitung muß eine Anschlußfahne geschaffen werden. Als Ableitung wird eine Verbindungsleitung zwischen Blitzschutz- und Erdungsanlage bezeichnet; die notwendige Anzahl der Ableitungen wird durch DIN 57 185/VDE 0185 angegeben.

Bei Ausführung der Anschlußfahnen ist besonders auf den Korrosionsschutz zu achten. Sind die Anschlußfahnen aus verzinktem Stahl ausgeführt, so empfehlen sich für den Korrosionsschutz folgende Verfahren:
- Die Anschlußfahnen werden – von Beton umhüllt – innerhalb der Kellerwände bis über die Erdoberfläche und dann erst nach außen geführt.
- Alternativ besteht die Möglichkeit die Anschlußfahnen in dem Bereich, in dem sie nicht mit Beton umhüllt sind, mit Korrosionsschutzbinde zu umwickeln.

Anstelle von verzinktem Stahl mit einer Umhüllung durch Korrosionsschutzbinde kann auch ein bleiummantelter Kupferleiter verwendet werden. Er muß lediglich auf dem kurzen Stück, das sonst mit Beton umhüllt werden könnte, mit Korrosionsschutzbinde geschützt werden.

Im Hinblick auf Korrosionsgefahren ist es zweckmäßig, die Anschlußfahnen des Fundamenterders erst oberhalb der Erdoberfläche mit den Ableitungen der Blitzschutzanlage zu verbinden.

9 < 5 > Schutzleiter

Die Aufgaben eines Schutzleiters sind in Abschnitt 8.2 beschrieben.

9 < 5.1 > Querschnitte

Für den Querschnitt eines Schutzleiters sind zwei Kriterien maßgeblich: Die thermische Belastung durch Fehlerströme und die äußere mechanische Beanspruchung. Im ungestörten Betriebsfall fließen über einen Schutzleiter nur Ableitströme in vernachlässigbarer Größenordnung. Eine merkliche Belastung kann nur von einem Körperschluß ausgehen, der einen Fehlerstrom und damit auch eine Erwärmung des Schutzleiters zur Folge hat. Gegen eine unzureichend hohe Erwärmung sowie gegen eine mögliche Unterbrechung infolge mechanischer Beanspruchung muß der Schutzleiter geschützt werden; dies kann auf einem der beiden folgenden Wege geschehen:
- Anwendung von Tabelle 2 aus Teil 540 von DIN 57 100/VDE 0100.
- Berechnung des Querschnitts im Hinblick auf den thermischen Schutz gemäß Abschnitt 9 < 5.1.2 > und Auswahl mit Rücksicht auf mechanische Bean-

spruchungen gemäß Abschnitt 9 < 5.1.3 >, jedoch nur bei Abschaltzeiten ≦ 5 s.
Tabelle 2 ist für die überwiegende Zahl aller Anwendungsfälle gedacht. Dieses pauschale Verfahren führt zwar nicht immer zum kleinstmöglichen Materialeinsatz, ist aber angesichts des aufwendigen Rechenverfahrens in aller Regel der wirtschaftlichere Weg.

9 < 5.1.1 >   Soll anstelle eines Kupferleiters mit dem Querschnitt S_{Cu} und der spezifischen Leitfähigkeit $\varkappa_{Cu}$ ein Leiter aus einem anderen Material mit der spezifischen Leitfähigkeit $\varkappa$ verwendet werden, so müssen beide Leiter in ihrem Leitwert übereinstimmen. Damit ergibt sich der Querschnitt S des andersartigen Leiters aus folgender Beziehung:

$$S = \frac{\varkappa_{Cu}}{\varkappa} S_{Cu}$$

Setzt man für Kupfer eine spezifische Leitfähigkeit von 58 m/mm² Ω und für Stahl von 7,25 m/mm² Ω an, so ergibt sich für die Verwendung eines Schutzleiters aus Stahl der Umrechnungsfaktor 8.

9 < 5.1.2 >   Im größten Teil eines TN- oder TT-Netzes werden Abschaltzeiten von 0,2 bzw. 5 s im Falle eines Körperschlusses gefordert. Deshalb ist nur ein Rechenverfahren für die thermische Belastbarkeit durch Ströme mit einer längsten Abschaltzeit von 5 s angegeben. Diese Methode ist identisch mit dem Rechengang für die Kurzschlußstrom-Belastbarkeit von Außen- und Neutralleitern nach Teil 430 von DIN 57 100/VDE 0100.
Durch die Zeitbegrenzung auf 5 s vereinfacht sich das Rechenverfahren sehr wesentlich: Es dürfen adiabate Verhältnisse angesetzt werden; d. h. die Wärmeabgabe des Schutzleiters an die Umgebung darf im Zeitraum vom Auftreten bis zum Abschalten des Fehlerstroms vernachlässigt werden. Deshalb werden die Verlustleistung, die der Fehlerstrom im Schutzleiterwiderstand hervorruft, und die Stromflußdauer gleichermaßen für die Temperaturerhöhung des Schutzleiters wirksam[35]. Das Produkt aus Leistung und Zeit ergibt eine Energie; in diesem Fall die Energie, die der Fehlerstrom im Schutzleiter bis zum Abschaltzeitpunkt t in Wärme umsetzt; dadurch erhöht sich die Temperatur des Schutzleiters von der Anfangstemperatur ϑ_i auf die Endtemperatur ϑ_f. Daraus ergibt sich für den thermischen Schutz eines Leiters folgende Bedingung:

---

[35] Im Unterschied zur kurzschlußartigen Belastung ist bei Dauerlast lediglich die Verlustleistung maßgeblich. Sie entspricht der Leistung, die an die Umgebung abgegeben wird; die Zeit hat dann keinen Einfluß.

$$\left.\begin{array}{l}\text{Im Schutzleiter in Wärme} \\ \text{umgesetzte Energie} \\ \text{eines Fehlerstroms } I\end{array}\right\} \leq \left\{\begin{array}{l}\text{Energie zur Erwärmung} \\ \text{des} \\ \text{Schutzleiters von der} \\ \text{Anfangstemperatur} \quad \delta_i \\ \text{auf} \\ \text{die höchstzulässige} \\ \text{Endtemperatur } \delta_f\end{array}\right.$$

Diese physikalische Grundüberlegung läßt sich in eine Differentialgleichung umsetzen und auf folgendes formelmäßiges Ergebnis führen:

$$I^2 \cdot t \leq k^2 \cdot S^2$$

In dieser Form geben beide Seiten der Ungleichung jeweils die spezifische Energie an – die Energie bezogen auf den Widerstand des Schutzleiters von 1 Ω.
Darin bedeuten:

S Mindestquerschnitt in mm^2

I Wert des Fehlerstroms (bei Wechselstrom: Effektivwert) in A, der bei einem vollkommenen Kurzschluß durch die Schutzeinrichtung fließen kann. Er ist nicht identisch mit dem Ausschaltstrom I_a nach Teil 410 von DIN 57 100/VDE 0100.

t Abschaltzeit der Schutzeinrichtung in s.

k Materialbeiwert zur Kennzeichnung des Schutzleiters in A$\sqrt{s}$/mm^2; sein Wert hängt ab vom Leiterwerkstoff des Schutzleiters sowie von seiner Anfangstemperatur und der höchstzulässigen Endtemperatur seiner Isolierung. Bei einer Weichlotverbindung ist darüber hinaus die Temperatur, bei der eine Entfestigung einsetzt, als höchstzulässige Endtemperatur zu berücksichtigen; üblicherweise sind das 160 °C.

Der Materialbeiwert k ergibt sich bei Lösung der vorgenannten Differentialgleichung zu:

$$k = \sqrt{\frac{Q_c\,(B+20)}{\rho_{20}}\, \ln\left(1 + \frac{\vartheta_f - \vartheta_i}{B + \vartheta_i}\right)}$$

Darin bedeuten:

Q_c Volumetrische Wärmekapazität des Leiterwerkstoffs in J/°C mm^3.

B Reziprokwert des Temperaturkoeffizienten des spezifischen Widerstands des Leiterwerkstoffs bei 20 °C in °C.

ρ_{20} Spezifischer Widerstand des Leiterwerkstoffs bei 20 °C in Ω mm.

ϑ_i Temperatur des Leiters bei Auftreten des Fehlerstroms in °C (Anfangstemperatur).

ϑ_f Höchstzulässige Temperatur des Leiters bei Abschalten des Fehlerstroms in °C (Endtemperatur).

Die Größen Q_c, B und ρ_{20} sind für den verwendeten Leiterwerkstoff des Schutz-leiters kennzeichnend und für alle Verlegearten des Schutzleiters gleich (siehe Anhang B zu Teil 540 von DIN 57 100/VDE 0100). Im Unterschied dazu wird die Temperatur ϑ_i maßgeblich von der Verlegeart des Schutzleiters beeinflußt. Dabei sind zwei Einflüsse zu berücksichtigen: Die Umgebungstemperatur und eine eventuelle Temperaturerhöhung durch die Verlustwärme der zugehörigen Außen- und Neutralleiter. Werden Schutzleiter blank verlegt, ist von der Leitung mit Außen- und Neutralleitern zum Schutzleiter hin in aller Regel ein ausrei-chend großer Luftabstand vorhanden, so daß keine Temperaturerhöhung ange-setzt werden muß. Als Anfangstemperatur gilt dann die übliche Umgebungs-temperatur von 30 °C gemäß Teil 523 von DIN 57 100/VDE 0100. Wenn ein Schutzleiter innerhalb einer mehradrigen Leitung oder eines mehradrigen Ka-bels verlegt wird, ist eine Temperaturerhöhung gegenüber der Umgebungstem-peratur zu berücksichtigen. Sie richtet sich nach der Höhe der zulässigen Leiter-temperatur der isolierten Leitung – also der Temperatur, die sich bei einem Be-triebsstrom in Höhe der Strombelastbarkeit I_z nach Teil 523 von DIN 57 100/VDE 0100 einstellt. Neben der Verlustwärme infolge des Be-triebsstroms wird die Temperaturerhöhung auch durch die Schutzleiterform be-stimmt; d. h. sie ist für die Schutzleiter, die zusammen mit Außen- und Neutral-leiter zu einer Mehraderleitung verdrillt sind, höher als für die, die als Mantel oder Bewehrung Außen- und Neutralleiter umhüllen. So ergeben sich beispielsweise bei Umgebungstemperaturen von 30 °C für Schutzleiter mit PVC-Isolierung in Abhängigkeit von Verlegung bzw. von ihrer Form folgende Werte für die Anfang-stemperatur ϑ_i:
– 30 °C bei getrennter Verlegung.
– 60 °C für Schutzleiter, die als Mantel oder Bewehrung eines Kabels bzw. ei-ner Leitung ausgeführt sind.
– 70 °C für isolierte Schutzleiter in einer mehradrigen Leitung oder in einem mehradrigen Kabel mit Außen- und Neutralleitern verdrillt.
Im Unterschied zur Anfangstemperatur ist die Endtemperatur ϑ_f von isolierten Schutzleitern unabhängig von ihrer Form und von der Verlegungsart. Sie ist kennzeichnend für den jeweiligen Isolationswerkstoff und im Hinblick auf des-sen höchstzulässige Alterung durch eine einzelne Fehlerstrombeanspruchung festgelegt. Es ist dieselbe Temperatur, die Außen- und Neutralleiter im Kurz-schlußfall nicht überschreiten dürfen. Beispielsweise beträgt die Endtemperatur für PVC-Leitungen 160 °C.
Bei blanken Schutzleitern richtet sich die Endtemperatur in erster Linie nach dem Grad der Feuergefährdung in der Umgebung; für Kupfer- und Eisenleiter sind beispielsweise folgende Endtemperaturen festgelegt:
– 150 °C bei Feuergefährdung, also in feuergefährdeten Betriebsstätten.
– 200 °C bei normalen Bedingungen; d. h. in Räumen, in denen eine geringere Feuergefahr als in feuergefährdeten Betriebsstätten anzusetzen ist.
– 500 °C in Fällen, in denen der Schutzleiter sichtbar und in abgegrenzten Be-reichen verlegt ist. So soll ausgeschlossen werden, daß der Schutz-

leiter mit brennbaren Materialien in Berührung kommt. Das könnte z. B. in abgeschlossenen elektrischen Betriebsstätten sichergestellt werden.

Für alle gängigen Arten der Schutzleiterverlegung sind die jeweils erforderlichen Werte für den Materialbeiwert k in den Tabellen 3 bis 6 des Teils 540 von DIN 57 100/VDE 0100 angegeben. Damit wird es nur in Sonderfällen nötig, den Materialbeiwert k individuell zu berechnen.

Wie die Gleichung zur Bestimmung des Querschnitts S des Schutzleiters zu handhaben ist, soll an jeweils einem Beispiel für TN- und TT-Netz verdeutlicht werden.

In einem TN-Netz soll der Schutzleiter für einen Stromkreis, in dem ein Leitungsschutzschalter mit $I_n = 50$ A als Schutzeinrichtung für den Überstrom- und Berührungsschutz eingesetzt wird, als getrennt geführter, PVC isolierter Kupferleiter verlegt werden **(Bild 9-14a)**. Die Schleifenimpedanz zwischen Außen- und Schutzleiter wird zur sicheren Seite hin durch die Schleifenimpedanz zwischen Außen- und Neutralleiter abgeschätzt. Diese Abschätzung wird notwendig, da der Querschnitt des Schutzleiters erst bestimmt werden soll und somit noch nicht bekannt ist. Als Schleifenimpedanz zwischen Außen- und Neutralleiter wird in diesem Beispiel ein Wert angesetzt, der bei einem Kurzschluß am Stromkreisende zu einem Strom von $I = 10$ kA führt. Bei Strömen dieser Größenordnung wird für Leitungsschutzschalter keine Abschaltzeit t, sondern der genauere Abschalt-$I^2 \cdot t$-Wert angegeben. Also der Wert, den ein Leitungsschutzschalter vom Auftreten bis zur Abschaltung des zugehörigen Kurzschlußstromes durch-

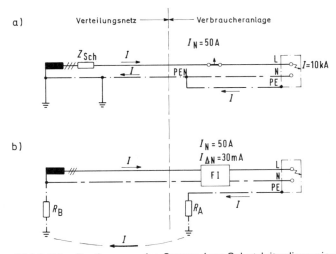

Bild 9-14. Bestimmung des Stroms I zur Schutzleiterdimensionierung
a) im TN-Netz
b) im TT-Netz

gelassen hat. Nach DIN 57 641/VDE 0641 ist lediglich für Leitungsschutz-schalter mit Nennströmen bis 25 A eine obere Grenze für mögliche $I^2 \cdot t$-Werte festgelegt; bei höheren Nennstromstärken müssen die Werte beim Hersteller erfragt werden. Im angeführten Beispiel soll bei $I = 10$ kA und $I_n = 50$ A der gleiche $I^2 \cdot t$-Wert angesetzt werden wie für $I_N = 25$ A : 90 000 A^2s bei Selektivitätsklasse 3. Der maßgebliche Materialbeiwert k ergibt sich aus Tabelle 3 der Norm zu 143 A $\sqrt{s}$/mm^2. Damit läßt sich der Leiterquerschnitt S berechnen:

$$S = \frac{\sqrt{90\ 000}}{143}$$

$$\underline{\underline{S = 2,1\ \text{mm}^2}}$$

Mit Rücksicht auf die normgemäße Querschnittsstufung ist ein Querschnitt von 2,5 mm^2 Kupfer erforderlich. Mit 2,5 mm^2 Kupfer ist auch gleichzeitig nach Abschnitt 9 < 5.1.3 > ausreichend für den mechanischen Schutz gesorgt, wenn eine Verlegung in Putz vorausgesetzt wird. Der notwendige Querschnitt des separat verlegten Schutzleiters ist deutlich niedriger, als wenn man eine Mehraderleitung verwendet hätte. Dann müßte der Schutzleiter den gleichen Querschnitt wie der Außenleiter haben – in diesem Beispiel 10 mm^2 bei Verlegungsbedingungen entsprechend Gruppe 2 nach Tabelle 1 aus Teil 430 von DIN 57 100/VDE 0100.
Üblicherweise wird diese Materialersparnis nur in Sonderfällen wirtschaftlich genutzt werden können; denn Rechenaufwand und Mehrarbeit bei Verlegung des separaten Schutzleiters dürften in aller Regel zu einem ungünstigeren Ergebnis führen.
Für ein Beispiel im TT-Netz soll eine Änderung im Vergleich zu dem im TN-Netz angenommen werden: Der Leitungsschutzschalter wird durch einen nennstromgleichen Fehlerstrom-Schutzschalter mit $I_{\Delta n} = 30$ mA ersetzt. Im Falle eines Körperschlusses fließt ein Fehlerstrom, der von der Schleifenimpedanz zwischen Außenleiter und PEN- bzw. Schutzleiter bestimmt wird (**Bild 9-14 b**). Für die Höhe des Fehlerstroms fällt damit den Ausbreitungswiderständen der Erder am Transformatorsternpunkt und in der Verbraucheranlage entscheidende Bedeutung zu. Ein in der Praxis kaum erreichbarer Fall ergibt sich, wenn man je Erder einen Ausbreitungswiderstand 1 Ω angesetzt. Dafür ergibt sich bei einer Phasenspannung von 220 V ungünstigstenfalls der Fehlerstrom 110 A. Die Höhe des Fehlerstroms ist also unabhängig vom Nennauslösestrom des Fehlerstrom-Schutzschalters; ebenfalls unabhängig davon darf als Abschaltzeit $t = 0,04$ s angesetzt werden (siehe Abschnitt 7 < 6.1.7.2 >). Damit führt die Rechnung zu folgendem Schutzleiterquerschnitt:

$$S = \frac{\sqrt{110^2 \cdot 0,04}}{143}$$

$$\underline{\underline{S = 0,15\ \text{mm}^2}}$$

In dem gewählten Beispiel macht die mögliche thermische Beanspruchung eines Schutzleiters nur einen Querschnitt deutlich unterhalb der Mindestwerte erforderlich, die im Hinblick auf den mechanischen Schutz nach Abschnitt 9 < 5.1.3 > nötig sind. Bei einer Schleifenimpedanz über Erde von 2 Ω läßt sich dieses Ergebnis auch im theoretisch ungünstigsten Fall bei $U_n = 1000$ V für Kupfer- und Aluminiumleitungen nachweisen. Damit darf ein Schutzleiter aus Kupfer oder Aluminium bei Verwendung von Fehlerstrom-Schutzschaltern allein nach dem mechanischen Schutz bemessen werden: Thermisch können Schutzleiter von 2,5 mm^2 Kupfer bzw. 4 mm^2 Aluminium im TT-Netz nicht zu hoch belastet werden, wenn eine Schleifenimpedanz über Erde mit dem kaum erreichbaren Wert 2 Ω nicht unterschritten wird. Dies gilt auch bei Anwendung von Fehlerspannungs-Schutzschaltern.

9 < 5.1.3 > Viele Schutzmaßnahmen bei indirektem Berühren setzen einen Schutzleiter voraus. Damit ist die Wirksamkeit dieser Schutzmaßnahmen nur bei funktionsgerechter, also niederohmiger Schutzleiterverbindung gegeben; anders ausgedrückt: Bei einer Schutzleiterunterbrechung verliert die Schutzmaßnahme ihre Schutzwirkung. Dieser Fehler ist um so schwerwiegender, als er beim Betrieb eines elektrischen Gerätes erst auffällt, wenn ein Körperschluß auftritt und das Gerät danach unter Lebensgefahr berührt wird. Die fehlende Funktion der Schutzmaßnahme bei indirektem Berühren wird also erst dann wahrgenommen, wenn es schon zu spät ist. Deshalb müssen vorbeugende Maßnahmen ergriffen werden, damit eine Schutzleiterunterbrechung so gut wie ausgeschlossen ist. Dazu ist es notwendig, daß der Schutzleiter nicht nur thermischen Belastungen infolge eines Fehlerstroms, sondern auch den möglichen mechanischen Beanspruchungen gewachsen ist.
Zu mechanischen Beanspruchungen sind alle Arten äußerer Krafteinwirkung zu zählen. Darunter fällt auch die Einwirkung durch einen Nagel, der in die Wand geschlagen wird und dabei im Putz einen Schutzleiter trifft. Ist ein Schutzleiter getrennt verlegt, so muß er im Querschnitt so ausreichend dimensioniert sein, daß er nach dieser Beanspruchung in aller Regel noch funktionsfähig ist. Ist der Schutzleiter mit Außen- und Neutralleitern in einer gemeinsamen Umhüllung verlegt, geht man davon aus, daß ein Nagel nicht nur den Schutzleiter, sondern auch die Isolierung zwischen Schutz- und Außenleitern zerstört oder mindestens schwächt. Dadurch kommt es früher oder später zum Kurzschluß, so daß eine Schutzleiterbeschädigung oder gar -unterbrechung erkannt werden muß.
Diese Überlegungen machen verständlich, weshalb lediglich getrennt verlegte Schutzleiter die aufgeführten Mindestquerschnitte einhalten müssen. Dabei wird danach unterschieden, ob ein mechanischer Schutz vorhanden ist oder nicht. Mechanischer Schutz für einen Schutzleiter kann z. B. durch Verlegung im Rohr oder unter Putz sichergestellt werden. Bei Verlegung auf Putz ist ein mechanischer Schutz z. B. durch Abdeckungen gegeben.
Wegen der hohen Korrosionsgefahr bei Beschädigung der Isolierung sind ge-

190

trennt verlegte Schutzleiter aus Aluminium nur dann zulässig, wenn sie mechanisch geschützt verlegt sind.

9 < 5.2 >   Arten von Schutzleitern

Üblicherweise werden die Aufgaben eines Schutzleiters von Leitern oder Leitungen wahrgenommen, die – vom PEN-Leiter einmal abgesehen – allein für diese Zwecke vorgesehen sind. Ein Schutzleiter wird nur in den sehr seltenen Fällen eines Körperschlusses strommäßig belastet und bei Verwendung einer Fehlerstrom-Schutzeinrichtung im TT-Netz auch nur in sehr geringem Umfang. Deshalb besteht die Möglichkeit, solche leitfähigen Teile als Schutzleiter zu verwenden, die aus anderen Gründen ohnehin schon vorhanden sind. Dazu sind neben der notwendigen Strombelastbarkeit und dem Schutz gegen mechanische Beanspruchungen nach Abschnitt 9 < 5.1 > zusätzliche Bedingungen zu erfüllen. Sie sind nach Art des Schutzleiters unterschiedlich und werden in den folgenden Unterabschnitten behandelt.

9 < 5.2.1 >   Aus der Aufzählung der vielfältigen Ausführungsformen von Schutzleitern geht hervor, daß in manchen Fällen sowohl Körper als auch fremde leitfähige Teile als Schutzleiter verwendet werden dürfen.

9 < 5.2.2 >   Gehäuse (Körper) und tragende Konstruktionsteile von Schaltgeräte-Kombinationen **(Bild 9-15)** oder von metallgekapselten Stromschie-

Bild 9-15. Beispiel für eine Schaltgerätekombination
(Quelle: VDE 0660 Teil 5)

nensystemen müssen für eine ausreichende Stabilität bemessen werden. Das ergibt üblicherweise eine Leitfähigkeit, die Schutzleiterzwecken genügt. Daher liegt es nahe, derartige Körper als Schutzleiter zu verwenden. Dazu sind die Anforderungen der Abschnitte 5.2.2.1 bis 5.2.2.4 aus Teil 540 von DIN 57 100/ VDE 0100 zu erfüllen.

9 < 5.2.2.3 >   Hier sind natürlich nur solche Konstruktionsteile angesprochen, die üblicherweise auch dann entfernt werden, wenn eine Schaltgeräte-Kombination oder ein Stromschienensystem nicht vollständig freigeschaltet ist. Als Beispiel für derartige Konstruktionsteile lassen sich Abgangsstellen im Gehäuse

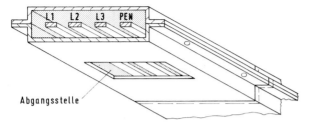

Abgangsstelle

Bild 9-16. Stromschienensystem mit entferntem Konstruktionsteil (Abgangsstelle)

von Stromschienensystemen nennen **(Bild 9-16)**. Die Abdeckung dieser Abgangsstellen kann zum Anschluß einer Leitung entfernt werden. Dabei muß eine Unterbrechung des Gehäuses durch eine konstruktive Gestaltung, wie z. B. in Bild 9-16, verhindert werden.

9<5.2.3> Zu metallenen Umhüllungen von Kabeln und Leitungen sind z. B. konzentrische Leiter, metallische Mäntel und Bewehrungen zu zählen.

9<5.2.4> Fremde leitfähige Teile, die als Schutzleiter verwendet werden können, sind in erster Linie metallene Rohrleitungen. Gasrohre sind ausgenommen: Sie sind dafür nicht zugelassen. Wird der Bereich einer Verbraucheranlage überschritten, sind dabei zusätzlich die Abschnitte 9<4.1.5> und 9<4.1.6> zu berücksichtigen.
Besonders beim Einsatz eines Fehlerstrom-Schutzschalters im TT-Netz ist die Verwendung von Rohrleitungen als Schutzleiter zu erwägen. Üblicherweise dürfte das aber zu einer weniger wirtschaftlichen Lösung führen als die Verlegung des Schutzleiters mit Außen- und Neutralleitern in gemeinsamer Umhüllung. In Einzelfällen kann die Verwendung von Rohrleitungen als Schutzleiter sehr zweckmäßig sein: Beispielsweise dann, wenn ein Raum durch nachträgliche Installation einer zentralen Heizungsanlage seine isolierende Eigenschaft verloren hat und damit eine Schutzmaßnahme durch Abschaltung oder Meldung erforderlich wird.

9<5.3> Aufrechterhaltung der durchgehenden elektrischen Verbindung der Schutzleiter
Ein Schutzleiter kann seine Schutzfunktion nur dann erfüllen, wenn seine durchgehende elektrische Verbindung gegeben ist. Welche Einzelmaßnahmen dazu unabhängig von der Art des Schutzleiters erforderlich sind, ist in den folgenden Unterabschnitten zusammengestellt.

9<5.3.1> Angemessener Schutz gegen mechanische Beanspruchungen ist durch die Querschnittsdimensionierung des Schutzleiters nach Abschnitt 9<5.1> sichergestellt.

Beeinträchtigungen chemischer Art (Korrosion) können vor allem an Verbindungsstellen entstehen – besonders, wenn unterschiedliche Metalle aufeinander stoßen. Um derartige Probleme weitgehend auszuräumen, sollten solche Verbindungen möglichst aus Bereichen ferngehalten werden, in denen sich leicht Feuchtigkeit niederschlägt. Ist das nicht möglich, empfiehlt sich ein feuchtigkeitsabweisender Anstrich.

Eine besondere Art des Korrosionsschutzes wird oftmals bei galvanischen Bädern angewendet (**Bild 9-17**). Hier besteht eine erhöhte Gefahr elektrochemischer Korrosion von Erdern und von Schutzleiterverbindungsstellen aus unterschiedlichen Materialien. Die Höhe der Gleichspannung liegt vielfach unter 60 V, so daß sich ein Schutz gegen direktes und somit auch bei indirektem Berühren erübrigt (Abschnitt 7 < 4.1.4 >). Daher ist lediglich für die Drehstromheizung des galvanischen Bades ein Schutzleiter erforderlich. Wenn die Gleichspannung aus einer geerdeten Stromquelle nach 7 < 4.1.2.4 > eingespeist wird, besteht die Möglichkeit, daß ein Gleichstrom über den Schutzleiter fließt und die elektrochemische Korrosion deutlich beschleunigt. Um diesen Gleichstrom zu verhindern, schaltet man in den Schutzleiter einen Kondensator mit der Kapa-

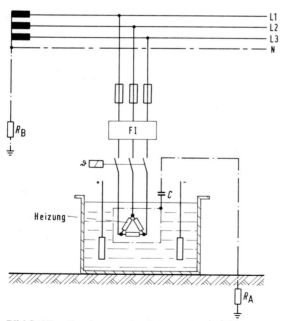

Bild 9-17. Kondensator im Schutzleiter eines galvanischen Bades zum Schutz vor elektrochemischer Korrosion

zität *C*. Damit die Heizkörper trotzdem bei indirektem Berühren geschützt sind, kann als Schutzeinrichtung nur eine Fehlerstrom-Schutzeinrichtung verwendet werden. Zu ihrer Auslegung muß die Kondensatorimpedanz $1/\omega C$ neben der Schleifenimpedanz Z_s (Schleifenwiderstand R_S) im TN-Netz bzw. neben dem Erdungswiderstand R_A im TT-Netz berücksichtigt werden. Daraus ergeben sich folgende Bedingungen:

$$Z_s \approx R_S \leq \sqrt{\frac{U_n^2}{3 \cdot I_{\Delta n}^2} - \frac{1}{\omega^2 \cdot C^2}} \qquad \text{im TN-Netz}$$

$$R_A \leq \sqrt{\frac{U_L^2}{I_{\Delta n}^2} - \frac{1}{\omega^2 \cdot C^2}} \qquad \text{im TT-Netz}$$

Darin bedeuten:

$\omega = 2\pi f$

f Wechselstromfrequenz

Elektrodynamische Beanspruchungen, wie sie im Bereich der Hausinstallation auftreten, werden von dem üblichen Installationsmaterial beherrscht. Lediglich in Bereichen mit deutlich höheren Kurzschlußleistungen oder anderen Bauformen sind gesonderte Betrachtungen anzustellen.

9 < 5.3.2 > Der Korrosionsgrad einer Schutzleiterverbindung oder das Lokkern von Klemmen lassen sich nur durch Besichtigung erfassen. Daher ist es notwendig, daß Schutzleiterverbindungen zugänglich sind; es sei denn, die Unterbrechung kann wie im Fall einer vergossenen Klemmstelle ausgeschlossen werden.

9 < 5.3.3 > Die Wichtigkeit einer durchgehenden elektrischen Schutzleiterverbindung erfordert einen Schutz gegen unbedachte Unterbrechung, die durch ein Schaltorgan begünstigt werden würde. Deshalb darf eine Trennung des Schutzleiters nur unter Verwendung von Werkzeug möglich sein. Das dürfte selbst Laien die Notwendigkeit einer derartigen Verbindung bewußt werden lassen.

9 < 5.3.4 > Innerhalb der festen Installation wird die Schutzleiterüberwachung in der Bundesrepublik Deutschland nicht praktiziert.

9 < 5.3.6 > Übliche Schutzleiterverbindungen wie Schraubverbindungen und schraubenlose Klemmen bieten für Anwendungsfälle, in denen keine Vibratio-

nen auftreten, einen ausreichenden Schutz gegen Selbstlockern. Lediglich bei Verbrauchsmitteln, die während des Betriebs vibrieren oder Erschütterungen ausgesetzt sind, müssen besondere Maßnahmen getroffen werden.

9<6> **Erdungsleitung und Schutzleiter für Fehlerspannungs – Schutz-einrichtungen**

Siehe Abschnitt 7<7.5>.

9<7> **Betriebserdung (Funktionserdung)**

Wie in Abschnitt 8.1 dargestellt worden ist, erfüllt eine Betriebserdung in der Niederspannungsenergietechnik zwei Funktionszwecke:
– In Verbindung mit Überspannungsleitern Schutz gegen Überspannungen bei atmosphärischen Entladungen **(Bild 9-18 a)**. Diesem Zweck dient auch die übliche Erdung von Außenantennen.
– Spannungsbegrenzung bei Erdschluß eines Außenleiters (Bild 7-29).

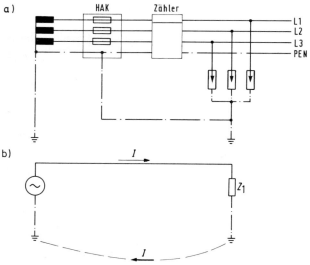

$I_{\approx} \leq 0,5$ mA
$I_- \leq 2$ mA
Z_1 Eingangsimpedanz eines Fernmeldegerätes

Bild 9-18. Aufgaben der Betriebserdung
a) Überspannungsschutz
b) Ersatz eines Betriebsstrom führenden Leiters im Bereich der Nachrichtentechnik nach DIN 57 800 Teil 13/VDE 0800 Teil 13/...81, Entwurf 1

In der Nachrichtentechnik kann der Betriebserdung eine zusätzliche Aufgabe zufallen. Bei drahtgebundenen Übertragungswegen besteht die Möglichkeit, daß die Betriebserdung die Funktion eines Betriebsstrom führenden Leiters übernimmt (**Bild 9-18b**). Im Hinblick auf den Überspannungsschutz von Fernmeldeanlagen lassen DIN 57 185/VDE 0185 „Blitzschutzanlagen", VDE 0800 „Bestimmung für Errichtung und Betrieb von Fernmeldeanlagen einschließlich Informationsverarbeitungsanlagen", DIN 57 845/VDE 0845 „VDE-Bestimmungen für den Schutz von Fernmeldeanlagen gegen Überspannungen" und VDE 0855 „Bestimmungen für Antennenanlagen" die Höhe des Erdungswiderstandes offen. Dies gilt auch dann, wenn die Betriebserdung die Aufgabe eines Betriebsstrom führenden Leiters übernimmt. In diesen Fällen ist es meist ausreichend, den Ausbreitungswiderstand des Betriebserders nach den Erfordernissen der Schutzmaßnahme bei indirektem Berühren auszulegen und somit für Betriebs- und Schutzzwecke einen gemeinsamen Erder zu schaffen. Eventuell sind Herstellerangaben über Mindest-Erdungswiderstände für die vorgesehenen Betriebsmittel zu beachten.

9 <8> Kombinierte Erdung für Schutz- und Funktionszwecke (Betriebszwecke)

Schon in Abschnitt 9 <4.4> waren die Schwierigkeiten erläutert worden, für eine elektrische Anlage voneinander unabhängige Erder zu errichten. Deshalb ist es üblicherweise am wirtschaftlichsten, je Anlage nur einen Erder zu schaffen und seinen Erdungswiderstand für alle Schutz- sowie Funktionszwecke auszulegen.
Der Erdungswiderstand richtet sich dann nur nach der schärfsten Einzelanforderung.

9 <8.1> *Allgemeines*
Sollten einmal Schutz- und Funktionszwecke zu Anforderungen führen, die einander widersprechen, so sind die Festlegungen für Schutzzwecke vorrangig einzuhalten. Auch hier gilt das Motto „Sicherheit geht vor Betrieb".

9 <8.2> *PEN-Leiter*
Im strengen Sinne fällt der PEN-Leiter, bisher als Nulleiter bezeichnet, nicht unter den Begriff Erdung. Da er aber die Schutzzwecke eines Schutzleiters mit den betrieblichen Aufgaben eines Neutralleiters im TN-Netz in sich vereinigt, wird der PEN-Leiter hier unter dem Leitgedanken „Kombinierte Erdung für Schutz- und Funktionszwecke" behandelt.

9 <8.2.1> Eine Unterbrechung des PEN-Leiters in einem Wechselstromkreis hätte eine Fehler- und oft auch eine Berührungsspannung in Höhe der Phasenspannung an allen angeschlossenen Betriebsmitteln der Schutzklasse I zur Fol-

ge; ein Fehlerfall mit höchster Gefahr. Damit er so gut wie nie auftritt, sind die Mindestquerschnitte von 10 mm^2 Kupfer oder 16 mm^2 Aluminium erforderlich; bei konzentrischen Leitern von Kabeln oder Leitungen gelten 4 mm^2 für beide Werkstoffe. Diese Querschnitte gelten als hinreichend widerstandsfähig bei möglichen mechanischen Beanspruchungen, die zu einer Unterbrechung des PEN-Leiters führen könnten.

9 < 8.2.3 > Der Isolationswiderstand eines Neutralleiters und die durchgehende niederohmige Verbindung eines Schutzleiters im TN-Netz müssen nach VDE 0100 g/7.76 gemessen werden. Deshalb dürfen Neutral- und Schutzleiter hinter ihrer Aufteilung in Richtung Verbrauchsmittel nicht mehr miteinander verbunden werden, und der Neutralleiter darf nicht geerdet werden. Das Verbot einer solchen Erdung dient auch dazu, eine Überlastung des Neutralleiters durch Ströme aus anderen Stromkreisen auszuschließen. Sie könnte dann eintreten, wenn die Impedanz zwischen diesem Erder und dem der Stromquelle kleiner ist als die Impedanz des Neutral- bzw. PEN-Leiters zwischen beiden Punkten. Mit derartigen Verhältnissen wäre sicherlich nur in extremen Ausnahmefällen zu rechnen.
Der Isolationszustand des Neutralleiters muß gemessen werden können, ohne daß eine Vielzahl von Klemmen zu lösen ist. Darum sind an der Aufteilungsstelle getrennte Klemmen oder Schienen für Schutz- und Neutralleiter vorzusehen. Üblicherweise wird diese Aufteilung in einem Stromkreisverteiler vorgenommen, wo der ankommende PEN-Leiter in Schutz- und Neutralleiter für eine Vielzahl von abgehenden Stromkreisen aufgeteilt wird. So ist nur das Lösen der Klemmverbindung zwischen Schutz- und Neutralleiterschiene notwendig, damit der Isolationszustand des Neutralleiters gemessen werden kann. Nach vollzogener Messung muß die Klemmverbindung wieder hergestellt werden. Dabei ist Vergeßlichkeit nicht ganz auszuschließen, so daß diese Verbindung unterbleibt. Damit daraus keine Gefahren erwachsen, muß der ankommende PEN-Leiter an die Schiene für abgehende Schutzleiter angeschlossen werden. Aus ähnlichen Gründen sollte der PEN-Leiter nicht über einen Zähler geführt werden, sondern von den Hauptklemmen vor dem Zähler direkt zur Schutzleiterschiene geführt werden **(Bild 9-19)**.
Getrennte Klemmen für Neutral- und Schutzleiter sind natürlich nicht mehr sinnvoll, wenn der PEN-Leiter in nur je einen Neutral- und Schutzleiter aufgeteilt wird. Das würde keine Erleichterung für die Durchführung von Isolationsmessungen bringen.

9 < 9 > Potentialausgleichsleiter

Die Aufgaben eines Potentialausgleichsleiters ergeben sich aus den Zwecken eines Potentialausgleichs, wie er in den Abschnitten 8.3 und 8.4 beschrieben ist.

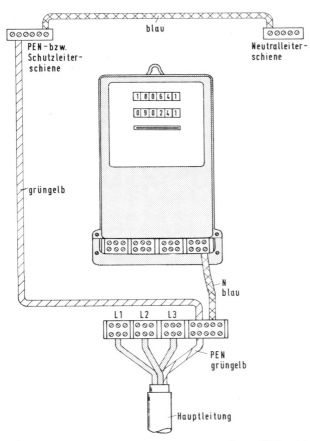

Bild 9-19. Aufteilung des PEN-Leiters an einem Zählerplatz

9 < 9.1 > Querschnitte

In Abschnitt 8.3 war dargegestellt worden, wie eng die Aufgaben von Schutz-und Potentialausgleichsleiter beieinander liegen. Das schlägt sich auch in der Querschnittsbemessung nieder: Der Querschnitt des Potentialausgleichsleiters orientiert sich an dem des Schutzleiters. Man hat dabei bewußt auf die Möglichkeit verzichtet, das Rechenverfahren zur Querschnittsbemessung des Schutzleiters hinsichtlich der thermischen Beanspruchung im Fehlerfall auch für Potentialausgleichsleiter anzugeben. Dazu ist die Kenntnis des größtmöglichen Fehlerstroms erforderlich. In der maßgeblichen Fehlerschleife sind oft fremde leitfähige Teile enthalten, deren Verlauf bei der Planung noch nicht genau bekannt ist. Daher läßt sich der größtmögliche Fehlerstrom, der über einen Potentialausgleichsleiter fließen könnte, nur schwer im Planungsstadium ermitteln. Ist er ausnahmsweise bekannt, so kann man natürlich auch das Rechenverfahren nach Abschnitt 9 < 5.1.2 > wählen; zusätzlich sind dann noch die Mindestquerschnitte nach Tabelle 9 aus Teil 540 von DIN 57 100/VDE 0100 zu berücksichtigen. Dieses Verfahren ist in der Praxis üblicherweise nur schwer anwendbar. Deshalb zieht die Norm hier eine pragmatische Orientierung vor und gibt eine weniger genaue, aber leichter handhabbare Methode an.

Der Querschnitt des Potentialausgleichsleiters von einem Hauptpotentialausgleich richtet sich nach dem Querschnitt des Hauptschutzleiters. Im Bereich der Hausinstallation wäre das eigentlich der Schutzleiter, der der Leitung zugeordnet ist, die vom Hausanschlußkasten abgeht. Im Einfamilienhaus ist das noch plausibel, da durch einen Erdschluß auf dem längeren Wege der Hauptleitung bis zur ersten Querschnittsverjüngung ein Potentialausgleichsleiter ähnlich hohen Belastungen ausgesetzt werden kann, wie sie für die Bemessung des Hauptschutzleiters maßgebend sind. In einem Großgebäude für viele Wohneinheiten wird diese Bemessungsgrundlage etwas fragwürdig, wenn die vom Hausanschlußkasten abgehende Leitung nur wenige Meter in unverändertem Querschnitt bis zum Hauptverteiler verlegt ist, auf denen kaum mit einem Erdschluß zu rechnen ist. Daher ist es zulässig, den größten Schutzleiterquerschnitt hinter dem Hauptverteiler zum Maßstab für den Querschnitt des Potentialausgleichsleiters zu wählen.

Bei Anwendung des zusätzlichen Potentialausgleichs besteht die Möglichkeit, daß der Potentialausgleichsleiter an die Stelle des Schutzleiters tritt, z. B. bei Ausführung im IT-Netz zusammen mit einer Isolationsüberwachungseinrichtung. Zur Querschnittsbestimmung des Potentialausgleichsleiters gemäß Tabelle 7 aus Teil 540 von DIN 57 100/VDE 0100 sollte man zweckmäßigerweise einen solchen Schutzleiterquerschnitt annehmen, wie er sich nach Tabelle 2 von Teil 540 ergeben würde. In einem Sonderfall braucht der Potentialausgleichsleiter des zusätzlichen Potentialausgleichs eine obere Grenze nicht zu überschreiten: Nach Abschnitt 9 < 5.1.1 > gilt in IT-Netzen ein Querschnitt von 120 mm² Stahl, 16 mm² Kupfer bzw. 25 mm² Aluminium in jedem Fall als ausreichend, wenn eine Isolationsüberwachungseinrichtung zusammen mit dem zusätzlichen Potentialausgleich angewendet wird.

9 < 9.2 > Bei ausgebautem Wasserzähler können die beiden Anschlußenden der Wasserleitung gegebenenfalls unterschiedliche Potentiale annehmen. Zur Vermeidung von daraus herrührenden Gefahren für das Montagepersonal ist der Wasserzähler elektrisch leitend zu überbrücken.

9 < 10 > Kennzeichnung von Schutzleiter, PEN-Leiter, Erdungsleiter und Potentialausgleichsleiter

Von der richtigen Verbindung von Schutzleitern, PEN-Leitern, Erdungsleitern und Potentialausgleichsleitern hängt das Leben von Menschen ab. Deshalb dürfen diese Leiter nur grüngelb gekennzeichnet werden, sofern sie nicht blank verlegt sind. Außerdem darf die grüngelbe Kennzeichnung für keine anderen Zwecke verwendet werden. Damit ist die Farbe grüngelb immer eindeutig das Erkennungsmerkmal für einen Leiter mit Schutzfunktion.

10 Anpassung bestehender Anlagen

Mit der Weißdruckveröffentlichung der Teile 410 und 540 aus der Normenreihe DIN 57 100/VDE 0100 sind eine Vielzahl von Änderungen inhaltlicher Art in Kraft gesetzt worden – davon auch eine Reihe verschärfender Anforderungen. Da sie den Berührungsschutz, ein Gebiet von entscheidender Bedeutung für den Schutz von Menschenleben, betreffen, stellt sich für dieses Gebiet um so deutlicher die Frage, wie bestehende Anlagen behandelt werden müssen. Anwort auf diese Frage gibt DIN 57 105 Blatt 1/VDE 0105 Teil 1/5.75; hier heißt es in Abschnitt 6.1.1:

„Starkstromanlagen sind den Errichtungsbestimmungen entsprechend in ordnungsgemäßem Zustand zu erhalten. Das Erhalten des ordnungsgemäßen Zustandes bedingt im allgemeinen nicht, daß bestehende Anlagen den Anforderungen der später in Kraft getretenen Errichtungsbestimmungen jeweils angepaßt werden müssen. Sie müssen jedoch angepaßt werden, wenn die Anpassung in neuen VDE-Bestimmungen ausdrücklich gefordert wird. Bestehen in begründeten Einzelfällen Zweifel, ob durch das Weiterbestehen des bisherigen Zustandes eine Gefahr für Personen oder Sachen entstehen kann, so kann von den Beteiligten eine sachverständige Aussage des zuständigen Komitees verlangt werden, ob angepaßt werden muß."

Danach sind für den ordnungsgemäßen Zustand von Altanlagen folgende Anforderungen maßgeblich:
– Normen, die zum Zeitpunkt der Errichtung gültig waren.
– Normen bzw. Teile davon, die nach der Errichtung in Kraft gesetzt worden sind und die ausdrücklich eine Anpassung von Altanlagen fordern, wie z. B. DIN 57 100 Teil 702/VDE 0100 Teil 702/11.82 „Überdachte Schwimmbecken (Schwimmhallen und Schwimmanlagen) im Freien".

Für die Teile 410 und 540 von DIN 57 100/VDE 0100 ist eine allgemeine Anpassung oder eine Anpassung in einzelnen Punkten nicht gefordert. Dies ist darauf zurückzuführen, daß die Änderungen auf dem Sektor des Berührungsschutzes nicht auf das Unfallgeschehen zurückgehen, sondern rein formal durch die Harmonisierung der Schutzmaßnahmen im Rahmen von IEC und CENELEC bedingt sind. Deshalb sind bisher keine Einzelfälle bekannt, in denen eine Anpassung erforderlich wäre.

11 Wertigkeit der Schutzmaßnahme gegen gefährliche Körperströme

Keine andere Schutzmaßnahme ist so sehr auf den Schutz von Menschenleben ausgerichtet wie der Schutz gegen gefährliche Körperströme. „Dazu darf das beste gerade gut genug sein", wird man wohl spontan meinen und es dann auch etwas merkwürdig finden, wenn im Zusammenhang mit Schutzmaßnahmen von Wertigkeit und damit auch von unterschiedlichen Werten für verschiedene Schutzmaßnahmen gesprochen wird. Solche Überlegungen sind aber wegen der Verpflichtung nach VDE 0022 erforderlich, Normen auch unter wirtschaftlichen Aspekten zu schaffen. Die Verknüpfung zwischen Sicherheit und Wirtschaftlichkeit ist leicht verständlich; dazu braucht man sich nur die Konsequenzen vor Augen zu führen, die sich bei Leugnung aller wirtschaftlichen Aspekte ergeben würden. Abgesehen davon, daß es schon schwierig ist zu erkennen, wie angesichts der vielfältigen technischen Möglichkeiten die größte Sicherheit zu verwirklichen ist, würde die uneingeschränkte Forderung nach Sicherheit zu uferlosen Ansprüchen und damit auch zu unübersehbaren Kosten führen. Sie könnten die Anwendung einer Technik so gut wie unmöglich machen. Damit wäre zwar, falls überhaupt nur annähernd bezahlbar, die Sicherheit in einem Lebensbereich – nämlich im Umgang mit Elektrizität – extrem hochgetrieben, aber das wäre keineswegs gleichzusetzen mit einer allgemeinen hohen Sicherheit, denn selbst das Leben unter Menschen und in der Natur birgt vielfältige Risiken in sich. Daher wird plausibel: Sicherheit bei Anwendung der Elektrizität kann kein Wert sein, der um **jeden** Preis zu realisieren ist, sondern nur ein Ziel, das zu einem **vernünftigen** Preis angestrebt werden muß. Naturgemäß läßt sich in allgemein gültiger Weise kaum sagen, was in diesem Zusammenhang als vernünftig gelten darf. Das läßt sich nur für Teilbereiche, getrennt durch einen Kompromiß zwischen unterschiedlichen, teilweise widersprüchlichen Aspekten, ermitteln. Als wesentliche Aspekte kommen dabei ins Spiel:

– Unfallanalyse im Bereich der Elektrotechnik;
– bestehende Risiken in anderen Bereichen;
– Kosten für einzelne Sicherheitsmaßnahmen;
– mögliche Verhaltensänderungen des Menschen im Umgang mit der Technik als Folge zusätzlicher Sicherheitsmaßnahmen;
– Wirksamkeit von Sicherheitsmaßnahmen in Abhängigkeit der zu erwartenden Umgebungsbedingungen.

Ein einzelner Fachmann wäre auf sich allein gestellt sicherlich überfordert, auf der Basis dieser vielfältigen Aspekte festzulegen, was als vernünftiger Preis für Sicherheit anzusehen ist. Dies um so mehr, als damit ein Restrisiko, also eine gewisse Gefahr für Menschenleben in Kauf genommen wird. Derart folgenschwere Entscheidungen kann der einzelne Fachmann nur anhand von Maßstäben mit recht geringem Ermessensspielraum treffen, wie sie in DIN/VDE-Normen festgehalten sind. Damit fällt die eigentliche Entscheidung über den vernünftigen Preis für Sicherheit bei der Entstehung von Normen. Hierbei ist die Öffentlich-

keit – in erster Linie natürlich die betroffenen Fachleute – weitgehend einbezogen, so daß die schwierige Aufgabe, zwischen Sicherheit und Wirtschaftlichkeit
zu wägen, durch Abstimmung in einem großen Kreis von Fachleuten gelöst wird
und somit ein hohes Maß allgemeiner Zustimmung erreicht wird.
Die Aufwendungen für Sicherheit müssen also auch vom Standpunkt der Wirtschaftlichkeit betrachtet werden. So wird verständlich, warum durch
DIN 57 100/VDE 0100 je nach Umgebungsbedingungen unterschiedlich aufwendige Schutzmaßnahmen gefordert werden. Dabei können je nach Art der
Umwelteinflüsse erhöhte oder geringere Anforderungen als gewöhnlich gestellt
werden. Neben dieser sicherheitsbezogenen Wertung von Schutzmaßnahmen
ist es zweckmäßig, gleichwertige Schutzmaßnahmen nach ihren Betriebseigen-
schaften zusammen mit den zu schützenden Betriebsmitteln zu beurteilen.

11.1 Bewertung nach Sicherheitsaspekten auf der Basis von DIN 57 100/VDE 0100

Schutz gegen gefährliche Körperströme besteht aus drei unterschiedlichen, sich
gegenseitig ergänzenden Arten von Schutzmaßnahmen:
– Schutzmaßnahmen gegen direktes Berühren[36]),
– Schutzmaßnahmen bei indirektem Berühren[36]),
– zusätzliche Schutzmaßnahmen bei direktem Berühren durch Fehlerstrom-
  schutzeinrichtungen $I_{\Delta n} \leq 30$ mA.
Die verschiedenen Ausführungsformen für Schutzmaßnahmen einer Art können nur untereinander, nicht aber mit denen einer anderen Art verglichen werden. Dies liegt daran, daß die drei Arten unterschiedliche Schutzziele verfolgen.

11.1.1 Schutzmaßnahmen gegen direktes Berühren
Schutzmaßnahmen gegen direktes Berühren sind bis auf wenige Ausnahmen generell erforderlich. Ausnahmen sind in Abschnitt 7 < 8.1 >, in
VDE 0100/5.73 §§ 25 bis 60 sowie in der Gruppe 700 von DIN 57 100/
VDE 0100 behandelt. Bei Wechselspannung bis zu 25 V und Gleichspannung
bis zu 60 V kann eventuell auf den Schutz gegen direktes Berühren verzichtet
werden, wenn die Spannungen die Bedingungen der Schutzkleinspannung erfüllen.
Schutzmaßnahmen gegen direktes Berühren werden unterschieden in solche,
die einen vollständigen Schutz, und jene, die einen teilweisen Schutz gegen direktes Berühren sicherstellen. Der vollständige Schutz ist für Bereiche gedacht,
die Laien zugänglich sind. Im Unterschied dazu ist der teilweise Schutz nur für
Bereiche vorgesehen, zu denen ausschließlich Fachleute und unterwiesene Personen Zutritt haben und in denen er durch Normen ausdrücklich zugelassen ist.

---

36) Bei einigen Ausführungsformen in einer Schutzmaßnahme zusammengefaßt.

202

11.1.2 Schutzmaßnahmen bei indirektem Berühren

Schutzmaßnahmen bei indirektem Berühren sind bis auf wenige Ausnahmen generell notwendig. Ausnahmen sind in Abschnitt 7 < 8.2 > behandelt, außerdem sind Ausnahmen immer dann zulässig, wenn kein Schutz oder nur ein teilweiser Schutz gegen direktes Berühren erforderlich sind. Damit darf im wesentlichen nur in solchen Bereichen auf den Schutz bei indirektem Berühren verzichtet werden, die ausschließlich Fachleuten und unterwiesenen Personen zugänglich sind. Außerdem kann bei Nennwerten von Wechselspannung bis zu 25 V und von Gleichspannung bis zu 60 V eventuell auf den Schutz bei indirektem Berühren verzichtet werden, wenn die Spannungen die Bedingungen der Schutzkleinspannung erfüllen.

Bei besonders ungünstigen Einsatzbedingungen werden als allein zulässige Schutzmaßnahmen Schutzkleinspannung oder Schutztrennung mit nur einem Verbrauchsmittel je Stromquelle gefordert. Darin kommt ein erhöhter Schutzwert dieser Schutzmaßnahmen zum Ausdruck. Als besonders ungünstige Einsatzbedingungen gelten z. B. Arbeiten mit Elektrowerkzeugen in der Umgebung aus leitfähigen Stoffen wie in oder an Kesseln sowie Arbeiten mit Handnaßschleifmaschinen. Andere Schutzmaßnahmen bei indirektem Berühren als Schutzkleinspannung und Schutztrennung müssen in ihrem Schutzwert zwar niedriger angesetzt werden, aber unter ihnen bestehen kaum Unterschiede.

11.1.3 Schutz bei direktem Berühren

Während Schutzmaßnahmen gegen direktes Berühren und bei indirektem Berühren bis auf wenige Ausnahmen generell gefordert werden, ist der zusätzliche Schutz bei direktem Berühren nur in wenigen besonderen Bereichen verbindlich vorgeschrieben; in erster Linie dort, wo eine höhere Wahrscheinlichkeit als allgemein üblich für folgende Fehler anzusetzen ist:
– Überbrückung der Isolation von Verbrauchsmitteln der Schutzklasse II durch Feuchtigkeit;
– Unbemerkte Beschädigung von schutzisolierten Betriebsmitteln;
– Unterbrechung des Schutzleiters zu Verbrauchsmitteln der Schutzklasse I in feuchter Umgebung durch erhöhte mechanische oder korrosive Beanspruchung.

Beispiele sind in Abschnitt 6.3 genannt. Der zusätzliche Schutz bei direktem Berühren soll also dann greifen, wenn in außergewöhnlichen Fällen mit einem häufigeren Versagen sowohl des Schutzes gegen direktes Berühren als auch des Schutzes bei indirektem Berühren gerechnet werden muß. Dabei sind Anlagen unterstellt, die von Fachkräften ordnungsgemäß errichtet worden sind. Der zusätzliche Schutz bei direktem Berühren ist nicht dazu gedacht, den Schutz gegen gefährliche Körperströme in solchen Anlagen sicherzustellen, die unerlaubt und fehlerhaft von Laien errichtet worden sind. Erst recht nicht wird an den Schutz des Laien bei Arbeiten unter Spannung gedacht.

11.2 Bewertung nach betrieblichen Aspekten

Für die anzuwendende Schutzmaßnahme bei indirektem Berühren bestehen oftmals Wahlmöglichkeiten. Dann sollten dabei betriebliche Überlegungen berücksichtigt werden, damit ein Höchstmaß an betrieblicher Zuverlässigkeit erreicht wird.

Fehlerstrom-Schutzeinrichtungen mit kleineren Nennauslöseströmen sollen – wo immer möglich – nicht für Stromkreise mit Elektrowärme- oder Gefriergeräten eingesetzt werden. Oftmals lassen sich Elektrowärmegeräte nach längeren Stillstandszeiten wegen erhöhter Ableitströme nicht in Betrieb nehmen, was auf die hygroskopischen Eigenschaften ihrer Isolationsmaterialien zurückzuführen ist. Bei Gefriergeräten können Blitzstoßspannungen zu Fehlauslösungen führen. Wenn die Auslösung erst nach einigen Tagen erkannt wird, wie z. B. im Urlaub, ist das Gefriergut meist verdorben.

Manchmal führen betriebliche Gründe z. B. hohe Folgekosten bei plötzlicher Produktionsunterbrechung dazu, eine Abschaltung nach dem ersten Körper- oder Erdschluß zu vermeiden. Dann wendet man zweckmäßigerweise das **IT-Netz mit einer Isolationsüberwachungseinrichtung** an.

12 Unfallgeschehen in der Bundesrepublik Deutschland

Die Erläuterung der Schutzmaßnahmen gegen gefährliche Körperströme hat gezeigt, unter welchen Bedingungen sie ihre Aufgaben erfüllen. Darüber, ob die normgemäßen Anforderungen der Realität angemessen sind, gibt die Unfallstatistik einige Aufschlüsse. Sie zeigt in **Bild 12-1** die Entwicklung bei den tödlichen Elektrounfällen für die Jahre 1950 bis 1980. Bemerkenswert sind wohl zwei Ergebnisse:

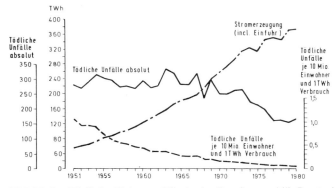

Bild 12-1. Tödliche Elektrounfälle in der Bundesrepublik Deutschland
(Quelle: Seip in Fachbericht 33)

- Die Todesfälle sind von etwa 300 Toten, die zwischen 1950 und 1970 Jahr für Jahr näherungsweise konstant verzeichnet werden mußten, seit Mitte der 70er Jahre auf etwa die Häfte gesunken.
- Die Entwicklung des Unfallgeschehens stellt sich noch positiver dar, wenn man den Zuwachs an Elektrogeräten berücksichtigt; er läßt sich näherungsweise mit dem Stromverbrauch verdeutlichen. Die Unfallrate – Anzahl der Stromtoten je 10 Mio. Einwohner und je 1 Mrd. kWh Stromverbrauch – hat sich drastisch vermindert.

Die Güte der Sicherheitsforderungen läßt sich nicht nur an der zeitlichen Entwicklung der Elektrounfälle, sondern auch am Vergleich zum gesamten Unfallgeschehen ablesen. Dabei nehmen die 166 Stromtoten im Jahr 1980 einen außergewöhnlich geringen Anteil an der Gesamtzahl von 27 692 Unfalltoten ein. Auch deshalb darf man die elektrische Sicherheit wohl als besonders hoch bewerten.

13 Schrifttum

13.1 Grundlegendes Schrifttum

[1]   DIN-Normungskunde, Heft 14: Technische Normung und Recht; Berlin, Beuth Verlag 1979.
[2]   Erdungen in Starkstromnetzen; Frankfurt am Main, Verlags- u. Wirtschaftsgesellschaft der Elektrizitätswerke mbH – VWEW 1982.
[3]   Taschenbuch für Schaltanlagen, 7. Auflage; Mannheim/Essen, BBC/Verlag Girardet 1979.
[4]   Gester, J.; Lorenz, H.: Starkstromleitungen, Leitungsnetze und ihre Berechnung; Berlin, VEB Verlag Technik 1968
[5]   Hasse, P.; Wiesinger J.: Handbuch für Blitzschutz und Erdung; München/Berlin, R. Pflaum Verlag/VDE-VERLAG 1982.
[6]   Hörnig, Schneider: Schutz durch VDE 0100; Frankfurt am Main/Berlin, Frankfurter Fachverlag/VDE-VERLAG 1975.
[7]   Hösl, A.: Die neuzeitliche und vorschriftsmäßige Elektro-Installation; 8. Auflage, Heidelberg, Hüthig Verlag 1977.
[8]   Koch, W.: Erdungen in Wechselstromanlagen über 1 kV; Berlin, Springer-Verlag 1961.
[9]   Müller, R.: VEM-Handbuch, Schutzmaßnahmen gegen zu hohe Berührungsspannung in Niederspannungsanlagen; Berlin, VEB Verlag Technik 1976.
[10]   Schmelcher, Th.: Überstromschutz in Niederspannungsanlagen; Berlin, Siemens AG 1974.
[11]   Spitta, A. F.: Elektrische Installationstechnik, erster und zweiter Teil; Berlin, Siemens AG 1971.
[12]   Uhlig, H. H.: Korrosion und Korrosionsschutz, Berlin, Akademie Verlag 1975.

13.2 Aufsätze zu Einzelproblemen

[13]   Technisches Sachverständigenwesen; Berlin, VDE-VERLAG 1978.
[14]   Fachberichte 32: Sicherheitsgerechtes Verhalten; Berlin, VDE-VERLAG 1980.
[15]   Fachberichte 33: Sicherer Strom im Heim und Freizeit; Berlin, VDE-VERLAG 1982.

[16]   Haus der Technik Vortragsveröffentlichungen, Heft 344: Sicherheit elektrischer
         Anlagen mit Spannungen bis 1000 V; Essen, Vulkan-Verlag 1977.
[17]   Haus der Technik Vortragsveröffentlichungen, Heft 388: Sicherheit elektrischer
         Anlagen – Der Elektrounfall und seine Verhütung; Essen, Vulkan-Verlag 1977.
[18]   Biegelmeyer, G.: Elektrischer Strom – Gefahr für das Herz; deutscher elektromei-
         ster + deutsches elektrohandwerk (1980) Heft 18.
[19]   Celebrovski, J. V. u. a.: Fundamenterder und Korrosionsgefahren; Elektrie,
         (1975) Heft 11.
[20]   Dittert, P.: Elektro-Weidezaungeräte werden erhöhten Anforderungen ange-
         paßt; Landtechnik (1975) Heft 6.
[21]   Edwin, K. W.; Jákli, G.; Thielen, H.: Wertigkeit von Schutzmaßnahmen in elektri-
         schen Hausinstallationen; etz (1980) Heft 24.
[22]   G. Heim: Korrosionsverhalten von Erderwerkstoffen; Elektrizitätswirtschaft,
         (1982) Heft 25.
[23]   J. Kirchdorfer: Die neue Generation der LS-Schalter; de/der elektromeister +
         deutsches elektrohandwerk (1977) Heft 18.
[24]   Rudolph, W.: Erdung, Schutzleiter und Potentialausgleich für Niederspannungs-
         anlagen – Stand der deutschen und internationalen Vorschriftenarbeit; de/deut-
         scher elektromeister + deutsches elektrohandwerk (1979) Heft 9.

13.3   Nationale Normen und Erläuterungen

[25]   VDE 0022/6.77: VDE-Druckschrift: Vorschriftenwerk des Verbandes Deut-
         scher Elektrotechniker e. V.
[26]   VDE 0023 Teil 1/4.78: Grundsätze für die Arbeit am VDE-Vorschriftenwerk
         [VDE-Druckschrift].
[27]   VDE 0100/5.73: Bestimmungen für das Errichten von Starkstromanlagen mit
         Nennspannungen bis 1000 V.
[28]   Hartig, F.; Scholz, H.: Schutz bei indirektem Berühren in Niederspannungsanla-
         gen (Erläuterungen zu VDE 0100/5.73); Berlin, VDE-VERLAG, 1975.
[29]   Normenreihe DIN 57 100/VDE 0100: Errichten von Starkstromanlagen mit
         Nennspannungen bis 1000 V.
[30]   Haufe, H.; Oehms, K.-J.; Vogt, D.:   Bemessung und Schutz von Leitungen und
         Kabeln nach DIN 57 100/VDE 0100 Teil 430 und Teil 523; VDE-Schriftenrei-
         he Band 32, Berlin, VDE-VERLAG, 1983.
[31]   Vogt, D.: Potentialausgleich und Fundamenterder VDE 0100/VDE 0190;
         VDE-Schriftenreihe, Band 35, Berlin, VDE-VERLAG, 1979.
[32]   DIN 57 105 Blatt 1/VDE 0105 Teil 1/5.75 VDE-Bestimmung für den Betrieb
         von Starkstromanlagen; Allgemeine Bestimmungen
[33]   DIN 57 105 Teil 1 A1/VDE 0105 Teil 1 A1/...80 Entwurf 2: VDE-Bestim-
         mung für den Betrieb von Starkstromanlagen; Änderung 1
[34]   DIN 57 106 Teil 1/VDE 0106 Teil 1/5.82: Schutz gegen elektrischen Schlag;
         Klassifizierung von elektrischen und elektronischen Betriebsmitteln
[35]   DIN 57 107/VDE 0107/6.81: Errichten und Prüfen von elektrischen Anlagen
         in medizinisch genutzten Räumen
[36]   VDE 0115/3.65: Bestimmungen für elektrische Bahnen
[37]   VDE 0115 a/8.75: Änderung zu VDE 0115/3.65
[38]   DIN 57 150/VDE 0150/8.75: VDE-Bestimmung zum Schutz gegen Korro-
         sion durch Streuströme aus Gleichstromanlagen
[39]   DIN 57 185 Teil 1/VDE 0185 Teil 1/11.82: Blitzschutzanlagen; Allgemeines
         für das Errichten

206

[40]   VDE 0271/10.63: Vorschriften für Kabel mit Gummiisolierung und Gummi-
         mantel oder mit Kunststoffisolierung und Kunststoffmantel für Starkstroman-
         lagen
[41]   VDE 0271/3.69: Bestimmungen für Kabel mit Isolierung und Mantel aus
         Kunststoff auf der Basis von Polyvenylchlorid für Starkstromanlagen
[42]   DIN 57 271 A3/VDE 0271 A3/10.81: Änderung 3
[43]   Normenreihe DIN 57 281/VDE 0281: PVC-isolierte Starkstromleitungen
[44]   DIN 57 413 Blatt 2/ VDE 0413 Teil 2/1.73: VDE-Bestimmungen für Geräte
         zum Prüfen der Schutzmaßnahmen in elektrischen Anlagen; Isolationsüberwa-
         chungsgeräte zum Überwachen von Wechselspannungsnetzen mittels überla-
         gerter Gleichspannung
[45]   VDE 0550 Teil 1/12.69: Bestimmungen für Kleintransformatoren; Allgemeine
         Bestimmungen
[46]   VDE 0550 Teil 3/12.69: Bestimmungen für Kleintransformatoren, Besondere
         Bestimmungen für Trenn- und Steuertransformatoren sowie Netzanschluß-
         und Isoliertransformatoren
[47]   VDE 0551/5.72: Bestimmungen für Sicherheitstransformatoren
[48]   Normenreihe DIN 57 636/VDE 0636: VDE-Bestimmung für Niederspan-
         nungssicherungen bis 1000 V Wechselspannung und 3000 V Gleichspannung
[49]   DIN 57 641/VDE 0641/6.78: Leiterschutzschalter bis 63 A Nennstrom,
         415 V Wechselspannung
[50]   VDE 0660 Teil 1/8.69: Bestimmungen für Niederspannungsschaltgeräte; Be-
         stimmungen für Schalter mit Nennspannungen bis 1000 V Wechselspannung
         und bis 3 000 V Gleichspannung, für Steuerschalter und Schütze bis 10 000 V
         Gleichspannung
[51]   VDE 0663/10.65: Bestimmungen für Fehlerspannungs-Schutzschalter und
         Nulleiter-Fehlerspannungs-Schutzschalter bis 500 V und 63 A
[52]   DIN 57 664 Teil 1/VDE 0664 Teil 1/5.81: Fehlerstrom-Schutzeinrichtungen,
         Fehlerstrom-Schutzschalter bis 500 V Wechselspannung und bis 63 A
[53]   DIN 57 667/VDE 0667/12.81: Elektrozaungeräte
[54]   VDE 0710 Teil 1/3.69: Vorschriften für Leuchten mit Betriebsspannungen un-
         ter 1000 V; Allgemeine Vorschriften
[55]   Normenreihe DIN 57 800/VDE 0800: Bestimmungen für Errichtung und Be-
         trieb von Fernmeldeanlagen einschließlich Informationsverarbeitungsanlagen
[56]   DIN 57 820 Teil 1/VDE 0820 Teil 1/5.79: Geräteschutzsicherungen (G-Si-
         cherungen); G-Sicherungseinsätze, allgemeine Anforderungen
[57]   DIN 57 845/VDE 0845/4.76: VDE-Bestimmungen für den Schutz von Fern-
         meldeanlagen gegen Überspannungen
[58]   DIN 57 845 A1/VDE 0845 A1/4.81: VDE-Bestimmung für den Schutz von
         Fernmeldeanlagen gegen Überspannung – Änderung 1
[59]   VDE 0855 Teil 1/7.71: Bestimmungen für Antennenanlagen; Errichtung und
         Betrieb
[60]   DIN 50 900 Teil 2 (Juni 1975): Korrosion der Metalle – Begriffe – elektroche-
         mische Begriffe
[61]   AfK-Empfehlung Nr. 9 (August 1979): Lokaler kathodischer Korrosionsschutz
         von unterirdischen Anlagen in Verbindung mit Stahlbetonfundamenten

13.4   Unterlagen aus der internationalen Normenarbeit

[62]   IEC 64(Secretariat)308, report of Working Group 18: Direct current compo-
         nents. Genf, Central Office of the IEC, September 1980.
[63]   IEC 64(Secretariat)342, revision of Publication 479: Effects of current passing
         through the human body; part 6: Electrical impedance of the human body. Genf,

Central Office of the IEC, August 1981.

[64]   IEC 64(Secretariat)353, revision of Publication 479: Effects of current passing through the human body; part 1: Effects of alternating current in the range of 15 to 100 Hz. Genf, Central Office of the IEC, April 1982.

[65]   IEC 64(Secretariat)354, revision of Publication 479: Effects of current passing through the human body; part 4: Effects of direct current. Genf, Central Office of the IEC, Februar 1982.

[66]   IEC-Publication 348, safety requirements for electronic measuring apparatus. Genf, Central Office of the IEC, 1978.

[67]   IEC-Publication 479, effects of current passing through the human body. Genf, Central Office of the IEC, 1974.

14 Sachverzeichnis

Fettgesetzte Seitenangaben weisen auf die grundlegende Behandlung des betreffenden Stichworts hin.

210

Kommentare zur
VDE 0100

Die Fachbände der VDE-Schriftenreihe sind Kommentar und Erläuterung zu einer Vielzahl von VDE-Bestimmungen. Speziell für den Praktiker ist diese Reihe ein wichtiges Instrument zum Verständnis und zur einwandfreien Anwendung der VDE-Bestimmungen. Nachfolgend eine kleine Auswahl:

VDE-Schriftenreihe Band 32

Bemessung und Schutz von Leitungen und Kabeln nach DIN 57 100/VDE 0100 Teil 430 und 523

von H. Haufe, H.-J. Oehms und D. Vogt, 1981
118 Seiten, zahlr. Abb. und Tab., Format A5, kartoniert
ISBN 3-8007-1228-8, Bestell-Nr. 400 232
18,50 DM zzgl. Versandkosten

Für einen gefahrlosen und zuverlässigen Betrieb von elektrischen Anlagen müssen Leitungen und Kabel bei betrieblicher Überlastung und bei Kurzschluß geschützt werden. Um Schäden zu verhindern und eine Gefährdung der Umgebung zu vermeiden, müssen daher Maßnahmen gegen das Entstehen unzulässig hoher Temperaturen getroffen werden.
In der Vergangenheit benutzten die europäischen Länder sehr unterschiedliche Maßstäbe. Inzwischen hat auch die CENELEC die neuen Sachinhalte der IEC-Publikationen übernommen und die gesamten Bestimmungen zum Überstromschutz als Harmonisierungsdokumente veröffentlicht, deren Sachinhalt nun wiederum in VDE 0100 zu übernehmen ist.
In dem vorliegenden Band 32 wird die veröffentlichte Neufassung des alten § 41 der VDE 0100 durch die Teile 430 und 523 der VDE 0100 durch Erläuterungen mit Bildern, Beispielen und Aufgaben leicht verständlich dargestellt.

VDE-Schriftenreihe Band 35

Potentialausgleich und Fundamenterder VDE 0100/VDE 0190

von Ing. (grad.) Dieter Vogt, 1979
84 Seiten, zahlr. Abb. und Fotos, Format A5, kartoniert
ISBN 3-8007-1155-9, Bestell-Nr. 400 235
15,– DM zzgl. Versandkosten

Durch die Vielzahl von Leitungs- und Rohranlagen in Neubauten können Fehler oder Mängel in einem Leitungssystem ungünstige Rückwirkungen auf ein anderes System haben. Dies gilt insbesondere hinsichtlich der Möglichkeiten des Verschleppens elektrischer Spannungen. Um beim Auftreten solcher Mängel einen erhöhten Schutz, vor allem gegen Berührungsspannungen, zu erzielen, wird nach VDE 0190 ein Potentialausgleich gefordert.
Die vorliegende Broschüre gibt einen wichtigen Überblick über den zentralen wie lokalen Potentialausgleich und beschreibt die notwendigen Maßnahmen.

VDE-Schriftenreihe Band 36

Prüfung der Schutzmaßnahmen in Starkstromanlagen in Haushalt, Gewerbe und Landwirtschaft

von J. Karnofsky, U. Kionka, D. Vogt, 1979
93 Seiten, zahlr. Abb. und Fotos, Format A5, kartoniert
ISBN 3-8007-1164-8, Bestell-Nr. 400 236
19,80 DM zzgl. Versandkosten

In der vorliegenden Broschüre geben Autoren dem Errichter, Planer und Betreiber von Elektro-Installationsanlagen Antwort auf die Fragen, die sich bei der Prüfung von Schutzmaßnahmen ergeben. Neben Kriterien für die Beurteilung geeigneter Meßgeräte werden Hinweise für die rationale und korrekte Durchführung der Messungen gegeben. In eigenen Abschnitten kommen die Isolationsmessung, Prüfung der niederohmigen Verbindung der Schutzleiter, Erdungswiderstandsmessung, Schleifenwiderstandsmessung usw. zur Behandlung.
Band 36 sollte daher jedem Errichter, Planer und Betreiber von Elektro-Installationsanlagen vorliegen, um die Gewähr für richtiges Messen zu geben.

Eine ausführliche Übersicht aller z. Z. lieferbaren Bände dieser Reihe senden wir Ihnen gern zu. Bestellungen bitte direkt an den Verlag oder an Ihre Buchhandlung.

VDE-VERLAG GmbH · Bismarckstraße 33 · D-1000 Berlin 12

VDE-Schriftenreihe

Die Fachbände der VDE-Schriftenreihe sind Kommentar und Erläuterung zu einer Vielzahl von VDE-Bestimmungen. Speziell für den Praktiker ist diese Reihe ein wichtiges Instrument zum Verständnis und zur einwandfreien Anwendung der VDE-Bestimmungen. Es wird besonderer Wert auf eine praxisnahe Behandlung des jeweiligen Themenkreises gelegt. Die VDE-Schriftenreihe trägt in hervorragender Weise zur unabdingbaren Beherrschung und Berücksichtigung der VDE-Bestimmungen bei. Sie vermittelt weitreichende Kenntnisse zur Arbeit mit und am VDE-Vorschriftenwerk und über die VDE-Prüfstelle.

Zur Zeit sind folgende Bände lieferbar:

Band 6: Erläuterungen zu den Bestimmungen für Antennenanlagen; VDE 0855 mit Berechnungsbeispielen. Bestell-Nr. 400 206 **10,50 DM**
Band 11: Erläuterungen zu DIN 57 101/VDE 0101/11.80 Errichten von Starkstromanlagen mit Nennspannungen über 1 kV. Bestell-Nr. 400 211 **19,80 DM**
Band 12: Erläuterungen zur VDE-Bestimmung für Leuchten mit Betriebsspannungen unter 1000 V und deren Installation. VDE 0710 Teil 1 bis Teil 15. Bestell-Nr. 400 212 **25,00 DM**
Band 16: Erläuterungen zur VDE-Bestimmung für die Funk-Entstörung von elektrischen Betriebsmitteln und Anlagen. DIN 57 875/VDE 0875/6.77 zu den entsprechenden Rechtsvorschriften der Deutschen Bundespost. Bestell-Nr. 400 216 **19,80 DM**
Band 19: Praktische Anwendungen von Leitungen und Kabeln mit der internationalen Aderkennzeichnung. Bestell-Nr. 400 219 **3,00 DM**
Band 23: Jährlich erscheinendes Verzeichnis der VDE-Prüfstelle. VDE-Zeichen; VDE-Kennfäden; VDE-Kabelkennzeichen; VDE-GS-Zeichen; Harmonisierungskennzeichnung für Kabel und Leitungen; Funkschutzzeichen; Elektronik-Prüfzeichen; Gutachten mit Fertigungsüberwachung, Stand jeweils vom 1. März des Jahres, Erscheinungstermin: Mai d. J., Bestell-Nr. 400 223 **Preis auf Anfrage**
Band 24: Firmenzeichen an elektrotechnischen Erzeugnissen mit VDE-Prüfzeichen. Bestell-Nr. 400 224 **22,30 DM**
Band 25: Entscheidungen der VDE-Prüfstelle zum VDE-Vorschriftenwerk. Bestell-Nr. 400 225 **5,00 DM**
Band 26: Erläuterungen zu den VDE-Bestimmungen für die elektrische Ausrüstung von Bearbeitungs- und Verarbeitungsmaschinen mit Nennspannungen bis 1000 V. Bestell-Nr. 400 226 **20,00 DM**
Band 28: Erläuterungen zu den Bestimmungen für fabrikfertige Schaltgeräte-Kombinationen (FSK) mit Nennspannungen bis 1000 V Wechselspannung und bis 3000 V Gleichspannung. VDE 0660 Teil 5/11.67. **20,00 DM**
Band 29: Lexikon der Kurzzeichen für Kabel und isolierte Leitungen nach VDE, CENELEC und IEC, Deutsch und Englisch. Bestell-Nr. 400 229 **16,00 DM**
Band 30: Erläuterungen zu der VDE-Bestimmung für Verbindungsmaterial bis 750 V. Installations-Kleinverteiler und Zählerplätze bis 250 V. DIN 57 606/VDE 0606. Bestell-Nr. 400 230 **10,50 DM**
Band 31: Harmonisierung der Starkstromkabel und -leitungen. Bestell-Nr. 400 231 **12,00 DM**
Band 32: Bemessung und Schutz von Leitungen und Kabeln nach DIN 57 100/VDE 0100 Teil 430 und Teil 523. Bestell-Nr. 400 232 **18,50 DM**
Band 34: Mechanismus des Gewitters und Blitzes. Grundlagen des Blitzschutzes von Bauten. Bestell-Nr. 400 234 **12,00 DM**
Band 35: Potentialausgleich und Fundamenterder. VDE 0100/VDE 0190. Bestell-Nr. 400 235 **15,00 DM**
Band 36: Prüfung der Schutzmaßnahmen in Starkstromanlagen in Haushalt, Gewerbe und Landwirtschaft. Bestell-Nr. 400 236 **19,80 DM**
Band 37: Erläuterungen zur VDE-Bestimmung für die Begrenzung von Rückwirkungen in Stromversorgungsnetzen durch elektronisch gesteuerte Hausgeräte. DIN EN 50 006/VDE 0838/10.76. Bestell-Nr. 400 237 **11,50 DM**
Band 38: Erläuterungen zur VDE-Bestimmung für den Schutz von Fernmeldeanlagen gegen Überspannungen. DIN 57 845/VDE 0845/4.76. Bestell-Nr. 400 238 **19,80 DM**

VDE-VERLAG GmbH
Bismarckstraße 33, D-1000 Berlin 12